Intensivmedizinisches Seminar

K. Lenz, A. N. Laggner (Hrsg.)

Band 2

Springer-Verlag Wien New York

Neurologische Probleme des Intensivpatienten

E. Deutsch, H. Binder, H. Gadner, G. Grimm, G. Kleinberger, K. Lenz, R. Ritz, H. P. Schuster, H. A. Zaunschirm (Hrsg.)

Springer-Verlag Wien New York

Doz. Dr. Kurt Lenz, Wien
Doz. Dr. Anton N. Laggner, Wien

Prof. DDr. Erwin Deutsch, Wien
Prof. Dr. Heinrich Binder, Wien
Prof. Dr. Helmut Gadner, Wien
DDr. Georg Grimm, Wien
Prof. Dr. Gunther Kleinberger, Steyr
Doz. Dr. Kurt Lenz, Wien
Prof. Dr. Rudolf Ritz, Basel
Prof. Dr. Hans Peter Schuster, Hildesheim
Dr. Harald Andrew Zaunschirm, Wien

Mit 26 Abbildungen

CIP-Titelaufnahme der Deutschen Bibliothek

Neurologische Probleme des Intensivpatienten / E. Deutsch ... (Hrsg.). – Wien; New York: Springer, 1990

(Intensivmedizinisches Seminar; Bd. 2)

ISBN-13: 978-3-211-82178-7 e-ISBN-13: 978-3-7091-9078-4
DOI: 10.1007/978-3-7091-9078-4

NE: Deutsch, Erwin [Hrsg.]; Intensivmedizinisches Seminar: Intensivmedizinisches Seminar

ISSN 0936-8507
ISBN-13: 978-3-211-82178-7

Vorwort

Die in der Intensiv- und Notfallmedizin tätigen Ärzte aller Fachgebiete werden täglich mit neurologischen Notfällen und neurologisch-intensivmedizinischen Problemen konfrontiert. Metabolische, traumatische, zirkulatorische, entzündliche und immunologische Störungen der Hirnfunktion und der neuro-muskulären Übertragung werden im 2. Band der Reihe „Intensivmedizinisches Seminar" von renommierten Autoren bearbeitet und übersichtlich dargestellt, wobei hier neben Pathophysiologie, Klinik und Therapie auch das heute zur Verfügung stehende Spektrum der apparativen Zusatzdiagnostik und intensivmedizinischen Überwachung beschrieben wird. Auch die zunehmend wichtigen Probleme der Cerebroprotektion bei Reanimation, der Hirntoddiagnostik, des Energiestoffwechsels und der Ernährung des neurologischen Intensivpatienten sowie die Randprobleme Tetanus und Hitzschlag werden abgehandelt. Insgesamt soll dieses Buch dem Leser eine rasche, aber umfassende Information über den letzten Stand der Wissenschaft auf diesem wichtigen Sektor der Intensivmedizin vermitteln.

Wien, im Dezember 1989 Die Herausgeber

Inhaltsverzeichnis

Abstracts

Intensivmedizinische Problematik beim Koma

C. K. Spiss, A. Werba, W. Petricek und **A. Aloy**

Klinik für Anästhesie und Allgemeine Intensivmedizin,
Universität Wien, Österreich

Primär neurologische Erkrankungen sind häufig mit Funktionsstörungen anderer Organe asoziiert. Es ist daher die Aufgabe der Intensivtherapie, eine zielsetzungsorientierte Überwachung und Sicherung der extrakraniellen Organfunktionen zu erzielen.

Neben der allgemeinen intensivmedizinischen Überwachung der Vitalfunktionen, wie Kreislauf, Atmung, Leber, Niere, Gerinnung und Stoffwechsel, kommt der Abschätzung des cerebralen Perfusionsdruckes und der intrakraniellen Dynamik sowie physiologischen und pharmakologischen Beeinflussung der Beziehung von intrakraniellem Blutvolumen, Druck und Perfusion, eine ganz spezifische Bedeutung zu. Die Hirndurchblutung, der intrakranielle Druck sowie der Hirnstoffwechsel können in signifikanter Weise durch Interventionen wie Lagerung, Intubation, Beatmung, Bronchialtoilette und Manipulationen des Flüssigkeits- und Elektrolythaushalts maßgeblich beeinflußt werden. Für den intensivmedizinischen Therapeuten ist die Manipulation der extrazerebralen Durchblutungsregulation der Hirndurchblutung von entscheidender Bedeutung. Die Hauptbeeinflussung der extrazerebralen Durchblutung erfolgt durch den zerebralen Perfusionsdruck, also MAP minus ICP. Unter physiologischen Bedingungen besteht eine zerebrale Autoregulation zwischen 50 und 150 mmHg. Zwischen arteriellem pCO_2 und der Durchblutung besteht eine enge Beziehung. Hypokapnie führt zu einer Reduktion der Hirndurchblutung, Hyperkapnie zu einer massiven Vasodilatation. Die Hirndurchblutung ändert sich pro mmHg CO_2 um ca. 2 ml pro min./100 g. Die zerebrale Durchblutung ist direkt proportional dem $paCO_2$ und indirekt proportional dem paO_2.

Die Prävention neurologischer Schäden kann
1. durch Reduktion der zerebralen Metabolik,
2. durch Erhöhung der Sauerstoffzufuhr zum Gehirn,
3. Sicherung einer ausreichenden Gehirnperfusion und
4. durch Blockierung zytotoxischer metabolischer Prozesse erzielt werden.

Vorrangig in der Betreuung des komatösen Patienten muß die Sicherstellung einer ausreichenden Oxygenierung sein. Es ist daher die Indikation zur Intubation bei der Mehrzahl dieses Patientenkollektives großzügig zu stellen. Neben der Sicherung des Luftweges und dem Schutz vor der Aspiration, kann nun mit differenzierten Atemhilfen bzw. kontrollierter Beatmung die Oxygenierung sichergestellt werden. Der Erfolg dieser Therapie muß selbstverständlich durch serielle Blutgasanalysen bzw. nicht invasive Überwachung des endexpiratorischen CO_2 bzw. durch Pulsoxymetrie sichergestellt werden.

Der bei einer Vielzahl von Patienten zu beobachtenden Kreislaufinstabilität ist durch eine fein abgestimmte Volumentherapie gegebenenfalls mit Unterstützung von Katecholaminen zu begegnen. Leider wird nach wie vor in traditioneller Weise bei komatösen Patienten sehr oft eine negative Flüssigkeitsbilanz über Tage durchgeführt. Die Rationale ist nach wie vor eine Prävention des zerebralen Ödems. Es konnte jedoch schon vor Jahren in Tierexperimenten nachgewiesen werden, daß bei völliger Flüssigkeitsrestriktion bis zu 72 Stunden der Wassergehalt des Gehirns um nur jeweils 1% pro 24 Stunden reduziert werden kann. Die Folge dieser exzessiven Hypovolämie ist Hypotension und damit einer Minderperfusion des Gehirns. Da bei diesen Patienten auch sehr oft eine gestörte zerebrale Autoregulation vorhanden ist, ist die Hirnperfusion direkt abhängig vom Systemdruck. Die Vorteile einer adäquaten Flüssigkeitszufuhr um eine ausreichende Hirnperfusion zu erzielen, sind daher klar. Nach neuesten Untersuchungen ist jedoch nicht die Frage, ob Kristalloide oder Kolloide verabreicht werden sollen, vielmehr scheint die Osmolarität der zugeführten Lösung entscheidend zu sein. Voll bilanzierte Elektrolytlösungen wie Ringer Laktat oder Ringer Lösung sind auf Grund der leichten Hypoosmolarität dafür besonders geeignet. In Akutsituationen scheint die Zufuhr von Kolloiden, hier empfiehlt sich vor allem die Hydroxyäthylstärke wegen der ausgeprägtesten Volumenwirkung, von Vorteil zu sein. Unter physiologischen Verhältnissen erfolgt mehr als 90% der zerebralen Glukoseverwertung aerob. Nur 5 bis 10% der

Glukose werden zu Milchsäure metabolisiert. Bei zerebraler Ischämie steigen Laktat und Ammoniak stark an, während die energiereichen Phosphate erheblich abfallen. Die Ursache liegt in einer primären anäroben Verstoffwechslung von Glukose. Es ist daher bei diesem Patientengut, das auf Grund von erhöhten zirkulierenden Streßhormonen zusätzlich eine gestörte Glukoseverwertung hat — die Folge sind meist erhöhte Blutzuckerspiegel — keine zusätzliche Glukose in der Akutphase des Krankheitsgeschehens parenteral zu verabreichen. Denn erst dadurch kann es zu einer Agravierung der Ansammlung von sauren Metaboliten, wie Laktat und Pyruvat intrazellulär kommen. Die Folge ist eine Verstärkung einer bestehenden Blut-Hirn-Schrankenstörung mit konsekutivem Hirnödem. Erst nach ca. 24 bis 48 Stunden soll 10%ige Glukose als Bestandteil der parenteralen Ernährung eingesetzt werden. Der Blutzuckerspiegel sollte keinesfalls über 150 mg/dl steigen.

Ist durch adäquate Volumenssubstitution kein ausreichender zerebraler Perfusionsdruck über 60 mmHg zu erzielen, so stellt sich die Indikation zum differenzierten Einsatz von Katecholaminen. Auf Grund seines pharmakologischen Profils scheint hier das Dopamin das erste Mittel der Wahl zu sein. In einer Dosierung bis 10 Mikrogramm pro kg/min. läßt sich selbst in kritischen Fällen der Blutdruck stabilisieren, wobei die zu beachtenden Nebenwirkungen wie Tachykardie und kardiale Rhythmusstörungen noch nicht auftreten. Ist selbst unter dieser agressiven Therapie mit Volumen und Katecholaminen keine ausreichende Kreislaufstabilität zu erzielen, muß die Indikation zum Einsatz eines erweiterten Monitorings — sprich Swan-Ganz-Katheter — gestellt werden. Mit Hilfe des Pulmonaliskatheters können durch die Meßgrößen des rechten Vorhofdruckes, des Pulmonalarteriendruckes, des lungenkapillären Verschlußdrucks sowie des Herzzeitvolumens, ausreichend Informationen gesammelt werden, die als Grundlage für die weitere medikamentöse bzw. Volumentherapie herangezogen werden. Bei speziellen Krankheitsbildern wie z. B. bei Subarachnoidalblutung mit auftretenden Vasospasmen, kann zusätzlich die in derzeit großer Diskussion befindliche Therapie mit Kalziumantagonisten eingeleitet werden. Nach unseren Erfahrungen tritt aber bereits ab einer Dosierung von 1 mg pro Stunde von Nimotop, eine massive pulmonale Shunt-Zunahme ein (mehr als 15%), sodaß bei diesen Patienten unbedingt ein Pulmonalis-Katheter gelegt werden soll. Anhand der durch den Pulmonaliskatheter gewonnenen Daten über die Shuntfraktion, kann nun eine differenzierte Beatmungstherapie mit eventueller Veränderung von Flow-Größen bzw. des Atemzeitverhältnisses patientengerecht gesteuert werden.

Neurologische Komata sind nicht selten mit dem Auftreten eines Diabetes insipidus vergesellschaftet. Der Diabetes insipidus ist per definitionem eine inadäquate Wasserreabsorption im distalen Tubulus auf Grund verminderter Vasopressin (ADH) Ausschüttung. Meist besteht zwar eine normale Produktion, jedoch ist oft eine Störung in der Releasefunktion der Neurohypophyse vorhanden. Die Diagnose wird auf Grund der Harnelektrolyte (Natrium 15 bis 20 mVal pro l), aus der niederen Harnosmolarität (115 bis 250 mOsmol), sowie aus der positiven freien Wasserclearance gestellt. Das klinische Bild des Diabetes insipidus ist eine massive Polyurie mit Stundenharnmengen bis zu 2 Litern. Bei insuffizienter Therapie tritt eine hypertone Dehydration auf. Es kommt zu einem Wassermangel mit Anstieg der Plasmaosmolarität. Alle Flüssigkeitsräume, also interstitiell, intravaskulär und intrazellulär sind verkleinert. Es sollte in der Initialphase die rechtzeitige Zufuhr von freiem Wasser bzw. von hypotonem, also 0,3%igem Kochsalz erfolgen (Cave Hämolyse, maximale Stundenzufuhr 2 ml pro kg Körpergewicht). Eine ADH-Substitutionstherapie mit 2 Mikrogramm Vasopresin verdünnt, langsam intravenös appliziert, sollte eingeleitet werden. Die Menge in Litern an elektrolytfreier isotoner Kohlenhydratinfusionslösung ergibt sich aus folgender Formel:

$$\frac{\text{Plasmanatrium} - 142}{142 \times \text{kg} \times 0{,}2}$$

Eine ganz spezielle Problematik stellt die Sedierung bzw. Analgosedierung von nicht intubierten spontan atmenden Patienten dar. Eine Voraussetzung für eine Sedierung ist selbstverständlich eine Aufnahme auf eine Intensivstation mit kontinuierlicher Überwachung der Atmung sowie intermittierende Blutgaskontrollen. Ein weiteres Ziel muß jedoch die Durchführung neurologischer Tests sein, da der Patient jederzeit, falls erforderlich, neurologisch beurteilt werden muß. Ist der Patient nicht intubationsbedürftig, so bestehen mehrere Möglichkeiten einer Sedierung. Entweder als Dauersedierung mittels Perfusor oder als intermittierende Sedierung. Von besonderer Bedeutung ist, daß die dabei verwendeten Medikamente einerseits nicht kreislaufdestabilisierend, nur gering atemdepressiv und vor allem keine halluzinogene

Wirkkomponente besitzen, andererseits durch prompte Wirkung und kurze Halbwertszeit gut steuerbar sind und damit jederzeit eine klinische Beurteilung des Patienten erlauben. Das neue Hypnotikum Propofol ist auf Grund seines pharmakologischen Wirkungsprofils dafür besonders geeignet. Wir sedieren kontinuierlich; nach einem Bolus von 1 mg pro kg Körpergewicht Propofol, wird eine kontinuierliche Zufuhr zwischen 0,8 bis 2,5 mg pro kg/Stunde durchgeführt. Ist zusätzlich eine Schmerzsymptomatik vorhanden, applizieren wir das Analgetikum Sufentanyl nach einer Bolusdosierung von 0,2 Mikrogramm pro kg, erfolgt eine Dauerapplikation dieses Medikaments mit einer Dosierung von 5 bis 10 Mikrogramm pro Stunde.

Diese Form der Analgosedierung hat sich bei dem komatösen, nicht intubierten Patienten ausgezeichnet bewährt. Die Intensivtherapie des komatösen Patienten erfordert die Wahrnehmung der interdisziplinären Aufgabenstellung. Es kann davon ausgegangen werden, daß die durch Ischämie und Hypoxie verursachten Schäden des Nervengewebes durch eine Reihe von therapeutischen Interventionen mit einer Varietät von Wirkungsprinzipien günstig beeinflußt werden kann.

Literatur

Germann P, Aloy A, Richling B et al. (1987) Treatment of subarachnoid hemorrhage with nimodipine affects pulmonary gas exchange in patients requiring controlled mechanical ventilation. Anesthesiology 67: A 115

Jelsma LF, McQueen JD (1967) Effect of experimental water restriction on brain water. J Neurosurg 26: 35

Kassel NF et al. (1982) Treatment of ischemic deficits from vasospasm with intravascular volume expansion and induced arterial hypertension. Neurosurgery 11: 337

Lanier W, Stangland KJ, Scheithauer BW et al. (1987) The effects of dextrose infusion and head position on neurologic outcome after complete cerebral ischemia in primates: examination of a model. Anesthesiology 66: 39

Siesjo BK (1984) Cerebral circulation and metabolism. J Neurosurg 60: 883

Stullken E et al. (1985) The hemodynamic effects of nimodipine in patients anesthetized for cerebral aneurysm clipping. Anesthesiology 62: 346

Tommasino C, Moore S, Todd MM (1988) Cerebral effects of isovolemic hemodilution with crystalloid or colloid solutions. Crit Care Med 16: 862

Wood JH, Kee DB (1985) Hemorheology of the cerebral circulation in stroke. Stroke 16: 765—772

Zornow MH, Todd MM, Moore S (1987) The acute cerebral effects of changes in plasma osmolarity and oncotic pressure. Anesthesiology 67: 936

Korrespondenz: Doz. Dr. C. K. Spiss, Klinik für Anästhesie und Allgemeine Intensivmedizin, Universität Wien, Spitalgasse 23, A-1090 Wien, Österreich.

EEG, Evozierte Potentiale, CT

W. H. Löffler[1] und **H. Böhm-Jurkovic**[2]

[1] Institut für Anästhesiologie und [2] Röntgeninstitut, Wagner-Jauregg-Krankenhaus, Linz, Österreich

Einleitung

Obwohl bereits vor mehr als 100 Jahren die Existenz elektrischer Ströme im Gehirn nachgewiesen werden konnte [1] fanden elektrophysiologische Überwachungsmethoden nur verzögert Eingang in die intensivmedizinische Überwachungsstrategie. Das Monitoring von Herz-Kreislauf und Stoffwechselparametern ist heute an allen Intensivabteilungen eine Selbstverständlichkeit, nur in Ausnahmefällen wird dagegen die kortikale Funktion des Bewußtlosen überwacht.

Ursächlich waren zum einen technische Probleme der Ableitung des Elektroenzephalogramms (EEG) in der Intensivstation und zum anderen ist die Auswertung der elektrophysiologischen Daten aufwendig und mühevoll, denn es fallen beim üblichen Papiervorschub von 30 mm/sec pro Stunde 300 Seiten EEG-Aufzeichnungen an.

Seit der Einführung des Cerebral Function Monitor durch Maynard (1969, [2]) hat nun eine weltweite Entwicklung computerisierter Systeme zur Erfassung, Auswertung und Speicherung der spontanen und stimulierten Hirnströme stattgefunden, durch welche diese Probleme weitestgehend eliminiert wurden.

Eine ganz wesentliche Bereicherung der Hirnüberwachung erbrachte im weiteren die Einführung der zerebralen Computertomographie (CCT) durch Hounsfield (1972) womit eine objektive und zuverlässige Beurteilung einer immanenten zerebralen Gefährdung ermöglicht wurde.

In Zusammenschau mit Klinik, neurologischen Scoring Systemen, der Ableitung elektrophysiologischer Parameter und der morphologischen Beurteilung des zu überwachenden Organes mit Hilfe der CCT, ist es heute möglich eine enge, sinnvolle Überwachung des in seinem neuronalen Bestande gefährdeten Individuums durchzuführen. Voraussetzung dafür ist das Verständnis und Wissen um Physiologie und Pathophysiologie des menschlichen Gehirnes.

Physiologie des Gehirnes

Der gesamte zerebrale Blutfluß (CBF) des Menschen beträgt im Mittel 50 ml/100 gm/min, wobei jedoch der Blutfluß in den verschiedenen Hirnregionen stark variiert und eine enge Korrelation zwischen regionaler Durchblutung und metabolischer Aktivität besteht. Der abgeleitete Parameter zerebraler Perfusionsdruck (CPP) ist der Differenzdruck zwischen mittlerem arteriellen (MAP) und intrakraniellen Druck (ICP) und beträgt etwa 100 mmHg. Veränderungen des zerebralen Kreislaufes weisen eine enge Korrelation zum zerebralen Funktionszustand auf und spiegeln sich im Kurvenbild von EEG und evozierten Potentialen (EP) wider: Eine Verminderung des Perfu-

Tabelle 1. Zerebraler Blutfluß (CBF), zerebraler Perfusionsdruck (CPP) in Zusammenarbeit mit Elektroenzephalogramm (EEG) und Evozierten Potentialen (EP)

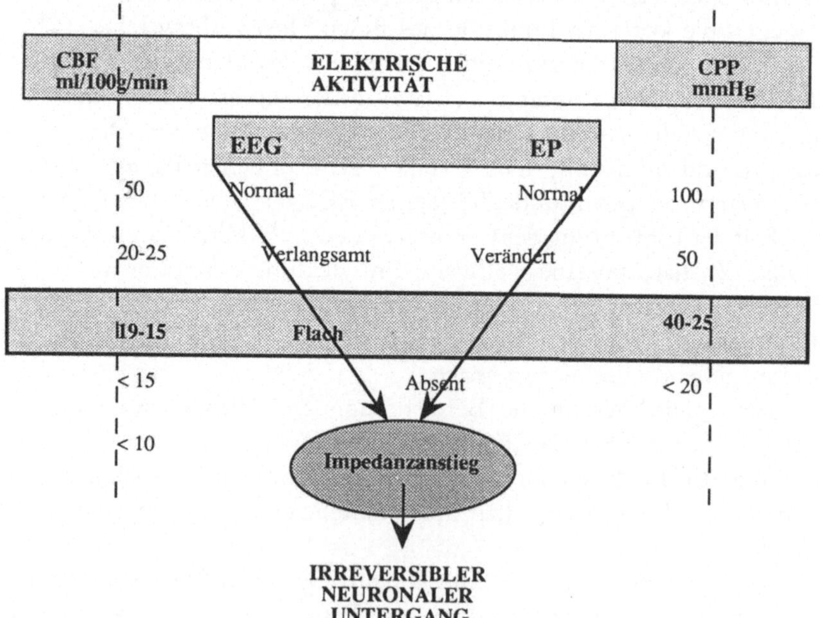

sionsdruckes unter 50 mmHg bzw. wenn der zerebrale Blutfluß einen Wert unter 20—24 ml/100 g/min unterschreitet, so wird im EEG eine deutliche Frequenzabnahme erkennbar sein. Mit einer Latenz ist eine Deformierung der EPs zu konstatieren. Bei Drücken im Bereich von 25 bis 40 mmHg bzw. einem Fluß unter 18 ml/100 gm/min wird das EEG isoelektrisch und auch das Kurvenbild der EPs wird hochgradig deformiert sein. Zum irreversiblen neuronalen Gewebsuntergang kommt es unterhalb eines CBF von 10 ml/100 gm/min, d. h. ein CPP unter 20 mmHg ist mit einem Überleben der Nervenzelle nicht vereinbar, es liegt eine elektrophysiologische Stille vor (Tabelle 1). EEG und EPs zeigen jedoch sich entwickelnde zerebrale Komplikationen mit einer Latenz an, sodaß sich diese beiden Parameter erst bei manifesten Störungen des neuronalen Stoffwechsels verändert darstellen [3]. Elektroenzephalographisches Monitoring sollte daher nie als Einzelüberwachung, sondern nur in Zusammenschau mit Klinik und wiederholten kranialen Computertomographien eingesetzt werden. Liegt eine intrakranielle Raumforderung vor, müssen zusätzliche invasive Maßnahmen, wie das Anlegen einer kontinuierlichen Hirndruckmessung, neben den eingangs erwähnten elektrophysiologischen Möglichkeiten der Überwachung, diskutiert werden.

Elektrophysiologische Methoden und ihr Einsatzbereich im Intensivbereich

1. Spontan- oder Roh-EEG

Dient zur vereinfachten Erfassung eventueller kortikaler Ischämien vor Erreichen der kritischen Perfusionsschwelle durch eine grobe Beurteilung von Frequenz und Amplitude. Eine Verschlechterung der zerebralen Situation durch eine schleichende Hypoxie z. B. wird sich durch eine Frequenzreduktion, also zunehmender Delta/Thetaaktivität mit hoher Amplitude, anzeigen. Oder es wird sich eine zunehmende Regeneration der Hirnfunktion durch allmähliche Normalisierung der Frequenzverteilungen sichtbar machen. Auch können mit diesen groben elektropyhsiologischen Überwachungsmethoden prognostische Hinweise nach erfolgreicher Reanimation und Wiederherstellung einer ausreichenden zerebralen Sauerstoffversorgung anhand der notwendigen zerebralen Erholungszeit erstellt werden. Eine Regeneration der elektrischen Potentiale innerhalb von 30 Sekunden gilt als prognostisch gut. Längere Erholungszeiten sprechen für Restschäden, anhaltende

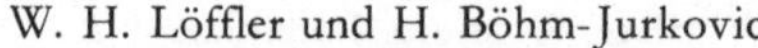

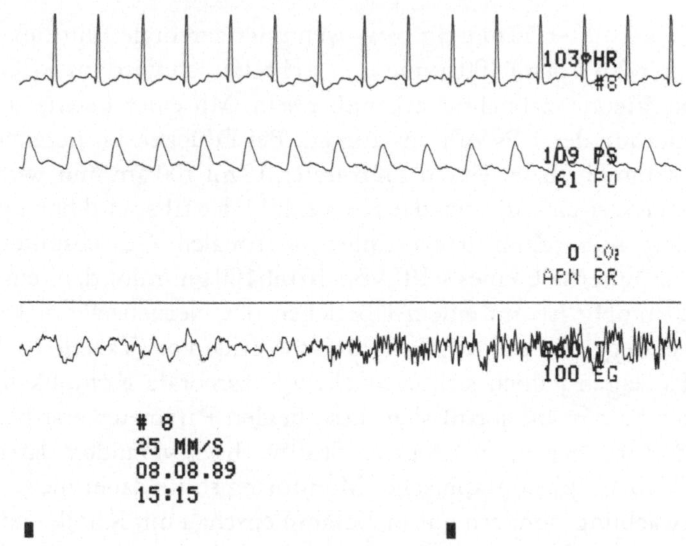

Abb. 1. Der epileptische Anfall im Roh EEG

isoelektrische Strecken, wie auch die sogenannten „file-pattern", das sind sehr schnelle Frequenzen um 30 Hertz, werden als prognostisch schlecht angesehen. Darüberhinaus ermöglicht die kontinuierliche Ableitung des Roh-EEG die Beurteilung und Steuerung einer zerebral wirksamen Therapie (z. B. Barbiturate) on line. Eine Risikominderung einer zerebralen Schädigung durch die Früherfassung sich abzeichnender epileptischer Anfälle ist durch die Erkennung pathologischer EEG-Muster auch beim relaxierten und kontrolliert beatmeten Patienten möglich (Abb. 1). Eine Aussage, ob erkennbare Änderungen des Kurvenbildes Ausdruck einer globalen oder regionalen Minderperfusion sind, kann jedoch nicht gemacht werden, da die Zuordnung entsprechend den Abnahmeorten primär eine topische ist.

2. Computergestützte Signalverarbeitung

Die bekannten Schwierigkeiten des vom Bildschirm unmittelbar zu beurteilenden Kurvenverlaufes des Roh-EEG durch Nichtneurophysiologen in der Intensivstation werden bei Verwendung computerisierter Systeme gemindert. Durch den Einsatz von Mikroprozessoren zur Verarbeitung, Komprimierung und Anzeige des EEG und der

Möglichkeit einer vergleichenden Hemisphärenzuordnung, ist eine Objektivierung der elektrophysiologischen zerebralen Überwachung möglich. Im direkten Vergleich mit konventionellen EEG-Methoden konnte Grundy [4] die Überlegenheit der computerisierten Aufarbeitung des EEG im Hinblick auf Sensitivität und Verläßlichkeit intraoperativ eingetretener zerebraler Defizite vorauszusagen, belegen.

Stellvertretend für die große Zahl von zweckmäßigen, zerebralen Überwachungsgeräten stellen wir das hemisphärendifferenzierende, zweikanalige Gerät Neurotrac®, Fa. Interspec, Conshohocken, PA, USA, vor. Dieses System verarbeitet und präsentiert das EEG mit einer Frequenzfilterung von 0.5—30 Hertz in einer auch für den Nicht-Neurophysiologen leicht verständlichen und interpretierbaren Form. Das Roh-EEG eines 2 Sekundenabschnittes wird in einer Fast-Fourier-Transformation (FFT) analysiert und das sich daraus ergebende Spektrum zusammen mit den Roh-Daten zum Anzeigenprozessor geleitet. Je nach der Art des vom Anwender gewählten Display werden die Daten formatiert und in einem von vier möglichen Formaten angezeigt: Roh-EEG-Signal, Spektralhistogramm (als Bargraph jedes einzelnen Kanalspektrums), Spannungsbreitenanzeige („power bands", — Bargraph der Aktivität einer vorgewählten Frequenzbreite) oder als komprimierte Spektralbündelanzeige (CSA). Bei der Darstellung des EEG im CSA-Display werden die transformierten Spektren eines veränderbar langen EEG-Abschnittes untereinander geschrieben. Rampil [5] führte als Kenngröße die Eckfrequenz oder spectral edge frequency (SEF) ein, welche gesondert als schwarzer Balken ausgewiesen wird. Diese Kenngröße wird als höchste signifikante Frequenz im aktuellen Spannungsspektrum definiert, wobei 95% der Gesamtenergie des Spektrum in CSA-Darstellung linksseitig der SEF vorhanden sind.

Das Wissen, daß das Elektroenzephalogramm, als Roh-EEG oder computerisiertes EEG ausgewertet, unabhängig von der Darstellung in monoparametrischer (z. B. Cerebral Function Monitor®) oder multiparametrischer Form (Activity Brain Monitor®, Cerebral Funktion Analysing Monitor®), unabhängig der Verarbeitung des Roh-Signales als komprimierte Spektralanalyse (Neurotrac®), als Density-modulated Spectral Array (Cerebrotrac®) oder einer EEG-Darstellung nach aperiodischer Analyse (Lifescan®), immer lediglich einen topisch begrenzten Bezirk des Kortex erfaßt und daß diese Methode nicht in der Lage ist, subcortikale Ischämien zu erkennen, bewirkte die Einführung der stimulierten Hirnantworten zur Überwachung der neuronalen Funktionen des Intensivpatienten.

3. Evozierte Potentiale

Definitionsgemäß stellen evozierte Potentiale die elektrophysiologische Antwort auf eine sensorische oder motorische Sinnesreizung dar [6]. Zur Überwachung kortikaler und subkortikaler Strukturen werden im Intensivbereich somatosensorisch und akustisch evozierte Potentiale abgenommen.

a) Somatosensorisch-evozierte Potentiale (SEP). Die Ableitung somatosensorisch evozierter Potentiale ist ein in der neurologischen Diagnostik etabliertes Verfahren zur Beurteilung der afferenten Impulsleitung und der zentralen Reizverarbeitung. SEP-Veränderungen können neben der topischen Diagnostik und Objektivierung peripherer Nervenläsionen zur Funktionserfassung der dem peripheren Reiz zugeordneten primären und sekundären Rindenfelder herangezogen werden. Darüberhinaus sind bei synchroner Ableitung der Generatorpotentiale von Halsmark und Hirnrinde sowie der Bestimmung von „Interpeak-Latenzen“ Aussagen über Impulsverarbeitung und -leitung im Bereich der Medulla oblongata, den sensiblen Thalamuskernen und den thalamokortikalen Bahnen durch den posterioren Anteil der Capsula interna möglich.

Der sich über der kortikalen Elektrode V-förmig darstellende Komplex mit einem negativen Ausschlag nach 20 ms (N 20) und einem positiven Ausschlag nach 25 ms (P 25) wird als kortikales SEP kurzer Latenz bezeichnet und entsteht durch die thalamokortikale Erregung auf der Vorderseite des Gyrus postcentralis. Im Gegensatz zu den sich daran anschließenden mittleren und späten Latenzen, weisen die SEPs kurzer Latenz eine hohe intra- und interindividuelle Konstanz auf. Über den neuronalen Ursprung der verschiedenen SEP-Komponenten besteht im wesentlichen Übereinstimmung: — N 14 wird als Generatorpotential der Hinterstrangkerne (N. cuneatus, N. gracilis) aufgefaßt — N 20 wird durch die thalamokortikale Erregungsleitung in Brodmans Area 3 dem Gyrus postcentralis ausgelöst — N 30, P 45 sowie andere Gipfel mittlerer Latenz können den sensorischen Assoziationsfeldern zugeordnet werden.

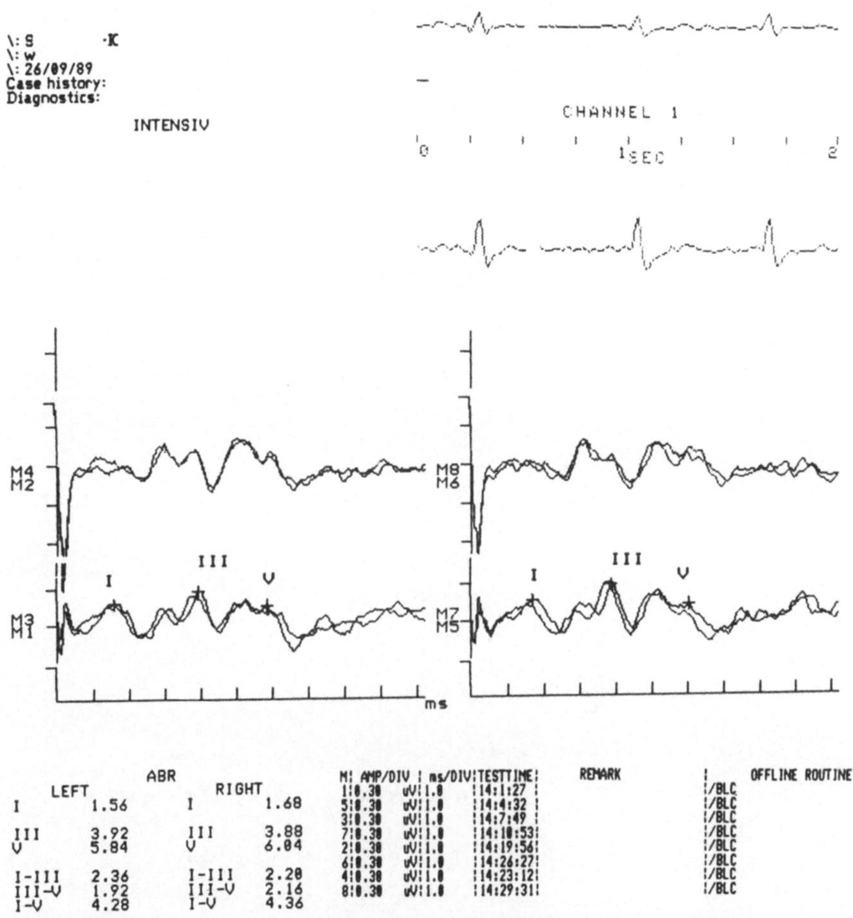

Abb. 2. Roh EEG und Hirnstammpotentiale während induzierten Barbituratkoma

Symon [7] führte den Begriff der zentralen Überleitungszeit (CCT) als Index für eine beginnende zerebrale Ischämie ein. Die CCT beschreibt die Impulsleitung durch ein dreisynaptisches System von den Hintersträngen zum sensiblen Cortex und steht in eindeutiger Beziehung zum regionalen zerebralen Blutfluß. Das Zeitintervall von 5,4 ± 0,4 msec ist relativ unbeeinflußt von äußeren Faktoren, wie Alter, Größe, Temperatur und Medikation.

b) Akustisch-evozierte Potentiale (AEP). Nach der Erstbeschreibung kortikal akustisch evozierter Potentiale durch Loomis et al. [8] und

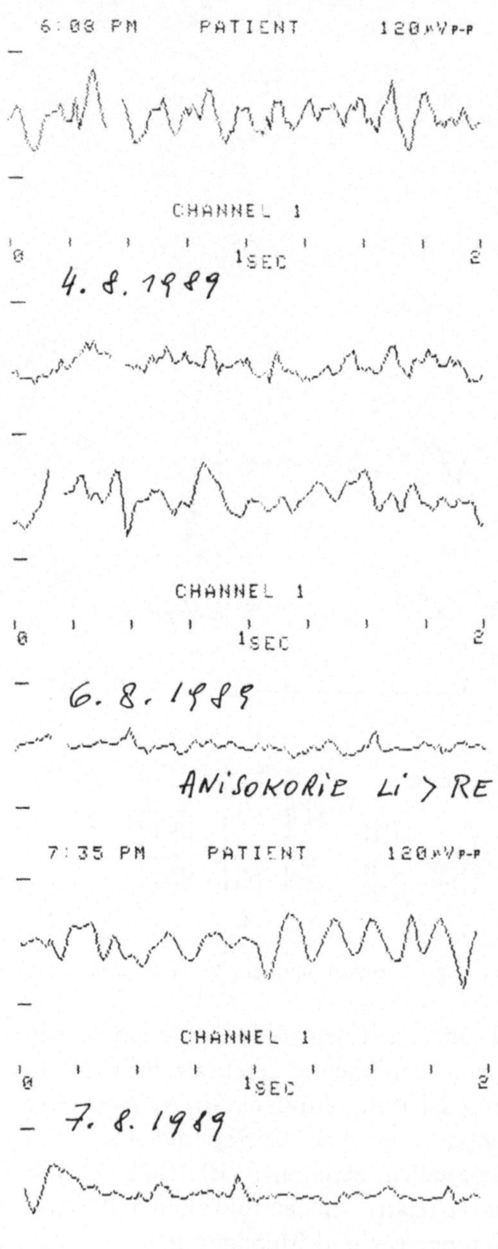

Abb. 3. Gegenüberstellung elektrophysiologischer Parameter (Roh-EEG) und zerebraler Computertomographie nach Schädelhirntrauma

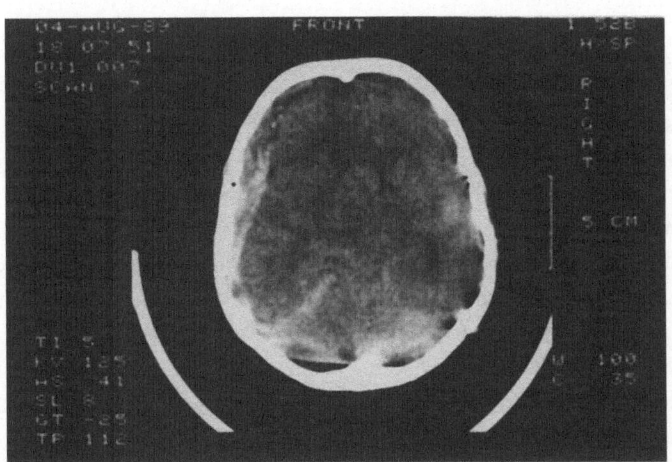
04-AUG-89
FRONT
SCAN 7
RIGHT
5 CM
TI 5
W 100
C 35

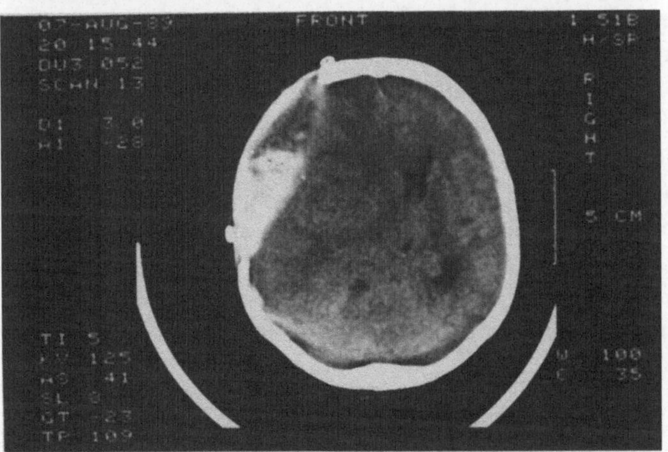
07-AUG-89
FRONT
20 15 44
SCAN 13
RIGHT
5 CM
TI 5
KV 125
W 100
C 35
TP 109

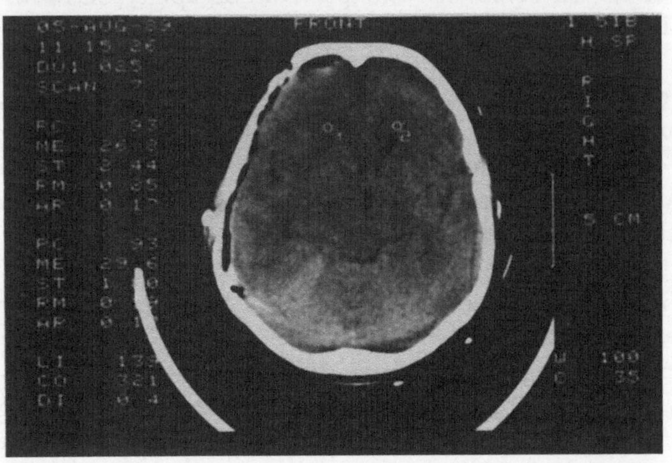
FRONT
RIGHT
5 CM
W 100
C 35

Davis [9] in den dreißiger Jahren und der Beschreibung der Frühen Akustischen Potentiale (FAEP) im Jahre 1967 [10] werden sie heute nicht nur im audiologischen und neurologischen Labor eingesetzt, sondern finden in zunehmendem Maß Eingang in die zerebrale Überwachung komatöser Patienten. Von klinischer Relevanz ist dabei die Ermöglichung einer topographischen Zuordnung der generierten Potentiale. Frühe AEP reflektieren die Funktion des Hirnstamms und ermöglichen eine gute topographische Zuordnung einer möglichen Schädigung. Das Vorhandensein der einzelnen Wellen I-V signalisiert eine intakte Reizleitung bzw. Reizverarbeitung im Bereiche folgender anatomischer Strukturen: I: N. akustikus, II: N. cochlearis, III: obere Olive, IV: Leminiscus lateralis, V: Colliculus inferior.

Akustisch evozierte Potentiale ermöglichen keinen Rückschluß auf die kortikale Situation. Bedingt durch die topische Zuordnung der generierten Potentiale reflektieren sie in ihrer Kurvenalteration jedoch ganz eindeutig eine beginnende transtentorielle Herniation [11], sodaß diese Reizantworten Entscheidungshilfen in bezug auf Dringlichkeit der therapeutischen Intervention respektive Prognose eines zerebral gefährdeten Patienten zu sehen sind. Sie sind von der Bewußtseinslage unabhängig, können auch dann registriert werden, wenn durch hochdosierte Barbituratgabe das EEG isoelektrisch wurde (Abb. 2) und erlöschen mit Eintritt des dissozierten Hirntodes.

Die Bedeutung des CCT für den Intensivmediziner

Der Einsatz der zerebralen Computertomographie (CCT) bei komatösen Patienten der Intensivstation soll gezielt sein, da die Untersuchung einerseits sehr rasch und exakt morphologische Veränderungen im Gehirn nachweist, andererseits für den Patienten doch eine gewisse Belastung darstellt (Transport, Umlagerung, unterschiedliche Beatmung etc.). Die Indikation zur CCT soll aber unbedingt gestellt werden, wenn das laufende elektrophysiologische Monitoring eine sich entwickelnde neuronale Gefährdung des Patienten anzeigt: Abb. 3 zeigt die Korrelation von Veränderungen des spontanen EEGs und CCT-Befund: Anamnestisch ein schweres Schädel-Hirn-Trauma und im Aufnahme — CCT am 4. 8. 1989 fand sich eine ausgedehnte subdurale Blutung mit deutlicher Raumforderung und Zeichen der transtentoriellen Herniation. Das auf der Intensivstation abgenommene Roh-EEG (Neurotrac®) entspricht mit seinen langsamen Frequenzen dem postoperativ induzierten Barbiturat-Koma. Am ersten postoperativen Tag (5. 8.) weist die CCT-Kontrolle ein schmales Hygrom und nur noch eine geringe Raumforderung aus. Am 6. 8. wird im kontinuierlich abgenommenen EEG eine deutliche Frequenzabnahme und Betonung der von Beginn vorhandenen Hemispärenunterschiedlichkeit erkennbar. Diese Merkmale verstärken sich bis 7. 8., wobei über der Seite der Läsion die Hirnaktivität elektrophysiologisch weitgehend nicht mehr darstellbar ist. Die aus diesem Grund durchgeführte CCT-Kontrolle zeigt eine postoperative Nachblutung im Trepanationsbereich, ein breites epidurales Hämatom mit ausgeprägter Raumforderung und neuerdings die Zeichen der transtentoriellen Herniation.

Zusammenfassung

Heute muß im Wissen um die Bedeutung des Gehirnes als Schaltzentrale des menschlichen Organismus und als Ursprung der dem Individuum verliehenen Identität, die Forderung erhoben werden, jeden komatösen, in seiner neuronalen Integrität gefährdeten Patienten, einer sinnvollen zerebralen Überwachung zu unterziehen. U. E. sind Elektroenzephalogramm und stimulierte kortikale Reizantworten, trotz einer gewissen Insensibilität in bezug auf Erkennung der ursächlichen Hirnschädigung, auch für den Nicht-Neurophysiologen in den heute zur Verfügung stehenden computerisierten Geräten, ein wertvolles Mittel in der Überwachung bewußtloser Patienten. In Zusammenschau mit indizierter CCT stehen heute einfach zu interpretierende Überwachungssysteme zur Verfügung.

Durch diese Intensivierung der zerebralen Monitoring sollte eine Verschlechterung einer zerebralen Situation frühzeitig erkannt und behandelbar gemacht werden. Auch wird der Intensivist in die Lage versetzt, den eingetretenen irreversiblen Hirntod ohne Zeitverlust zu erkennen, sodaß Überlegungen betreffend einer eventuellen Organspende ohne Verzögerung angestellt werden können.

Literatur

1. Canton R (1875) The electric currents of the brain. Brit Med J II: 278
2. Maynard D, Prior PF, Scott DF (1969) Device for continuous monitoring of cerebral activity in resuscitated patients. Brit Med J II 4: 545—546
3. Prior P (1979) Monitoring cerebral function. Long-term recordings of cerebral electrical activity. Elsevier, Amsterdam

4. Grundy BL, Sanderson AC, Webster MW, Richey ET, Procopio P, Karanjia PN (1981) Hemiparesis following carotid endarterectomy: comparison of monitoring methods. Anesthesiology 55: 462
5. Rampil IJ, Sasse FJ, Smith NT et al. (1980) Spectral edge frequency—a new correlate of anesthetic depth. Anesthesiology 53 [Suppl]: 12
6. Levy JW, Grundy L, Smith NTy (1984) Monitoring the electroencephalogramm and evoked potentials during anesthesia. In: Saidman LJ, Ty Smith N (eds) Monitoring in Anesthesia. Butterworth, Boston, pp 227—267
7. Symon L, Hargadine J, Zawirski M, Branston N (1979) Central conduction time as an index of ischemia in subarachnoidal hemorrhage. J Neurol Sci 44: 95—103
8. Loomis AL, Harvey N, Hobart GA (1938) Distribution of disturbance patterns in the human EEG with special reference to sleep. J Neurophysiol 1: 413—416
9. Davis PA (1939) Effects of acoustic stimuli in the waking human brain. J Neurophysiol 2: 454—499
10. Sohmer H, Feinmesser M (1967) Cochlear action potentials recorded from the external ear in man. Ann Otol Rhinol Laryngol 76: 427—435
11. Witzmann A, Reisecker F (1989) Somatosensory and auditory evoked potentials monitoring in tumor removal and brainstem surgery. In: Desmedt JE (ed) Neuromonitoring in Surgery. Elsevier Science Publishers B. V. (Biomedical Division), Amsterdam, pp 219—241

Korrespondenz: Dr. W. H. Löffler, Institut für Anästhesiologie, Wagner-Jauregg-Krankenhaus, A-4020 Linz, Österreich.

Dopplersonographie und Angiographie in der neurologischen Intensivmedizin*

R. Karnik

II. Medizinische Abteilung, Krankenanstalt Rudolfstiftung, Wien, Österreich

Einleitung

Die rasche technische Entwicklung nicht invasiver diagnostischer Methoden — Dopplersonographie, Computertomographie, Magnetresonanztomographie — haben zu einem differenzierten Einsatz der invasiven bildgebenden Verfahren geführt. Der Intensivmediziner, der ein neurologisch-neurochirurgisches Krankengut betreut, muß die Möglichkeiten und Grenzen dieser Methoden kennen, um für jeden Patienten in interdisziplinärer Zusammenarbeit ein optimales diagnostisches Regime erstellen zu können. Im Folgenden wird eine kurze Übersicht über die verschiedenen dopplersonographischen Verfahren gegeben und ihr Stellenwert in der Akutdiagnostik und bei Verlaufskontrollen neurologisch-neurochirurgischer Patienten dargestellt. Die Wertigkeit dieser Methoden im Vergleich zur Angiographie und inwieweit sonographische Methoden die zerebrale Angiographie ersetzen können, wird diskutiert.

Dopplersonographie

Theoretische Vorbemerkungen

Die Dopplersonographie beruht auf dem von dem österreichischen Physiker Christian Doppler (1803—1853) beschriebenen Doppler-Effekt [3]. Von einer Schallquelle ausgehende Schallwellen werden von einem bewegten Reflektor frequenzverschoben reflektiert. Bei An-

---

* Mit Unterstützung des Jubiläumsfonds der Oesterreichischen Nationalbank, Projekt Nr. 3236.

näherung des Reflektors tritt eine Frequenzerniedrigung und bei Entfernung eine Frequenzerhöhung auf. Im Falle der Gefäßdiagnostik wirken die korpuskulären Elemente des Blutes als bewegte Reflektoren und bewirken eine der Flußgeschwindigkeit entsprechenden Phasenverschiebung des Ultraschallstrahls. Als Schallquelle (Sender) und als Empfänger des reflektierten Schallstrahls dienen piezoelektrische Kristalle. Die im medizinischen Bereich verwendeten Sendefrequenzen liegen zwischen 2 und 10 MHz. Es stehen zwei unterschiedliche Dopplersysteme zur Verfügung:

— CW (Continuous Wave) Doppler
— gepulster Doppler.

Bei der CW-Dopplersonographie enthält der Schallkopf zwei Piezo-Elemente, von denen eines kontinuierlich sendet und eines kontinuierlich empfängt. Die Differenz zwischen ausgesendeter und empfangener Frequenz (Doppler-Shift) kann als Audiosignal oder visuell als Hüllkurve oder mittels Fast Fourier-Transformation als Frequenzspektrum wiedergegeben werden. Bei den gepulsten Dopplersystemen dient ein Piezo-Element alternierend als Sender und Empfänger. Durch Veränderung des Zeitintervalls zwischen Aussendung des Schallimpulses und Empfang des reflektierten Signals, kann die Tiefe bestimmt werden, in welcher untersucht wird.

Der Duplex-Scan kombiniert die Real-Time Abbildung von Gefäßen mit einem gepulsten Doppler-System. Diese Systeme bieten daher die Möglichkeit morphologische und hämodynamische Parameter simultan zu erfassen.

Klinische, intensivmedizinische Anwendung

CW-Dopplersysteme sind die Methode der Wahl zur Beurteilung des extrakraniellen Carotissystems und des vertebrobasilären Stromgebietes. Die Arteria carotis communis, interna und externa können von der Fossa supraclavicularis bis zum Kieferwinkel kontinuierlich dargestellt werden. Verschlüsse und Stenosen über 50% werden mit einer diagnostischen Zuverlässigkeit von mehr als 95% erfaßt [4]. Die Vertebralarterien können aus anatomischen Gründen nicht kontinuierlich untersucht werden. Durch die Insonation im Abgangsbereich und der Atlasschlinge werden jedoch hämodynamisch relevante Läsionen mit einer Sensitivität von 70—90% und einer Spezifität von über 90% erfaßt [7, 9]. Die intensivmedizinische Bedeutung der Sonographie der

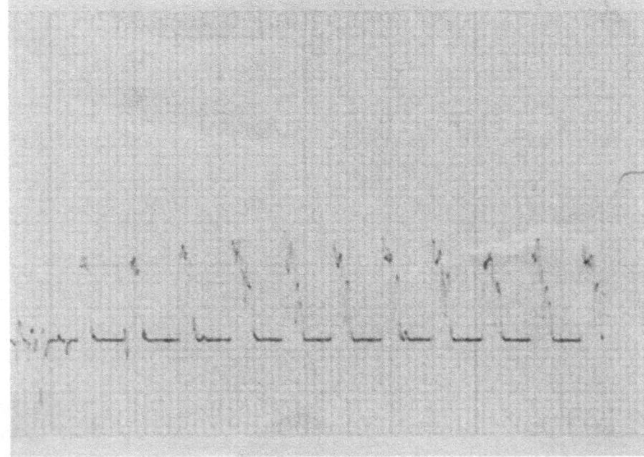

Abb. 1 a. CW-Dopplersonogram der re. A. Vertebralis (Atlasschlinge): niedriger systolischer Fluß und diastolische Nullströmung — Basilarisverschluß

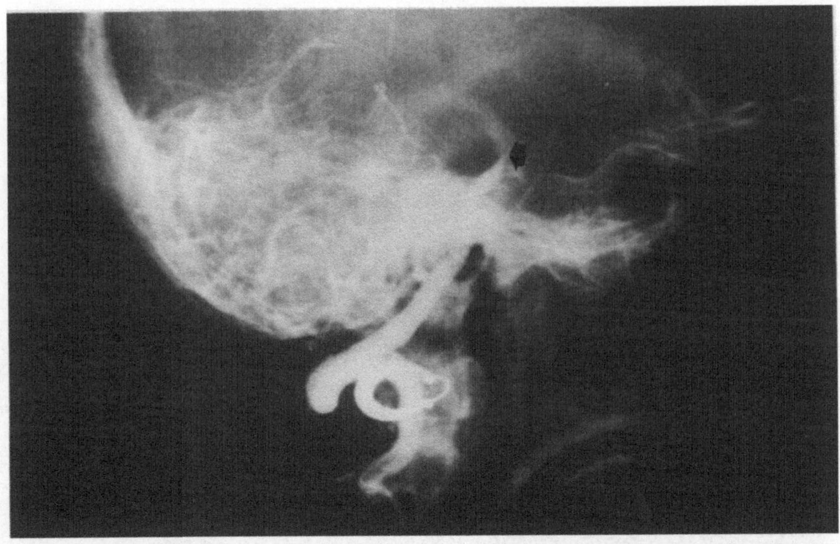

Abb. 1 b. Die selektive Angiographie zeigt einen Verschluß der A. basilaris (Pfeil)

hirnversorgenden Gefäße liegt in der Bedside-Diagnostik akuter Verschlüsse oder hämodynamisch wirksamer Stenosen bei Patienten im Stadium III und IV (progressive stroke, completed stroke). Bei Läsionen im Carotisstromgebiet jedoch sind die therapeutischen Kon-

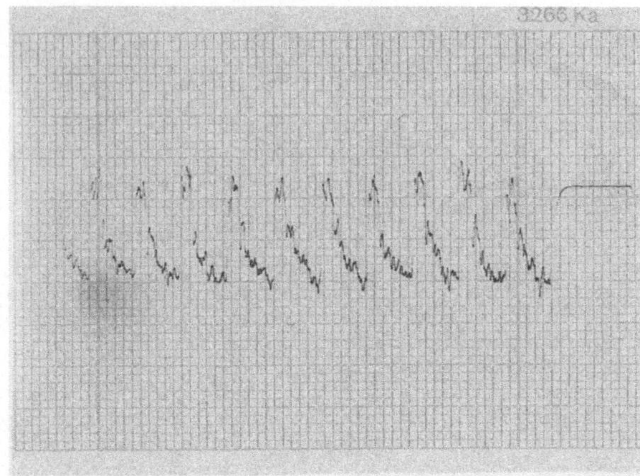

Abb. 2a. Normaler Dopplerbefund nach lokaler Thrombolyse mit Streptokinase (6 Stunden später)

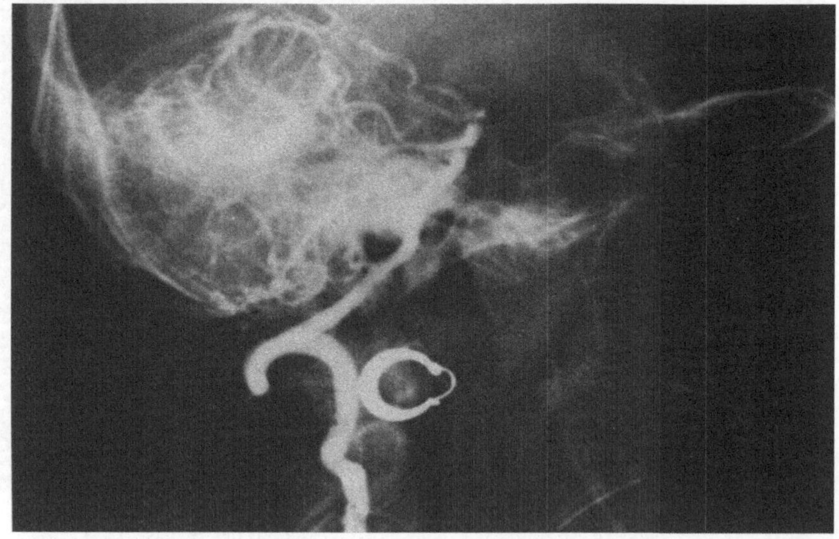

Abb. 2b. Die Kontrollangiographie zeigt die Durchgängigkeit der A. basilaris

sequenzen gering: Lysetherapie oder Akutoperationen sind in dieser Region umstritten und bleiben Einzelfällen vorbehalten.

Große Bedeutung hat die CW-Sonographie bei akuten Verschlüssen der Arteria basilaris. Ein charakteristisches Strömungsprofil mit niedrigem systolischen Fluß und diastolischem Rückfluß oder Nullströmung (Pendelfluß) in beiden Vertebralarterien ist pathognomonisch für Verschlüsse der Arteria basilaris (Abb. 1). Dieses Krankheitsbild weist eine Mortalität zwischen 60 und 80% auf. Zahlreiche Literaturberichte und eigene Erfahrungen [5, 6] zeigen, daß eine lokale oder auch systemische thrombolytische Therapie die Prognose verbessern kann. Die Bedeutung der Dopplersonographie liegt neben der Akutdiagnostik und rechtzeitigen Indikationsstellung zur Angiographie in der Verlaufskontrolle der Lysetherapie. Kurzfristige sonographische Kontrollen können den Zeitpunkt der Wiedereröffnung erfassen und damit die Dauer der Lyse beeinflussen und den Zeitpunkt für die Kontrollangiographie bestimmen (Abb. 2). Die Zahl der Kontrollangiographien kann dadurch auf ein Minimum reduziert werden.

Der *Duplex-Scan* spielt bei neurologischen Intensivpatienten eine vergleichsweise untergeordnete Rolle. Eine wichtige Indikation stellt die Akutdiagnostik bei Patienten nach Carotisoperation dar, die postoperativ neurologische Ausfälle aufweisen. Bei Nachweis eines thrombotischen Verschlusses oder einer Intimaleiste, die zum Verschluß des

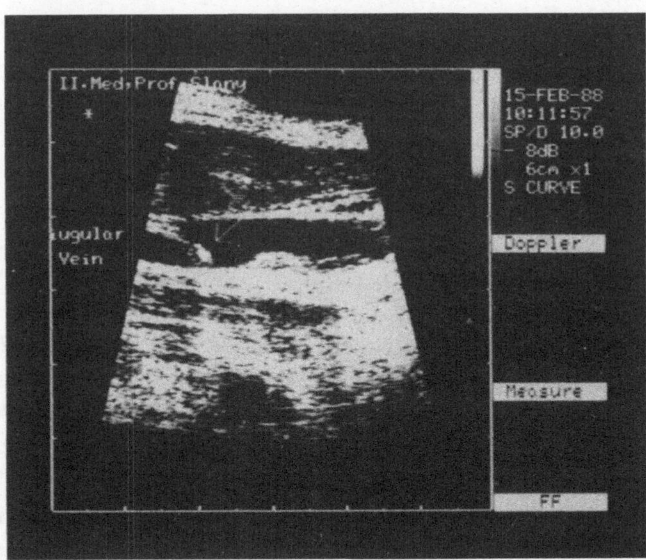

Abb. 3. Duplex-Scan der li. Vena jugularis: adhärenter und flottierender Thrombus (Pfeil) nach Entfernung eines zentralvenösen Katheters

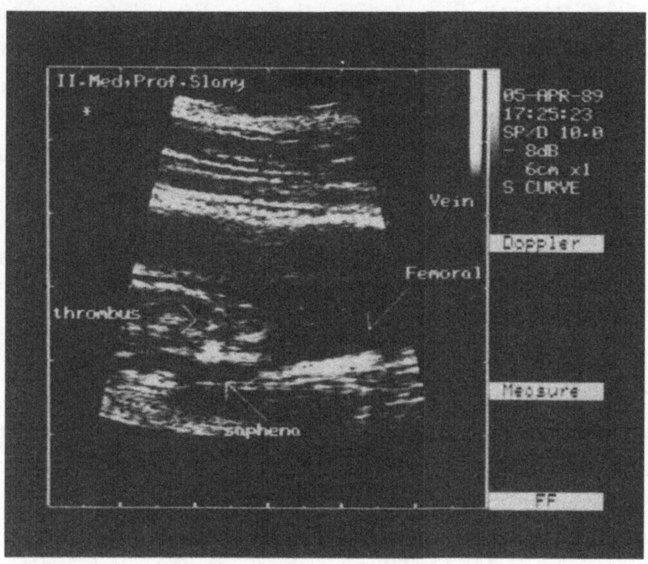

Abb. 4. Duplex-Scan der V. femoralis: thrombotischer Verschluß der V. femoralis (Pfeil) distal der V. saphena (Pfeil)

Gefäßes geführt hat, kann die Indikation zur Revision ohne Angiographie gestellt werden. Weitere Indikationen zur Duplex-Sonographie stellen allgemeine intensivmedizinische Probleme wie Thrombosen der Jugularvenen nach zentralen Venenkathetern oder tiefe Beinvenenthrombosen dar (Abb. 3, 4).

Die *transkranielle Dopplersonographie* (TCD), 1982 von Aaslid in die klinische Praxis eingeführt [1], ermöglicht, nicht invasiv die Flußgeschwindigkeit der basalen Hirnarterien zu messen. Die Hauptindikation des TCD besteht in der Evaluierung arterieller Spasmen bei aneurysmatisch bedingten Subarachnoidalblutungen (SAB). Der Normalwert der mittleren Flußgeschwindigkeit in der A. cerebri media (MCA) beträgt 62 ± 12 cm/sec (Abb. 5). Bei Patienten mit SAB werden häufig Flußgeschwindigkeiten von 80—120 cm/sec gefunden, ohne daß angiographisch Spasmen nachgewiesen werden können [11]. Flußgeschwindigkeiten über 120 cm/sec korrelieren mit angiographisch nachgewiesenen Spasmen der MCA. Der Bereich von 120—140 cm/sec kann als Borderline-Bereich bezeichnet werden. Eine Flußgeschwindigkeit von 140—200 cm/sec entspricht mäßiggradigen Spas-

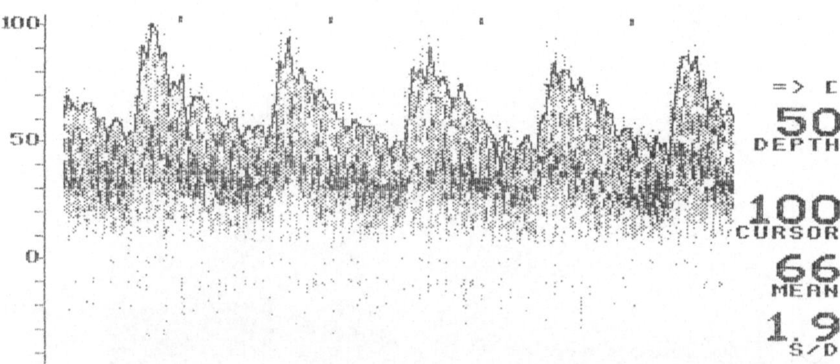

Abb. 5. TCD: normales Frequenzspektrum der A. cerebri media (MCA) mit einer mittleren Flußgeschwindigkeit von 66 cm/sec

men, mittlere Flußgeschwindigkeiten über 200 cm/sec schweren Spasmen (Abb. 6). Da sowohl Angiographie [10] als auch eine Operation mit einem erhöhten Risiko verbunden sind, wenn Spasmen bestehen, kommt dem TCD eine entscheidende Bedeutung zu, um den richtigen Zeitpunkt für Angiographie und Operation zu bestimmen. Folgendes diagnostisches Vorgehen empfiehlt sich bei Patienten mit akuter SAB: Unmittelbar nach Diagnosestellung mittels CT wird ein TCD durchgeführt. Bei normaler oder mäßig erhöhter Flußgeschwindigkeit der basalen Hirnarterien (< 120 cm/sec) kann eine Angiographie angeschlossen und eine Frühoperation durchgeführt werden. Beim Nachweis von Spasmen wird ein TCD-Monitoring (1—2 × täglich) durchgeführt und erst nach Normalisierung der Flußgeschwindigkeit angiographiert und operiert.

Intrakranielle Drucksteigerungen können mittels TCD erfaßt werden. Die Zunahme des intrakraniellen Druckes (ICP) manifestiert sich in einer Abnahme der diastolischen Flußgeschwindigkeit und einer Zunahme des Quotienten aus systolischer und diastolischer Flußgeschwindigkeit. Der TCD kann die intrakranielle Druckmessung nicht ersetzen, es können jedoch akute ICP-Steigerungen rasch nicht invasiv diagnostiziert und der Erfolg therapeutischer Maßnahmen kontrolliert werden.

Der TCD kann zur Hirntodbestimmung herangezogen werden,

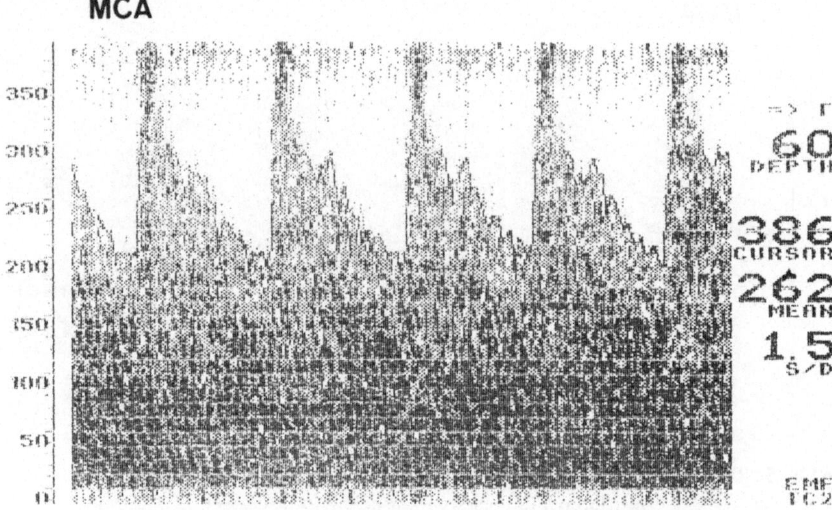

Abb. 6. TCD: massive Spasmen der A. cerebri media (MCA)

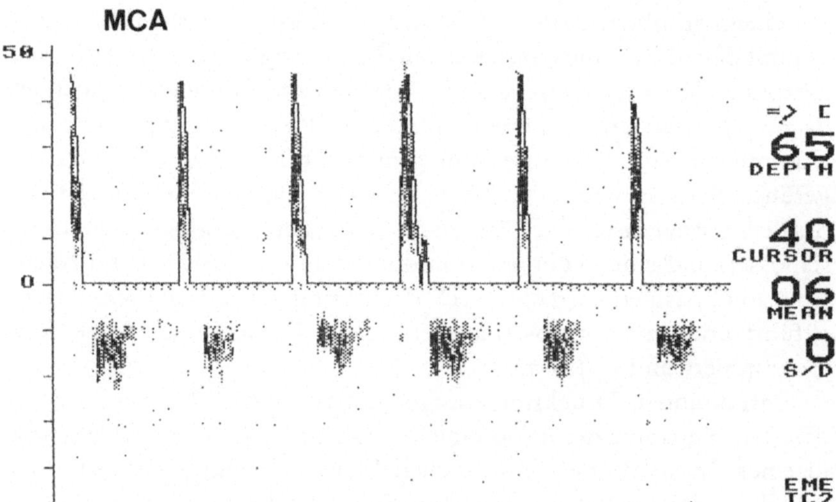

Abb. 7. TCD: Charakteristisches Frequenzspektrum bei Zirkulationsstillstand. Der Hirntod wurde angiographisch und durch EEG-Nullinienschreibung bestätigt

wobei sich eine gute Korrelation mit klinischen, angiographischen und elektroenzephalographischen Befunden zeigt. TCD-Kriterien eines zerebralen Zirkulationsstillstandes sind eine steil ansteigende, scharfe Systolenspitze mit frühdiastolischem Rückfluß und fehlendem Signal in der verbleibenden Diastole [8] (Abb. 7). Da der TCD eine starke Untersucherabhängigkeit aufweist, kann die Methode jedoch nur als Vorfelduntersuchung zur definitiven Hirntodbestimmung mittels EEG oder Angiographie angewandt werden.

Angiographie

Die Indikation zur akuten zerebralen Angiographie beschränkt sich heute auf vaskuläre Prozesse, bei denen eine akute Intervention — Operation oder thrombolytische Therapie — zur Diskussion steht. Eine Indikation zur Angiographie ist bei Verdacht auf akuten Verschluß der Arteria basilaris oder Sinusvenenthrombose vor einer etwaigen thrombolytischen Therapie gegeben. Eine klare Indikation besteht bei Patienten mit SAB, bei denen eine Frühoperation geplant ist. Spasmen müssen zuvor mittels TCD ausgeschlossen werden. Eine weitere Indikation stellen intrazerebrale Blutungen dar, deren Ausdehnung eine Akutoperation erforderlich macht und bei denen vom Typ her der Verdacht auf eine Gefäßmißbildung vorliegt. Steht eine Magnetresonanztomographie zur Verfügung, so kann auch in diesen Fällen auf eine Angiographie verzichtet werden. Bei klinischen und/oder dopplersonographischen Zeichen des Zirkulationsstillstandes kann die Diagnose durch eine zerebrale Panangiographie bestätigt werden. Die zerebrale Angiographie wird nahezu ausschließlich als transfemorale Katheterangiographie durchgeführt. Die direkte Punktion der Carotiden und die Brachialisgegenstromangiographie sollten nur in Ausnahmefällen erfolgen, da in allen Fällen eine Darstellung beider Carotissysteme und des vertebrobasilären Stromgebietes zu fordern ist. Die konventionelle Blattfilmangiographie wird zunehmend durch die intraarterielle digitale Subtraktionsangiographie (i.a. DSA) abgelöst. Der Vorteil der i.a. DSA liegt in der Reduktion der Gesamtkontrastmittelmenge, einer verminderten Strahlenbelastung und in der Möglichkeit zahlreicher Zusatzprojektionen. Einen Nachteil für den Neurochirurgen kann die Subtraktion der knöchernen Strukturen darstellen, da dadurch die räumliche Orientierung erschwert wird. Die Komplikationsrate der zerebralen Angiographie liegt zwischen 1,39 und 2,6%, wobei in 0,09 −0,3% permanente Ausfälle auftreten [2, 12]. Als einzige Kontraindikation zur akuten zerebralen Angiographie ist der Angiospasmus zu nennen. Relative Kontraindikationen, wie eine fragliche Kontrastmittelallergie oder eine eingeschränkte Nierenfunktion stellen unter intensivmedizinischen Voraussetzungen kein wirkliches Problem dar.

Zusammenfassung

Die CW-Dopplersonographie erfaßt mit einer hohen Zuverlässigkeit Verschlüsse und hämodynamisch wirksame Stenosen der hirnversorgenden Gefäße. Eine besondere Bedeutung hat die CW-Sonographie in der Diagnostik akuter Basilarisverschlüsse. Der Duplex-Scan, eine Kombination aus B-Bild und gepulstem Doppler, kann neben hämodynamischen Parametern Informationen über die morphologische Beschaffenheit von Läsionen geben. Die transkranielle Dopplersonographie kann als einzige nicht invasive Methode zerebrale Angiospasmen erfassen. Dem TCD kommt beim Timing von Angiographie und Operation bei Patienten mit SAB eine entscheidende Bedeutung zu. Die Vorteile der Dopplersonographie liegen in der Nichtinvasivität, dem geringen apparativen Aufwand, der eine Bedside-Diagnostik ermöglicht, und in der hohen Sensitivität und Spezifität. Einen Nachteil stellt die Untersucherabhängigkeit und die lange Lernphase dar, die erforderlich ist, um die erforderliche Treffsicherheit zu erreichen.

Die zerebrale Angiographie hat durch die Einführung nicht invasiver Untersuchungsmethoden in der Akutdiagnostik neurologisch-neurochirurgischer Patienten an Bedeutung verloren. Bei akuten vaskulären Prozessen, die einer akuten Intervention bedürfen, kann jedoch weiterhin nicht auf die Angiographie verzichtet werden.

Literatur

1. Aaslid R, Markwalder T-M, Nornes H (1982) Noninvasive transcranial Doppler ultrasound. J Neurosurg 60: 37—41
2. Earnest F, Forbes G, Sandok BA, Piepgras DG, Faust RJ, Ilstrup DM, Arndt LJ (1984) Complications of cerebral angiography. AJR 142: 247—253
3. Färbinger K (1988) Der Dopplereffekt. In: Eden A (Hrsg) Christian Doppler. Schriftenreihe des Landespressebüros, Salzburg, S 57—61
4. Freund H-J (1979) Ultraschalldiagnostik der hirnversorgenden Gefäße. Therapiewoche 29: 7382—7386

5. Hacke W, Zeumer H, Ferbert A, Brückmann H, Zoppo GJ (1988) Intraarterial thrombolytic therapy improves outcome in patients with acute vertebrobasilar disease. Stroke 19: 1216—1222
6. Karnik R, Ammerer H-P, Perneczky G, Slany J, Brenner H (1986) Akute Verschlüsse im vertebrosbasilären Stromgebiet bei Kindern und jüngeren Erwachsenen. Dtsch Med Wschr 111: 615—622
7. Karnik R, Stöllberger C, Ammerer H-P, Perneczky G, Slany J, Brenner H (1987) Validity of continuous-wave Doppler sonography of the vertebrobasilar system. Angiology 38: 556—561
8. Ries F, Moskopp D (1987) Nichtinvasive Bestimmung des zerebralen Kreislaufstillstandes mit der transkraniellen Doppler-Sonographie. In: Widder B (Hrsg) Transkranielle Doppler-Sonographie bei zerebrovaskulären Erkrankungen. Springer, Berlin Heidelberg New York Tokyo, S 160—163
9. Ringelstein EB, Zeumer H, Pohlen R (1983) Wertigkeit und Grenzen der CW-Doppler Sonographie im vertebrobasilären Kreislauf. In: Nobbe F, Rudofsky G (Hrsg) Probleme der Vor- und Nachsorge und der Narkoseführung bei invasiver angiologischer Diagnostik und Therapie. Pflaum, München, S 285—292
10. Schindler E (1984) Neuroradiologische Aspekte des zerebralen Angiospasmus. In: Voth D, Glees P (Hrsg) Der zerebrale Angiospasmus. De Gruyter, Berlin New York, S 285—292
11. Seiler RW, Aaslid R (1986) Transcranial Doppler for evaluation of cerebral vasospasm. In: Aaslid R (ed) Transcranial Doppler sonography. Springer, Wien New York, pp 118—131
12. Wende S, Schulze A (1961) Die zerebrale Angiographie und ihre Komplikationen. Fortschr Röntgenstr 94: 494—505

Korrespondenz: Dr. R. Karnik, II. Medizinische Abteilung, KA Rudolfsstiftung, Juchgasse 25, A-1030 Wien, Österreich.

Der ischämische Hirninfarkt

U. Roelcke und **W. Hacke**

Neurologische Klinik, Universität Heidelberg, Bundesrepublik Deutschland

Diagnostik

Etwa 80% der Erkrankungen, die unter dem klinischen Bild eines Schlaganfalles verlaufen, werden durch eine fokale Ischämie mit der Folge eines Hirninfarktes verursacht. Die Diagnose eines ischämischen Hirninfarktes und seine sichere Abgrenzung gegenüber einer intrakraniellen Blutung (intrazerebral oder subarachnoidal, hypertensiv, durch eine Gefäßmißbildung oder einen Tumor bedingt), muß computertomographisch oder kernspintomographisch erfolgen. Die Akuttherapie ist abhängig von der Pathogenese des ischämischen Hirninfarktes, mit Hilfe der bildgebenden Verfahren und Daten aus angiologischen Untersuchungen lassen sich 1. embolische, 2. thrombotische, 3. hämodynamische, 4. entzündlich-immunologische Ursachen der Ischämie abgrenzen. Arteriosklerotische, thromboembolische oder entzündliche Erkrankungen der extrakraniellen oder großen intrakraniellen Gefäße resultieren in hämodynamisch verursachten oder territorialen Infarkten (Makroangiopathie). Die Hyalinose intrazerebraler, nichtkollateralisierter penetrierender Arterien führt zu einzelnen lakunären Infarkten oder einer subkortikalen arteriosklerotischen Leukenzephalopathie (Mikroangiopathie), beispielsweise aufgrund einer langjährig bestehenden arteriellen Hypertonie.

Die Behandlung des ischämischen Hirninfarktes setzt an mehreren Punkten an: 1. an der unmittelbaren Gewebehypoxie, 2. an pathogenetischen Kriterien, 3. an den Komplikationen seitens des Gehirns (z. B. Hirnödem), 4. an internistischen Ursachen und Komplikationen. Im folgenden soll auf die derzeit intensivmedizinisch relevanten Therapieansätze und deren Grundlagen eingegangen werden.

Allgemeine Therapie

Die internistische Behandlung berücksichtigt vorrangig Blutdruck, Blutzucker und Wasser- und Elektrolythaushalt. Hinsichtlich der *Blutdruckeinstellung* werden „hochnormale" Werte angestrebt, die insbesondere nach akuten Gefäßverschlüssen zur verbesserten kollateralen Perfusion ischämischen Gewebes beitragen sollen. Systolische Werte über 220 mmHg, diastolische Werte über 110 mmHg bedürfen jedoch medikamentöser Blutdrucksenkung. Um Werte um 160 mmHg systolisch zu erzielen, findet mancherorts eine hypervolämische Therapie oder Behandlung mit Katecholaminen Anwendung. Eine bereits bestehende *diabetische Stoffwechsellage* kann durch die akute Erkrankung verschlechtert werden. Die mit dem Blutzuckerspiegel korrelierende Laktatazidose führt zu sekundärer Gewebeschädigung, so daß ggf. eine vorübergehende Insulinbehandlung erforderlich wird. Der Diabetes soll streng eingestellt werden. Die Behandlung von *Störungen des Wasser- und Elektrolythaushaltes* zielt auf die Verhinderung von Exsikkose mit sekundärer rheologischer Verschlechterung und durch leichte negative Bilanzierung (200—300 ml Negativbilanz/Tag) auf Absenken eines eventuell erhöhten Hirndrucks. Die Indikation zur Sauerstoffgabe, Intubation und Beatmung sollte weit gestellt werden, da einer guten Oxigenierung des Blutes eine zentrale Rolle zukommt.

Spezielle Therapie

1. Beeinflussung der Perfusion ischämischen Hirngewebes

Ziel dieses Therapieansatzes ist die Verbesserung der zerebralen Mikrozirkulation. Einflußnahme ist hier durch *Hämodilution* möglich mit Veränderung der Blutviskosität. Harrison et al. [7] konnten zeigen, daß die Infarktgröße im CT mit der Höhe des Hämatokritwertes korreliert. Die Hämodilution läßt sich hypovolämisch (nur mit Aderlaß, z. B. bei Hypertonie oder Herzinsuffizienz), iso- oder hypervolämisch mit niedrigmolekularen Dextranen durchführen. Ergebnisse bisheriger Therapiestudien werden kontrovers diskutiert (Zusammenfassung s. Wechsler [17]). 3 Doppelblindstudien aus USA (Stroke Study Group, 1989), Italien (Italian Acute Stroke Study Group [8]) und Skandinavien (Scandinavian Stroke Study Group [14]) ergaben keine überzeugenden Ergebnisse, die Studie aus den USA mußte wegen erhöhter Mortalität in der Dilutionsgruppe vorzeitig abgebrochen werden. Eine pathophysiologisch begründbare Indikation scheint bei

Hirninfarkten zu bestehen, die durch Erhöhung von Hämatokrit oder Viskosität verursacht oder verstärkt werden (Gelmers [5]). Wir verwenden zur Zeit die rheologische Therapie nur ganz selten. Der Einsatz *vasopressorischer Substanzen* (Dopamin, Dobutamin) läßt sich in Einzelfällen bei fluktuierender Symptomatik durch hämodynamisch verursachte Hirninfarkte bei hypotoner Blutdrucklage verteten. Das Risiko von Hirnblutung und zunehmendem Hirnoedem sollte beachtet werden, die blutdrucksteigende Behandlung sollte nur unter intensivmedizinischer Überwachung durchgeführt werden.

2. *Beeinflussung der Blutgerinnung*

Die hierbei angewandten Verfahren beruhen auf der Hemmung thrombosefördernder Gerinnungsaktivität (Antikoagulation) und auf der Unterstützung der körpereigenen thrombusauflösenden Aktivität bei frischen Gefäßverschlüssen (Thrombolyse).

Die *Antikoagulation* wird im Rahmen der Akutbehandlung des ischämischen Hirninfarktes mit Heparin durchgeführt, das in Verbindung mit dem endogenen Kofaktor Antithrombin III (AT III) die intrinsische Gerinnung inaktiviert. Bei angeborenem oder erworbenem AT III-Mangel kann dieser durch Substitution des Kofaktors behoben werden. Die intravenöse Heparin-Dauerinfusion nach Heparin-Bolus-Gabe wird bei folgender Indikation durchgeführt:

1. Bei symptomatischen Stenosen extrakranieller und großer intrakranieller Gefäße, auch in der Überbrückungsphase zu einer geplanten Gefäßoperation.
2. Bei Gefäßthrombosen unter dem klinischen Bild eines progredienten Hirninfarktes („stroke-in-evolution“).
3. Bei Karotis- und Vertebralis-Dissektionen.
4. Zur Vermeidung eines Frührezidivs nach kardialer Hirnembolie.

Das Risiko eines Frührezidivs wird in der Literatur mit 0—20% innerhalb 2 bis 3 Wochen nach dem ersten Hirninfarkt unterschiedlich bewertet (Zusammenfassung s. Cerebral Embolism Task Force [1]). Eine positive Wirkung der Heparin-Behandlung zur Verminderung dieses Risikos konnte in prospektiven Studien nicht sicher nachgewiesen werden. Die Inzidenz klinisch relevanter Nebenwirkungen (Einblutung in den Infarkt) wird mit 2% angesichts der spontanen Einblutungsrate bei kardialen Hirnembolien (5—20%) als gering eingeschätzt (Rothrock et al. [13]). Diese sekundäre hämorrhagische

Transformation tritt in Abhängigkeit von der Infarktgröße in den ersten Tagen nach dem Infarkt in 20—40% ein (Cerebral Embolism Task Force [1]). Die Autoren empfehlen daher vor Durchführung der Heparinbehandlung eine CT-Kontrolle mindestens zwei Tage nach dem Auftreten des Infarktes. Kontraindikationen gegen die Durchführung der Antikoagulation sind schwer einstellbare arterielle Hypertonie, Blutungen aus gastrointestinalen und urogenitalen Entzündungen oder Tumoren, diabetische Retinopathie und höheres Lebensalter. Das Monitoring während der Heparintherapie besteht in der Kontrolle der partiellen Thromboplastinzeit (PTT), angestrebt wird die 2—2,5fache Veränderung der PTT im Vergleich zum Ausgangswert.

Die *Thrombolyse* kann systemisch (intravenös) oder lokal (intraarteriell) durchgeführt werden. Die systemische Anwendung von Thrombolytika zeigte ein hohes Risiko sekundärer Hämorrhagien (Übersichten bei del Zoppo et al. [2]; Sloan [15]). Die lokale Anwendung klassischer Enzyme (Streptokinase, Urokinase) ergab in zwei Studien mit größerer Patientenzahl einen positiven klinischen Verlauf nach Rekanalisation (del Zoppo et al. [3]; Hacke et al. [6]). Da inzwischen thrombusspezifische Thrombolytika wie r-tPA gentechnologisch hergestellt werden können, wird z. Zt. im Rahmen einiger Pilotstudien erneut die systemische Anwendung getestet. Die Therapie soll auf einer Intensivstation durchgeführt werden. Wir behandeln zur Zeit entweder systemisch mit tPA (10 mg intravenöse Bolusinjektion, anschließend 60 minütige Infusion von 90 mg tPA, anschließend Heparin-Dauerinfusion) oder lokal arteriell mit Urokinase. Die Indikation zur Thrombolyse stellen wir bei angiographisch gesicherten embolischen Verschlüssen des Karotis-, Media- oder Basilaris-Stromgebietes, bei denen ein Zeitintervall von 6 Stunden zwischen Auftreten der Symptome und Beendigung der Thrombolyse nicht überschritten wird. Neben einem im CT frisch demarkierten Infarkt liegen dieselben Kontraindikationen wie bei der Antikoagulation vor. Das hämostasiologische Monitoring entspricht dem bei Lyse nach Herzinfarkt.

3. Behandlung entzündlicher Gefäßerkrankungen

Immunvaskulitiden, z. B. im Rahmen eines Lupus erythematodes, werden hochdosiert mit Steroiden, ggf. in Kombination mit Azathioprin oder Cyclophosphamid behandelt. Das *Lupus Antikoagulans* (LA) und *Antikardiolipin Antikörper* (ACA) sind zirkulierende Immunglobuline, die nur teilweise mit dem Lupus erythematodes assoziiert sind, eine Kreuzreaktion mit Phospholipiden zeigen und zu arteriellen und venösen Thrombosen, Embolien und Hämorrhagien führen können. Diese Antikörper sollten insbesondere bei jüngeren Schlaganfall-Patienten in die Differentialdiagnose miteinbezogen werden. Ihr Nachweis wird über den Tissue Thromboplastin Inhibitions-Test (LA) bzw. einen Radioimmuno Assay (ACA) geführt. Da die Patienten nicht an einer einzigen Grunderkrankung leiden, existieren keine einheitlichen Therapieempfehlungen, in Frage kommen Thrombozytenaggregationshemmer, Immunsuppressiva und Antikoagulantien (Übersicht s. Kushner und Simonian [11]).

Die Therapie *spezifisch-infektiöser Vaskulitiden* z. B. im Rahmen einer tuberkulösen oder bakteriellen Meningitis oder opportunistischer Infektionen richtet sich nach den Erregern.

4. Behandlung des Hirnödems

Das Hirnödem stellt in der Frühphase eine der wesentlichen Ursachen für die Mortalität von Hirninfarkten dar und besteht überwiegend in einem zytotoxischen Ödem. Hierauf hat die Gabe von *Steroiden* keinen wesentlichen Einfluß, eine unspezifische Hirndrucksenkung kann aber bei hoher Dosierung durch Entwässerung gesunden Hirngewebes erreicht werden. Ein routinemäßiger Einsatz ist somit nicht indiziert. *Hypersomolare Substanzen* bauen einen osmotischen Gradienten zwischen Blut und Hirngewebe und Extra- und Intrazellularraum auf. Da jedoch die Gefahr von Elektrolytverschiebungen besteht und bereits nach wenigen Stunden ein Reboundeffekt auftreten kann, sollte die Anwendung dieser Substanzen auf schwere Fälle mit Massenverschiebung beschränkt bleiben. Einzig bei kontinuierlicher intravenöser Gabe von Glyzerin sollen Rebound und Elektrolytverschiebung nicht ins Gewicht fallen (Gelmers et al. [5]). Wir setzen zur Zeit Glyzerin häufig bei mittelgroßen und großen Territorialinfarkten in der vorderen und hinteren Zirkulation ein.

5. Weitere Ansatzpunkte

Kalziumantagonisten sollen kurativ und prophylaktisch das durch den Kalziumeinstrom in die Zelle ausgelöste Zustandekommen eines Infarktes verzögern. Nimodipin besitzt eine besondere Affinität zu den Hirngefäßen, es soll bei frühzeitiger Anwendung (in den ersten Stunden) nach Hirninfarkten einen Rückgang der Mortalität und neurologischer Ausfallserscheinungen bewirken (Gelmers et al. [4]) und das Ausmaß neurologischer Störungen nach Reanimation begrenzen können. *Barbiturate* vermindern tierexperimentell den Sauerstoffbedarf und reduzieren so in den ersten 30 Minuten nach der Ischämie die Größe des Infarktareals, der Nachweis einer klinischen Wirksamkeit steht jedoch noch aus. *Naloxon* verringert den Kalziumeinstrom in die Zelle und wirkt antioxidativ. Eine klinische Studie, bei der z. T. jedoch hohe Dosen eingesetzt wurden, zeigte einen günstigen Effekt und rechtfertigt die Durchführung einer systematischen Studie (Jabaily und Davis [10]). *NMDA-Rezeptor-Antagonisten,* die die exzitatorische synaptische Wirkung von in ischämischen Gewebe freigesetztem Glutamat mit der Folge neuronaler Degeneration verringern, wurden bislang nur tierexperimentell eingesetzt (Zusammenfassung s. McCulloch et al. [12]). *Ganglioside* fördern die Reaktion geschädigter Hirnzellen auf endogene neurotrophe Faktoren. Ihre klinische Anwendung im Rahmen einer Pilot-Studie (Italian Acute Stroke Study Hemodilution and Drug [9]) ergab eine deutlich bessere Rückbildung neurologischer Störungen in den ersten beiden Wochen nach Auftreten des Schlaganfalles im Vergleich zur placebobehandelten Kontrollgruppe.

Literatur

1. Cerebral embolism task force (1989) Cardiogenic brain embolism. The second report of the cerebral embolism task force. Arch Neurol 46: 727—743
2. del Zoppo GJ, Zeumer H, Harker LA (1986) Thrombolytic therapy in acute stroke: possibilities and hazards. Stroke 17: 595—607
3. del Zoppo GJ, Ferbert A, Otis S, Brückmann H, Hacke W, Zyroff J, Horker LA, Zeumer H (1988) Local intra-arterial fibrinolytic therapy in acute carotid territory stroke. A pilot study. Stroke 19: 307—312
4. Gelmers HJ, Gorter K, de Weert CJ, Wiezer JHA (1988) A controlled trial of nimodipine in acute ischaemic stroke. N Engl J Med 318: 203—207
5. Gelmers HJ, Krämer G, Hacke W, Hennerici M (Hrsg) (1989) Zerebrale Ischämien. Springer, Berlin Heidelberg New York Tokyo
6. Hacke W, Zeumer H, Ferbert A, Brückmann H, del Zoppo GJ (1988) Intraarterial thrombolytic therapy improves outcome in patients with acute vertebrobasilar occlusive disease. Stroke 19: 1216—1222
7. Harrison MJG, Pollack S, Dendell BE (1981) Effect of hematocrit on carotid stenosis and cerebral infarction. Lancet 2: 114—115
8. Italian Acute Stroke Study Group (1988) Hemodilution in acute stroke: results of the italian haemodilution trial. Lancet 1: 318—321
9. Italian Acute Stroke Study Group (1989) Hemodilution and monosialoganglioside GM 1 in the treatment of acute ischemic stroke. In: Krieglstein J (1989) Pharmacology of cerebral ischemia 1988. Wissenschaftliche Verlagsgesellschaft, Stuttgart, S 449—453

10. Jabaily J, Davis JN (1984) Naloxone administration to patients with acute stroke. Stroke 15: 36—39
11. Kushner M, Simonian N (1989) Lupus antikoagulants, anticardiolipin antibodies, and cerebral ischemia. Stroke 20: 225—229
12. McCulloch J, Park CK, Oyzurt E, Nehls DG, Teasdale GM, Graham DI (1989) Effects of MK-801 in experimental models of focal cerebral ischaemia in the cat and rat. In: Krieglstein J (1989) Pharmacology of cerebral ischemia 1988. Wissenschaftliche Verlagsgesellschaft, Stuttgart, S 173—179
13. Rothrock JF, Dittrich HC, McAllen S, Taft BJ, Lyden PD (1989) Acute anticoagulation following cardioembolic stroke. Stroke 20: 730—734
14. Scandinavian Stroke Study Group (1987) Multicenter trial of hemodilution in acute ischaemic stroke. I. Results in the total patient population. Stroke 18: 691—699
15. Sloan MA (1987) Thrombolysis and stroke. Past and future. Arch Neurol 44: 748—768
16. The Hemodilution in Stroke Study Group (1989) Hypervolemic hemodilution treatment of acute ischemic stroke. Results of a randomized multicenter trial using pentastarch. Stroke 20: 317—323
17. Wechsler LR (1988) Therapy for acute ischemic stroke. In: Ropper AH, Kennedy SF (eds) Neurological and neurosurgical intensive care. Aspen Publishers, Rockville, Maryland

Korrespondenz: Prof. Dr. W. Hacke, Neurologische Klinik, Ruprechts-Karls-Universität, Im Neuenheimer Feld 400, D-6900 Heidelberg 1, Bundesrepublik Deutschland.

Die intrazerebrale Blutung

W. Oder

Neurologische Universitätsklinik, Wien, Österreich

Definition

Nicht traumatische, intrazerebrale, nicht auf den Versorgungsbereich eines Gefäßes beschränkte, häufig raumfordernde Hämatome, wobei die Inzidenzrate mit 10% der Schlaganfälle angegeben wird [11]. Traumatische intrazerebrale Hämatome sind nicht Gegenstand der Darstellung.

Eine vitale Gefährdung des Patienten — Letalität = 40% [4] — besteht durch:

1. die Größe der Blutung mit Zerstörung des Gewebes,
2. das begleitende Hirnödem,
3. den Verschluß der Liquorwege aufgrund der Lokalisation der Blutung (hintere Schädelgrube!),
4. eine Ventrikeltamponade (Hämatocephalus), wenn das Blut massiv in die Hirnkammern einbricht, den Aquäductus Sylvii verlegt und zu einer massiven Liquorzirkulationsstörung führt [9].

Ursachen

In über 50% tritt eine intrazerebrale Hämorrhagie als Wühl- oder Massenblutung bei hypertensiven Patienten auf [9]. Als Ursache werden degenerative Wandveränderungen bei Hochdruckangiopathie mit Ruptur arterieller Mikroaneurysmen und intramurale Hämatome mit konsekutiver Rhexisblutung mit sekundären Rupturen weiterer Gefäße diskutiert (Dominotheorie nach Fisher [7]). Prädilektionsstellen der hypertonischen Blutung sind Linsenkern, Capsula interna, Hemisphärenklager, Thalamus, Kleinhirn sowie Brücke [11].

Tabelle 1. Intrazerebrale Blutungen – Ursachen [8, 11]

1. Arterielle Hypertonie
   (essentielle, renale, kardiovaskuläre, Aortenisthmustenose, Eklampsie, Morbus Cushing, Phäochromozytom)
2. Gefäßmißbildungen
   (Aneurysmen, Makro- und Mikroangiome)
3. Traumatisch
4. Blutkrankheiten
   (Leukosen, Sichelzellenanämie, Thrombopathien, Afibrinogenämie, Hämophilie, thrombozytopenische Purpura)
5. Entzündliche Erkrankungen
   (Leukencephalitis hemorrhagica, subakute bakterielle Endokarditis, Septikämie, Kollagenosen, Mykotische Gefäßwandveränderungen)
6. Hirntumoren
   (Melanoblastom, Meningeom, Gliome, Hämangioblastome)
7. Gerinnungshemmende Therapie
   (Thrombolyse, Antikoagulation)
8. Rekonstruktive Gefäßoperationen
9. Sekundäre Einblutung in primär ischämischen Infarkt (Embolien)
10. Urämie, Amyloidose
11. Amphetamin- oder Kokainabusus

Nach der Hypertonie sind Gefäßmißbildungen die häufigste Ursache des spontanen — ohne Trauma — entstandenen intrazerebralen Hämatoms. Hierbei handelt es sich meist um Blutungen aus Mikroangiomen, Kapillarvarizen oder partiell thrombosierten Rankenangiomen [13]. Man nimmt an, daß ungefähr 40% aller AV-Angiome und 35% aller Aneurysmen direkt in die Hirnsubstanz bluten. Es sind im Gegensatz zur hypertonischen Blutung vor allem jüngere Menschen betroffen, die Blutung ist meist im Bereich der Großhirnhemisphären lokalisiert, vorwiegend temporo-parietal. Andere, seltenere Ursachen sind in Tabelle 1 angeführt [8, 11].

Je nach ihrer Größe unterscheidet man kleine Kugelblutungen, die vorwiegend in der Großhirnrinde oder im Hirnstamm lokalisiert sind, größere Blutungen, bevorzugt an der Rindenmarkgrenze, und Massenblutungen [8, 13].

Klinik und Differentialdiagnose

Die Symptomatik einer Hirnblutung ist ähnlich dem ischämischen Infarkte, meist — aber nicht immer — liegt ein schwereres Krankheitsbild vor.

Tabelle 2. Klinisch-anamnestische Hinweise für das Vorliegen einer Blutung [3]

1. Plötzlicher Beginn, mit Bewußtseinsverlust und/oder Kopfschmerzen innerhalb der ersten zwei Stunden und/oder Erbrechen und/oder Meningismus
2. Persistierende Bewußtseinstrübung über mindestens 24 Stunden
3. Beidseits positiver Babinski, Frühspastik der paretischen Extremitäten
4. Fehlende koronare oder sonstige Herzerkrankung, Diabetes mellitus, Claudicatio intermittens
5. Keine früheren TIA oder ischäm. Insulte

Erfahrungsgemäß sprechen bestimmte Hinweise und Symptome eher für eine Blutung ([13], Tabelle 2), es muß allerdings mit aller Deutlichkeit darauf hingewiesen werden, daß das klinische Bild letztlich unzuverlässig ist und die exakte Differentialdiagnose Blutung-Ischämie ausschließlich mit der Computertomographie bzw. Magnetresonanztomographie möglich ist. Ein unmittelbar nach dem Insult gemessener erhöhter Blutdruck ist in diesem Zusammenhang nicht als Hinweis auf eine schon vor dem Akutereignis bestehende Hypertonie aufzufassen [15].

Der Beginn ist bei der hypertonischen Massenblutung meist noch schlagartiger als beim spontanen intrazerebralen Hämatom, auch das höhere Lebensalter wird eher an die hypertonische Massenblutung denken lassen. Charakteristische klinische Bilder sind in Tabelle 3 zusammengefaßt. Nicht selten kommt es kurzfristig zu einer Leukozytose, zu einer passageren Hyperglykämie und Glukosurie [13].

Apoplektiform auftretende Komata mit Einklemmungssymptomatik, einhergehend mit vegetativer Enthemmung, weisen in der Regel

Tabelle 3. Klinik der intrazerebralen Massenblutung [16]

Lokalisation	Koma	Pupillen	Bulbusstellung
Putamen	+	normal	ipsilaterale Deviation
Thalamus	+	eng träge Reaktion	vertikale Blickparese nach oben
Marklager	– +	normal	ipsilaterale Deviation oder normal
Pons	früh	„Stecknadel“	horizontale Blickparese
Zerebellum	später	eng reaktiv	erst spät beeinträchtigt

auf ausgedehnte Blutungen mit Ventrikeleinbruch durch Ruptur der A. lenticulo- oder thalamostriata hin oder auf Blutungen in der hinteren Schädelgrube. Wenn kein Blutungseinbruch in den Subarachnoidealraum erfolgt, kann eine Nackensteifigkeit fehlen [17]. Es können allerdings auch Ventrikeleinbruchblutungen ohne wesentliche parenchymatöse Einblutung nur mit dem Bild plötzlich auftretender heftiger Kopfschmerzen einhergehen und überlebt werden.

Kleinhirnblutungen unterscheiden sich klinisch initial nicht von ischämischen Kleinhirninfarkten. In der Regel führen Kleinhirnblutungen jedoch sehr viel rascher zum Koma mit Einklemmungssymptomatik, wobei der Verlauf biphasisch sein kann (initiale Blutung, dann sekundäre Verschlechterung durch Raumforderung). Eine rasche differentialdiagnostische Abklärung ist deshalb wichtig, weil Kleinhirnblutungen operativ häufig erfolgreich angegangen werden können [5, 12, 13, 17].

Charakteristisch für eine Ponsblutung sind die stecknadelkopfgroßen Pupillen und die laterale Blickparese. Ponsblutungen haben mit einer Letalität von 75% die schlechteste Prognose aller Hirnblutungen [1, 11]. Die neurologische Symptomatik hängt von der Ausdehnung und vom Ort der Blutung ab. Unabhängig davon wird der weitere fatale Verlauf bestimmt durch eine rasch progrediente Einklemmungssymptomatik, die innerhalb weniger Stunden zum Bulbärhirnsyndrom führen kann.

Antikoagulantienblutungen können spontan, subakut oder akut, u. U. nach Bagatelltraumen auftreten. Die Lokalisation kann intrazerebral, sub-, oder epidural sein. Je nach Lage des Hämatoms (rechts temporal, frontal) können die neurologischen Herdzeichen diskret sein oder fehlen, sodaß man von dem Auftreten allgemeiner Hirndruckzeichen oder Einklemmungszeichen überrascht werden kann.

In etwa 3% der Hirntumoren ist die intrazerebrale Blutung das

Tabelle 4. Differentialdiagnose der Hirnblutung

1. Subarachnoidealblutung
2. Ischämischer Hirninfarkt (Embolien)
3. Hypertensive Krise
4. Fulminant verlaufende Meningoencephalitis (Herpes simplex)
5. Hirntumore (schnell wachsende Gliome, Metastasen)
6. Thrombosen der intrakraniellen Venen und Sinus

erste Symptom des Tumors. Die Symptomatik der Tumorblutung ist in der Regel akut und beginnt meist mit heftigsten Kopfschmerzen. Eine damit verbundene plötzliche Visusstörung sollte den Verdacht auf einen Hypophysentumor lenken. Eine besonders rasche Diagnostik mit sofortiger Entlassung des Chiasmas ist notwendig, um eine bleibende Erblindung zu verhindern [18].

Die möglichen Differentialdiagnosen zur intrazerebralen Blutung sind in Tabelle 4 angeführt.

Diagnostik

CCT/MRI

Sicherster Nachweis einer Hirnblutung. Charakteristisch ist das hyperdense Areal in der CCT. Neben der Diagnose ermöglicht die CCT Informationen über die Lokalisation der Blutung mit möglichen Komplikationen wie Ventrikeleinbruch, Raumforderung, Hydrocephalus occlusus sowie Hinweise auf Ätiologie, Prognose und Therapie.

Lumbalpunktion

In der Regel bei Verdacht auf spontane Hirnblutung überflüssig und eventuell sogar gefährlich, da die Gefahr der Hirnstammeinklemmung besteht. Es spielt nämlich nicht nur die entnommene Liquormenge eine Rolle, sondern die Tatsache, daß man mit der LP ein geschlossenes System eröffnet hat und damit die Gefahr heraufbeschwört, daß es zu einem postpunktionellen Sickersyndrom kommt. Der Liquorverlust in das Gewebe kann bis zu 60 ml betragen. Dadurch kann es auch bei einer sog. Mikropunktion zu einer Einklemmung mit zentraler Atemlähmung kommen. Weiters sind artifizielle Blutbeimengungen in der Akutphase nie mit Sicherheit auszuschließen. Eine LP ist kontraindiziert bei Verdacht auf Antikoagulantienblutung! Schließlich wird der Liquor klar sein bei Hämorrhagien, die innerhalb der Hirnsubstanz eingekapselt bleiben.

Es ist daher eine LP nur bei Verdacht auf Meningitis oder primärer Subarachnoidealblutung indiziert bzw. wenn CCT nicht möglich.

Angiographie

Nur indiziert zur Fahndung nach Blutungsquelle, grunsätzlich bei Aneurysma-, Angiomverdacht und bei geplanter Operation, sofern keine KI besteht und die CCT keine hinreichende Antwort bietet. Wenn keine CCT möglich, ist die Durchführung einer Angiographie auch zum Ausschluß eines sub- oder epiduralen Hämatoms notwendig.

Verlauf und Prognose

Als wichtigste prognostische Parameter quoad vitam gelten der Glascow-Coma Scale-Wert, Pupillenlichtreaktion sowie Atmungsform bei Aufnahme, Hämatomgröße, Lokalisation und Ventrikeleinbruch [4, 10, 14].

Bricht die Stammganglienblutung nicht in die Ventrikel, sondern in einen Hirnlappen ein, kann eine günstigere Prognose erstellt werden: die prognostisch ungünstige mediale Stammganglienblutung führt meist zum Einbruch in die Hirnventrikel, während die prognostisch günstigere laterale Blutung eher in den Temporallappen vordringt.

Pons- und Kleinhirnblutungen können durch Kompression des Hirnstammes oder gleichzeitiger Ventrikeltamponade innerhalb von 12—24 Stunden letal enden [13].

Im Langzeitverlauf können sich die neurologischen Herdausfälle schneller und weitergehend rückbilden als bei einem ischämischen Infarkt gleicher Größe, wobei vor allem die Besserung nach Entleerung zerebellärer Hämatome oft dramatisch verläuft [12].

Therapie

1. Konservative Therapie

Die Akutmaßnahmen entsprechen denen beim ischämischen Insult mit Ausnahme der Hämodilution.

— Senken des Blutdruckes, wenn dieser über längere Zeit über 220/120 mmHg beträgt, auf Werte um 160/90;
— bei epileptischen Anfällen: Diphenylhydantoin oder Diazepam;
— bei psychomotorischer Unruhe: Sedierung;
— Dexamethason 40 mg initial, dann 4mal 4 bis 4mal 8 mg/die. cave: erhöhte Infektionsrate, Diabetesentgleisung;
— Mannit 20% nur bei Hirndrucksymptomatik, Dosis abhängig von Serumosmolarität, der Wert sollte eine Stunde nach Infusion 330 nicht überschreiten [6]. cave: Nierenversagen, Elektrolytentgleisung, Azidose, Reboundeffekt, Nachblutung.

Die Wirksamkeit beider Therapien ist in klinischen Studien nicht bewiesen.

— Beseitigung von Gerinnungsstörungen (Vitamin K, fresh frozen plasma, Thrombozytenkonzentrate, Protamin);
— Embolieprophylaxe: passives Bewegen der paretischen Extremitäten, Lagerung, low-dose Heparin erst nach Stabilisierung des klinischen Bildes.
— Pneumonie-, Decubitus-, Kontrakturenprophylaxe.

2. Chirurgische Therapie

Bei Hirnmassenblutungen wird die Indikation zur operativen Entlastung in Abhängigkeit von der Lokalisation der Blutung, der klinischen Symptomatik und dem Alter und Allgemeinzustand gestellt [5, 18]. Bei initial komatösen Patienten sollte eine Operation nur in Ausnahmefällen erwogen werden [5, 12, 18].

Bei der hypertonischen Stammganglienblutung wird man nur bei lateraler Blutung und noch günstigem Allgemeinzustand an eine operative Ausräumung denken [18]. Jedoch hatten Patienten mit Putamen- oder Thalamusblutungen auch durch eine endoskopische Entleerung der Blutung weder eine höhere Überlebenschance noch eine bessere Überlebensqualität als konservativ behandelte Patienten [2]. Auch bei Ponsblutungen ist ein operativer Eingriff nicht angezeigt. Intrakranielle Blutungen bei Antikoagulantientherapie haben eine hohe operative Mortalität [18].

Die operative Entleerung umschriebener Marklagerblutungen kann die Überlebensqualität verbessern [1].

Bei Patienten mit temporaler Marklagerblutung und transtentorieller Herniation, bei zerebellären Massenblutungen (d. h. einer Hämatomgröße über 3 cm im Durchmesser) sowie sekundärer Verschlechterung bei initial erhaltenem Bewußtsein besteht die Indikation zum Noteingriff [1, 5].

Literatur

1. Auer LM (1989) Prognose und Therapie von Hirnmassenblutungen. In: Bogdahn U, Mertens HG (Hrsg) Prognostik in der Intensivtherapie des Zentralnervensystems. Springer, Berlin Heidelberg New York Tokyo, S 124—128
2. Auer LM, Holzer P, Ascher PW, Heppner F (1988) Endoscopic neurosurgery. Acta Neurochir (Wien) 90: 1—14
3. Allen CMC (1983) Clinical diagnosis of the acute stroke syndrome. Quart J Med 208: 515—523

4. Bogdahn U, Poenighaus K, Wortmann B, Haubitz I, Martin R, Röttger W, Schuknecht B (1989) Prognostische Parameter und Langzeitergebnisse bei spontanen infratentoriellen Blutungen. In: Bogdahn U, Mertens HG(Hrsg) Prognostik in der Intensivtherapie des Zentralnervensystems. Springer, Berlin Heidelberg New York Tokyo, S 91—103
5. Crowell RM, Ojemann RG (1980) Spontaneous brain hemorrhage: surgical considerations. In: Barnett HJM, Stein BM, Mohr JP, Yatsu FM (eds) Stroke: Pathophysiology, diagnosis, management, vol 2. Churchill, Livingstone New York, pp 1191—1206
6. Diener HC, Einhäupl KM (1988) Zerebrale Blutung. In: Brandt Th, Dichgans J, Diener HC (Hrsg) Therapie und Verlauf neurologischer Erkrankungen. Kohlhammer, Stuttgart, S 259—261
7. Fisher CM (1971) Pathological observations in hypertensive cerebral hemorrhage. J Neuropath Exp Neurol 22: 536—550
8. Gänshirt H (1983) Zerebrale Zirkulationsstörungen. In: Hopf HCh, Poeck K, Schliack H (Hrsg) Neurologie in Klinik und Praxis, Bd I. Thieme, Stuttgart, S 2.1—2.83
9. Garcia J (1983) Pathophysiologie zerebraler Durchblutungsstörungen bei den wichtigsten neurologischen Notfällen. In: Salcman M (Hrsg) Neurologische Notfälle. Thieme, Stuttgart, S 4—15
10. Henze Th, Swiontek F, Prange H (1989) Prognostische Kriterien bei spontanen intrazerebralen Blutungen — Untersuchungen an 287 Patienten. In: Bogdahn U, Mertens HG (Hrsg) Prognostik in der Intensivtherapie des Zentralnervensystems. Springer, Berlin Heidelberg New York Tokyo, S 104—111
11. Kase CS, Mohr JP (1986) General features of intracerebral hemorrhage. In: Barnett HJM, Stein BM, Mohr JP, Yatsu FM (eds) Stroke: pathophysiology, diagnosis, management, vol 1. Churchill, Livingstone New York, pp 497—523
12. Marshal J (1984) Should spontaneous cerebral haematomas be evacuated and if so when? In: Warlow Ch, Garfield J (eds) Dilemmas in the management of the neurological patient. Churchill, Livingstone New York, pp 54—61
13. Paal G (1984) Intrazerebrale Blutungen. In: Paal G (Hrsg) Therapie der Hirndurchblutungsstörungen. Edition Medizin, Weinheim, S 126—135
14. Portenoy RK, Lipton RB, Berger AR, Lesser ML, Lantos G (1987) Intracerebral hemorrhage: a model for prediction of outcome. J Neurol Neurosurg Psychiatry 50: 976—979
15. Scheid W (1980) Lehrbuch der Neurologie, 4. Aufl. Thieme, Stuttgart
16. Simon RP, Aminoff MJ, Greenberg DA (1989) Clinical neurology. Appleton and Lange, Norwalk
17. Toole JF (1984) Cerebrovascular disorders, 3rd edn. Raven Press, New York
18. Walter W (1986) Operative Behandlung der intrazerebralen Massenblutung. In: Flügel KA (Hrsg) Neurologische und psychiatrische Therapie, 2. Aufl. Perimed, Erlangen, S 293—300

Korrespondenz: Dr. W. Oder, Neurologische Universitätsklinik, Lazarettgasse 14, A-1090 Wien, Österreich.

Sinusthrombose

Th. Henze

Neurologische Universitätsklinik, Göttingen, Bundesrepublik Deutschland

Sinusthrombosen, d. h. Verschlüsse der großen venösen Blutleiter des Gehirnes, haben mit ca. 5% einen nur geringen Anteil an der Gesamtzahl der zerebrovaskulären Erkrankungen. Genaue Daten über Inzidenz und Prävalenz fehlen. In Autopsie-Serien finden sich jeweils nur kleine Fallzahlen, z. B. 16 Thrombosen des Sinus sagittalis superior bei 12500 Sektionen [7]. Im General Register of England and Wales (1952—1961) waren 21,7 Todesfälle infolge Sinusthrombosen pro Jahr, bei 58 Millionen Einwohnern, verzeichnet [11]. Die tatsächliche Häufigkeit ist sicher höher, da viele dieser Erkrankungen eine gute Prognose haben, außerdem wohl immer noch zahlreiche Sinusthrombosen nicht diagnostiziert werden. In früheren Publikationen [10] wurde ein deutliches Überwiegen erkrankter Frauen bis zu einem Verhältnis von 2 : 1 beschrieben. Diese Zahlen drückten vermutlich nur eine besondere Berücksichtigung puerperaler Sinusthrombosen aus. Nach neueren Angaben ist ein ausgewogenes Verhältnis der Geschlechter anzunehmen. Auch die Altersverteilung weist keine Bevorzugung bestimmter Lebensabschnitte auf [3].

Pathogenese und Ätiologie

Die Pathogenese der Hirnvenen- und Sinusthrombosen ist nicht einheitlich. Schädel-Hirn-Traumata, lokale raumfordernde Prozesse wie Tumoren, Metastasen, Parenchymblutungen und Abszesse mit ihrem umgebenden Hirnödem können ebenso zu einer Verlangsamung der Fließgeschwindigkeit des Blutes und schließlich einer Stase führen wie Dehydraten oder Herzinsuffizienz. Daneben sind Veränderungen der Blutgerinnung bedeutsam (Puerperium, Einnahme oraler Kontrazep-

Tabelle 1. Ätiologie der Sinusthrombose

(Bakterielle) Infektionen der Nasennebenhöhlen, der Schädelbasis, der Orbita; Otitis media, Mastoiditis, Tonsillitis, Meningitis; Aspergillus fumigatus, Mucormykose, Trichinose, AIDS; postoperative Komplikationen, z. B. nach Rhinoplastik;
Puerperium, orale Kontrazeptiva, Androgentherapie, Tranexamsäure, Antithrombin-III-Mangel, Protein-C-Mangel, disseminierte intravasale Gerinnung;
M. Behcet, Lupus erythematodes, Wegenersche Granulomatose, Panarteriitis nodosa, Evans' Syndrom, Colitis ulcerosa, M. Crohn;
Hämolytische Anämie, Thrombozythose, Polyzythämia vera, Lymphome;
Tumorleiden einschließlich Hirntumoren und -metastasen, Meningeosis carcinomatosa, Tumorkachexie;
Homozystinurie; verschiedene Herzkrankheiten, Dehydratation, nephrotisches Syndrom, Schädel-Hirn-Trauma, Karzinoid, Blei-Enzephalopathie, Strangulation.

tiva [1, 5, 9, 14], Protein-C- oder Antithrombin-III-Mangel). Schließlich können Veränderungen der Blutgefäßwände im Rahmen von Infektionen, Autoimmunkrankheiten oder malignen Erkrankungen zur Entstehung von Sinusthrombosen beitragen.

Die septischen Thrombosen der Hirnvenen und/oder der Sinus entstehen vor allem bei entzündlichen Erkrankungen der sie umgebenden anatomischen Strukturen [16]. Nach Nasennebenhöhlen-Infektionen, insbesondere solchen der Keilbeinhöhle, treten bevorzugt Thrombosen des Sinus cavernosus auf. Solche des Sinus transversus haben ihre Ursache fast ausschließlich in Mittelohr- oder Mastoidzell-Infektionen. Septische Thrombosen des Sinus sagittalis superior wiederum werden besonders nach Meningitiden sowie Entzündungen der Stirn- oder Kieferhöhlen gefunden. Als Erreger kommen vorzugsweise Staphylococcus aureus, verschiedene Streptococcen-Stämme, gramnegative Keime wie E. coli, Proteus oder Klebsiella, gelegentlich aber auch Anaerobier in Frage.

Eine Übersicht bisher berichteter ätiologischer Faktoren der Sinusthrombose gibt Tabelle 1.

Klinische Symptome

Verlauf und Art der klinischen Symptome sind äußerst vielgestaltig. Sie können sich sowohl langsam über viele Wochen, ebenso aber auch innerhalb weniger Tage bis zum tiefen Koma entwickeln. Selbst in

Tabelle 2. Modifizierte Hunt & Hess Skala (nach Bogdahn [2])

Grad	
0	Zufallsbefund (Angiographie), geringer Kopfschmerz
1	einmaliger Krampfanfall und/oder geringer Kopfschmerz, Symptome ⩾ 2 Wochen, keine neurologischen Ausfälle, Papillenödem (⩽ 2 dpt)
2	⩾ 2 Anfälle und/oder mäßige/heftige Kopfschmerzen, keine fixierten neurologischen Ausfälle, Papillenödem (⩾ 2 dpt)
3	somnolent, verwirrt, Anfälle, Kopfschmerz, fokale neurologische Ausfälle, Symptome meist ⩽ 2 Wochen
4	Stupor und/oder gravierende neurologische Ausfälle (Hemiplegie, Aphasie), sonst wie Grad 3; oder Status epilepticus und sonst wie Grad 2 oder 3
5	Koma, respiratorische Insuffizienz, Dezerebrationszeichen

größeren Statistiken findet sich keine für die Sinusthrombose typische Symptomkombination. Lediglich bei der Sinus cavernosus Thrombose findet man recht charakteristische klinische Zeichen: Protrusio bulbi, Stauungspapille, Augenmotilitätsstörungen, retroorbitaler Schmerz, Chemosis, retinale Blutungen.

Am häufigsten klagen die Patienten über hartnäckige Kopfschmerzen, oft über Wochen zunehmend und gefolgt von Übelkeit und Erbrechen. Zerebrale Krampfanfälle treten bei jedem 2. Patienten auf. Bei der klinischen Untersuchung imponieren Stauungspapille, Störungen des Bewußtseins sowie fokale Symptome und ein Meningismus. Bei blanden Verläufen können hartnäckige Kopfschmerzen, verbunden eventuell noch mit einer geringen Hemiparese, einziges Symptom sein.

Neben der genauen Dokumentation der klinischen Symptomatik erscheint deren Einteilung in verschiedene Schweregrade, wie z. B. bei der Subarachnoidalblutung, sinnvoll. Hierzu eignet sich eine modifizierte Hunt & Hess Skala ([2], Tabelle 2).

Diagnostik

Laboruntersuchungen tragen zur Sicherung der Diagnose nicht bei. Auch der Liquor ist nur unspezifisch verändert. Eine Pleozytose tritt vor allem bei entzündlichen Ursachen einer Sinusthrombose auf, gelegentlich aber auch bei anderer Ätiologie. Das Gesamtprotein kann normal, aber auch stark erhöht sein, ebenfalls ohne Gesetzmäßigkeiten.

Bei vielen Patienten findet man im akuten Stadium eine Blutbeimengung zum Liquor, in den folgenden Tagen bis Wochen Siderophagen.

Das EEG weist Allgemeinveränderungen, Herdbefunde, auch epileptische Aktivität auf oder ist unauffällig. Diese Befunde sind ebenfalls unspezifisch.

Die kraniale Computertomographie (cCT) ohne Kontrastmittel zeigt ein lokales oder generalisiertes Hirnödem, umschriebene kortikale Hypodensitäten, multiple Einblutungen, meist in der Nachbarschaft der verschlossenen Sinus, oder eine Kombination dieser Veränderungen. Die Verteilung der kortikalen Hypodensitäten entspricht nicht den bekannten arteriellen Versorgungsterritorien. Als Hinweis für eine Thrombose kortikaler Venen gilt das „cord sign" (hyperdense kortikale Venen [4]). Auch Normalbefunde kommen vor.

Nach Kontrastmittel-Applikation stellt sich im Bereich der Gyri oder des Tentoriums häufig ein Enhancement dar. In vielen Fällen finden sich sogar pathognomonische Veränderungen. So ist in 28% [18] bis 70% [17] von Thrombosen des Sinus sagittalis superior das „empty delta sign" („empty triangle sign") vorhanden. Dieses besteht aus einer in der Regel dreieckigen hyperdensen Struktur, welche ein hypodenses Areal umgibt, und repräsentiert ein Koagel im Sinus sagittalis superior sowie Kontrastmittel in den umgebenden Kollateralvenen und der Sinuswand.

Wichtigste Untersuchung ist die zerebrale Angiographie (konventionelle Angiographie oder arterielle Digitale Subtraktionsangiographie). Diese sichert die Verdachtsdiagnose oder schließt sie aus. Direkte Zeichen der Sinusthrombose sind Füllungsdefekte einzelner oder mehrerer Sinus allein oder in Verbindung mit fehlender Darstellbarkeit zuführender Venen. Als indirekte Merkmale einer Sinusthrombose gelten ein Kollateral-Kreislauf, z. B. über Venen der Dura oder der Kopfhaut, sowie eine verzögerte Kontrastmittel-Entleerung als Hinweis für eine verlangsamte Fließgeschwindigkeit des Blutes. In selteneren Fällen wird ein gefäßfreies Areal mit Verlagerung arterieller Gefäße als Hinweis auf den raumfordernden Effekt einer thrombosebedingten Hämorrhagie oder eines Infarktes gefunden.

Mitteilungen über den Wert der Kernspin-Tomographie (MRI) bei der Diagnostik der Sinusthrombosen sind naturgemäß noch spärlich. Macchi et al. [13] beschreiben den Verlauf von Sinusthrombosen anhand typischer MRI-Befunde. Auf den T 1-gewichteten Bildern fehlt in der Frühphase der Thrombose die im Normalfall durch den Blutfluß bedingte Hypointensität im Bereich der Sinus. Diese Hypointensität ist auf den T 2-gewichteten Bildern jedoch sichtbar. In der sogenannten intermediären Phase wird der Thrombus hyperintens (T 1 und T 2). Nach der Rekanalisierung tritt die blutflußbedingte Hypointensität im Bereich der Sinus wieder auf. Offenbar ist die MRI als nicht invasives diagnostisches Verfahren in der Lage, zu einer frühen Diagnose der Sinusthrombose beizutragen und damit vielleicht später die zerebrale Angiographie abzulösen.

Therapie

Neben der Aufrechterhaltung der vitalen Funktionen und der Behandlung allfälliger Begleiterkrankungen sind bei der Behandlung der Sinusthrombose antiödematöse, antikonvulsive und antibiotische Maßnahmen erforderlich, ebenso eine Therapie mit Antikoagulantien oder Fibrinolytika (Tabelle 3).

Tabelle 3. Therapie der Sinusthrombose

symptomatische Therapie inkl. Antikonvulsiva
Antibiotika (unbedingte Indikation bei entzündlicher Ursache)
antiödematöse Therapie: Glyzerin 10%, Mannit, Sorbit; maschinelle Hyperventilation, (Kortikosteroide)
Antikoagulation: Heparin 1000 IU/h iv.: 2—3fache Verlängerung der TZ oder 2fache Verlängerung der PTT; ggf. Fibrinolytika

Antiödematöse Therapie

Sinusthrombosen gehen häufig mit einem Hirnödem und konsekutiver Erhöhung des intrakraniellen Druckes einher. Diese kann zu einer zusätzlichen Fließbehinderung des Blutes im zerebralvenösen System führen. Die entsprechende Therapie besteht aus Osmotherapeutika (Mannit, Sorbit, Glyzerin), und, bei beatmungspflichtigen Patienten, einer maschinellen Hyperventilation. Ein Effekt dieser therapeutischen Maßnahmen speziell bei der Sinusthrombose ist bisher zwar nicht gesichert, jedoch für andere zerebrale Erkrankungen mit Hirndrucksteigerung (Subarachnoidalblutung, Hirnparenchymblutung, Schädel-Hirn-Trauma) belegt. Bei der Anwendung von Kortikosteroiden muß die möglicherweise nachteilige Wirkung auf die Thromboseneigung beachtet werden. Die früher häufig durchgeführte Trepanation des Schädels zur Entlastung des intrakraniellen Druckes gehört inzwischen der Medizingeschichte an.

Antikoagulation und Fibrinolytika

Bei bereits vorhandener Thrombose besteht eine Neigung zum appositionellen Wachstum des Thrombus. Dieses ist meist von einer Verschlechterung der klinischen Situation begleitet. Hieraus wird die Indikation zur hochdosierten Heparin-Behandlung abgeleitet. Ziel ist eine 2—3fache Verlängerung der Thrombinzeit oder 2fache Verlängerung der Partiellen Thromboplastinzeit. Frühere Bedenken, die ohnehin bei Sinusthrombosen bestehende Blutungsneigung durch Heparin noch zu verstärken, konnten zwischenzeitlich relativiert werden. Eine bisher unveröffentlichte prospektive Untersuchung von Einhäupl bei Patienten mit blanden Sinusvenenthrombosen mußte bei der ersten Zwischenkontrolle abgebrochen werden, da die mit Heparin behandelte Gruppe ein signifikant besseres Therapie-Ergebnis aufwies als die Placebo-Gruppe [8]. In einer Literatur-Zusammenstellung wurde ebenfalls die überlegene Wirksamkeit einer Heparin-Behandlung gegenüber einer ausschließlich antikonvulsiven/antiödematösen Therapie festgestellt [2]. Insbesondere traten die zuvor befürchteten Heparin-induzierten Hirnblutungen nicht auf. Bei Thrombosen des Sinus cavernosus hatte die zusätzlich zu Antibiotika durchgeführte Behandlung mit Heparin zwar keinen positiven Einfluß auf die Letalität, verringerte jedoch deutlich die Morbidität der Überlebenden, wenn sie innerhalb der ersten Krankheitstage begonnen wurde [12].

Zwischenzeitlich liegen auch einige Erfahrungen mit der Anwendung von fibrinolytischen Substanzen (Streptokinase/Urokinase, Tabelle 4 a, b) vor. Bei 5 Patienten mit Thrombosen des Sinus sagittalis superior oder Sinus transversus wurde eine kombinierte Behandlung mit Urokinase und Heparin durchgeführt, die bei allen Patienten zu einer Wiedereröffnung der Sinus und klinischer Restitution führte [6]. Scott et al. [15] berichteten über die erfolgreiche Wiedereröffnung einer ausgedehnten Sinusthrombose nach lokaler Gabe von Urokinase über einen operativ in den Sinus sagittalis superior implantierten Katheter. Bei 7 Patienten mit kurzem Intervall zwischen Symptombeginn und Behandlung ($\geqslant$ 48 h), ausgeprägten klinischen Symptomen (modifizierte Hunt & Hess Skala) und fehlenden intrazerebralen Blutungen

Tabelle 4 a. Fibrinolytische Behandlung: Indikationen

schlechter klinischer Zustand (Hunt & Hess 4—5)
Krankheitsdauer ⩽ 48 Stunden
keine vorbestehende Hirnblutung
drohender Visusverlust bei Sinus cavernosus Thrombose
Zunahme der Thrombose trotz Heparin

Tabelle 4 b. Fibrinolytische Therapie: Dosierung [2, 6]

	Streptokinase	Urokinase
initial	250 000 IE über 15 min	3 5000—4 500 IE/kg über 10—60 min
danach	100 000 IE/h	100 000 IE/h
Dauer	24—72 h	24—72 h

wurde eine bis 72 Stunden dauernde fibrinolytische Therapie mit Streptokinase oder Urokinase durchgeführt. Sie führte zu einem gegenüber einer mit Heparin allein behandelten Gruppe noch besseren klinischen Ergebnis [2]. Der Erfolg sowohl der Antikoagulation als auch einer Fibrinolyse-Behandlung sollte angiographisch dokumentiert werden.

Antibiotische Therapie

Zur Behandlung septischer Sinusthrombosen ist eine sofortige breite antibiotische Abdeckung erforderlich. Eine solche Antibiotika-Kombination sollte unbedingt auch ein gegen Staphylokokken gerichtetes Penicillin enthalten. Prinzipiell gelten ähnliche Empfehlungen wie bei der Primärbehandlung der bakteriellen Meningitis bei noch unbekanntem Erreger. Auf jeden Fall sollte nach einem septischen Herd gesucht und dieser umgehend saniert werden.

Antikonvulsive Therapie

Die häufige Einbeziehung kortikaler Strukturen führt zwangsläufig zu epileptischen Manifestationen, die entsprechender Behandlung bedürfen. Zu empfehlen sind Phenytoin, mit dem auch eine intravenöse Schnellaufsättigung möglich ist, und Carbamazepin.

Zusammenfassung

Aufgrund der Seltenheit der zerebralen Sinusthrombose und ihrer vielgestaltigen und damit uncharakteristischen Symptome ist die Diagnose dieser Erkrankung oft schwierig bzw. wird verzögert oder gar gänzlich verfehlt. Länger dauernde Kopfschmerzen, für die andere Ursache nicht gefunden werden, in Verbindung mit zerebralen Krampfanfällen und fokalen neurologischen Symptomen weisen auf eine Thrombose des Sinus sagittalis superior und des Sinus transversus hin. Kopfschmerzen in Verbindung mit Augenmuskelparesen, Ptose und/oder Chemosis lassen an eine Sinus cavernosus Thrombose denken.

Auch wenn sich im cCT gelegentlich typische Zeichen vor allem einer Sinus sagittalis superior Thrombose nachweisen lassen („empty delta sign"), ist die zerebrale Angiographie weiterhin die wichtigste diagnostische Maßnahme, da sie sowohl die verschlossenen Sinus, häufig auch eine verlangsamte Fließgeschwindigkeit des Blutes zeigt. Hier wird die Kernspin-Tomographie die Angiographie in den nächsten Jahren möglicherweise ersetzen können.

Die Therapie umfaßt neben antiödematösen, antibiotischen und antikonvulsiven Maßnahmen vor allem eine Antikoagulation mit Heparin zur Verlängerung der Thrombin- oder partiellen Thromboplastin-Zeit. Bei Patienten in schlechtem klinischen Zustand kann innerhalb der ersten zwei Krankheitstage eventuell eine fibrinolytische Therapie erfolgreich sein. Blutungskomplikationen sind bei beiden Therapieformen kaum zu befürchten.

Literatur

1. Bauer WM, Einhäupl K, Heywang SH, Vogl T, Seiderer M, Clados D (1987) MR of venous sinus thrombosis: a case report. Am J Neuroradial 8: 713—715
2. Bogdahn U, Mulfinger L, Hassel W, Ratzka M, Mertens HG (1989) Venöse zerebrale Durchblutungsstörungen — Diagnostik, therapeutische Möglichkeiten und Verlauf. In: Bogdahn U, Mertens HG (Hrsg) Prognostik in der Intensivtherapie des Zentralnervensystems. Springer, Berlin Heidelberg New York Tokyo, S 147—157
3. Bousser M-G, Chiras J, Bories J, Castaigne P (1985) Cerebral venous thrombosis — a review of 38 cases. Stroke 16: 199—213
4. Buonanno FS, Moody DM, Ball MR, Laster DW (1978) Computed cranial tomographic findings in cerebral sinovenous occlusion. J Comput Assist Tomogr 2: 281—290
5. Dindar F, Platts ME (1974) Intracranial venous thrombosis complicating oral contraception. Can Med Assoc J 3: 545—548

6. DiRocco C, Iannelli A, Leone G, Moschini M, Valori VM (1981) Heparin-Urokinase treatment in aseptic dural sinus thrombosis. Arch Neurol 38: 431—435
7. Ehlers H, Courville CB (1936) Thrombosis of internal cerebral veins in infancy and childhood. Review of the literatur and report of five cases. J Pediatr 8: 600—623
8. Einhäupl K (1988) Therapie der blanden Sinus-Venenthrombose. Vortrag 5. Arbeitstreffen der Arbeitsgemeinschaft Neurologische Intensivmedizin, Würzburg 1988
9. Gates PC, Barnett HJM (1986) Venous disease: cortical veins and sinuses. In: Barnett HJM, Mohr JP, Stein BM, Yatsu FM (eds) Stroke. Pathopyhsiology, diagnosis, and management. Churchill Livingstone, New York Edinburgh, pp 731—746
10. Huhn A (1972) Klinik der venösen Abflußstörungen des Gehirns. In: Gänshirt H (Hrsg) Der Hirnkreislauf. G Thieme, Stuttgart, S 651—679
11. Kalbag RM (1984) Cerebral venous thrombosis. In: Kapp JP, Schmidek HH (eds) The cerebral venous system and its disorders. Grune & Stratton, Orlando San Diego New York, pp 505—536
12. Levine SR, Twyman RE, Gilman S (1988) The role of anticoagulation in cavernous sinus thrombosis. Neurology 38: 517—522
13. Macchi PJ, Grossman RI, Gomori JM, Goldberg HI, Zimmerman RA, Bilaniuk LT (1986) High field MR imaging of cerebral venous thrombosis. J Comput Assist Tomogr 10: 10—15
14. Schmid E, Dennig D (1987) Sinusthrombose und Kernspin-Tomogramm. Nervenarzt 58: 692—694
15. Scott JA, Pascuzzi RM, Hall PV, Becker GJ (1988) Treatment of dural sinus thrombosis with local urokinase infusion. J Neurosurg 68: 284—287
16. Southwick FS, Richardson JR, Swartz MN (1986) Septic thrombosis of the dural venous sinuses. Medicine 65: 82—106
17. Thron A, Wessel K, Linden D, Schroth G, Dichgans J (1986) Superior sagittal sinus thrombosis: neuroradiological evaluation and clinical findings. J Neurol 233: 283—288
18. Virapongse C, Cazenave C, Quisling R, Sarwar M, Hunter S (1987) The empty delta sign: frequency and significance in 76 cases of dural sinus thrombosis. Radiology 162: 779—785

Korrespondenz: Dr. Th. Henze, Neurologische Universitätsklinik, Robert-Koch-Straße 40, D-3400 Göttingen, Bundesrepublik Deutschland.

Medikamenteninduzierte Bewußtseinsstörungen (inklusive malignes Neuroleptikasyndrom)

J. Link, G. Papadopoulos und **G. Heinemeyer**

Klinik für Anästhesiologie und operative Intensivmedizin, Klinikum Steglitz der Freien Universität Berlin

Einleitung

Medikamenteninduzierte Bewußtseinsstörungen sind in der klinischen Medizin entweder gewollt (z. B. Anästhesie), nicht gewollt, aber zur Erzielung eines anderen Ziels in Kauf genommen (z. B. Barbituratkoma), oder sie sind ungewollt und unvorhergesehen. Bewußtseinsstörungen, die erkennbar durch Überdosierung eines Pharmakons induziert wurden, sind nicht Gegenstand dieser Abhandlung.

Im Folgenden wollen wir uns mit den unvorhergesehenen und ungewollten Störungen des Bewußtseins befassen. Diese können bedingt sein durch:

— Interaktion verschiedener Medikamente auf der Ebene der Arzneimittelmetabolisierung.

— Verlängerte Elimination infolge Leber- oder Niereninsuffizienz bei eventuell gleichzeitigem Anfall pharmakologisch aktiver Metabolite.

— Verdrängung eines Medikamentes aus der Eiweißbindung mit Anstieg des freien, pharmakologisch wirksamen Anteils.

— Unvorhergesehene und unerwünschte Wirkungen auf die neuronale Transmission im ZNS.

Interaktion auf metabolischer Ebene

Ein nicht immer bekannter Grund für unerwartete Somnolenz, Sopor oder sogar Koma eines Patienten kann in gleichzeitiger Medikation mit einem anderen Medikament begründet sein, wenn dieses Medikament ein sogenannter Enzyminhibitor ist und das arzneimittelabbauende Mischoxigenasensystem P 450 hemmt. Ein solches Medikament muß durchaus nicht aus der Gruppe der Sedativa sein, z. B. hemmt Cimetidin, indem es mit seinem Imidazolring an das P 450-System bindet, den Abbau von Benzodiazepinen, aber auch von Barbituraten und Phenytoin (Lambrecht, 1982).

Auch Erythromicin z. B. hemmt das P 450-System und damit den oxidativen Abbau vieler sedativ wirkender Medikamente (Konzak, 1977). Die Metabolisierung von Pethidin oder Morphin dagegen nimmt mit verminderter Leberdurchblutung ab. Diese Leberdurchblutung soll beispielsweise durch H_2-Rezeptorantagonisten vermindert werden (Lambrecht, 1982; Feely und Guy, 1982). In diesem Zusammenhang ist anzumerken, daß Cimetidin und möglicherweise auch andere H_2-Rezeptorantagonisten, da sie die Blutliquorschranke passieren, bewußtseinsstörende Wirkungen entfalten können (Weddington, 1982). Wir werden darauf später noch eingehen.

Verzögerte Ausscheidung

Wie bei anderen Medikamenten auch, kann die Ausscheidung von Sedativa oder sedativ wirkenden Analgetika bei Leber- und Niereninsuffizienz vermindert sein. So ist bekannt, daß die Clearance von Morphin bei Niereninsuffizienz verlangsamt ist (McQuay und Moore, 1984), was bei nicht adäquater Dosierung zu Somnolenz und Koma führt. Auch für Midazolam, für das eine Eliminationshalbwertzeit von 1 bis 3 Stunden (Klotz, 1984) angegeben wird, kann unter intensivmedizinischen Bedingungen, z. B. Niereninsuffizienz, die Halbwertzeit zwischen 84 und 2382 Minuten schwanken (Oldendorf et al., 1988). Die Aufwachzeiten nach Absetzen der Medikation lagen entsprechend zwischen einer und zehn Stunden.

Noch schwerer steuerbar ist, zumindest bei Intensivtherapiepatienten, ein Medikament mit dem Profil des Diazepam. Diazepam zeichnet sich nicht nur dadurch aus, daß seine Eliminationshalbwertzeit mit 20 bis 40 Stunden (Horowski und Dorow, 1982) angegeben wird, sondern auch dadurch, daß beim Abbau mehrere pharmakologisch aktive Metabolite wie z. B. Temazepam, Oxazepam und Desmethyl-Diazepam resultieren. Das Desmethyl-Diazepam hat wiederum eine Eliminationshalbwertzeit von 50 bis 200 Stunden. Bei einem Intensivpatienten sind Koma von mehreren Tagen und Eliminationshalb-

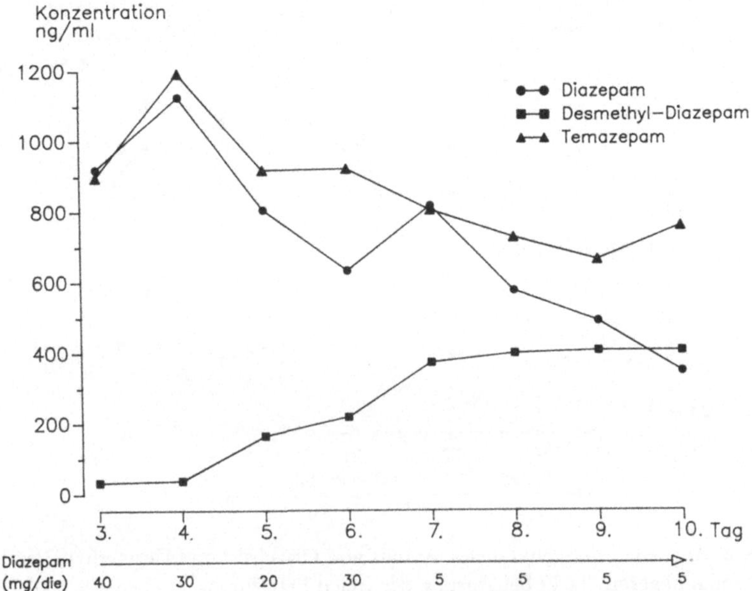

Abb. 1. Verlauf der Serumspiegel von Diazepam, Desmethyl-Diazepam und Temazepam bei einem beatmeten Patienten

wertzeiten von 109 h für Diazepam und 403 h für Desmethyl-Diazepam beschrieben (Rapold et al., 1984). Da bei langdauernder Applikation des Diazepam die Serumspiegel der Metabolite den Serumspiegel der Muttersubstanz übersteigen können, kann dies zu einer unbeachsichtigten Verstärkung der Sedierung führen (s. Abb. 1), wenn nach Schema und nicht nach Wirkung dosiert wird.

Verdrängung aus der Eiweißbindung

Es ist schon seit langem bekannt, daß Medikamente sich gegenseitig aus der Eiweißbindung verdrängen können und es dadurch zu einer lebensbedrohlichen Verstärkung der Wirkung des aus der Eiweißbindung verdrängten Medikamentes kommen kann, wie das Beispiel der Verdrängung der Warfarins aus der Eiweißbindung durch Phenytoin belegt. Solche Verdrängungsmechanismen treten auch bei Sedativa auf. Wir konnten zeigen (Papadopoulos et al., 1989), daß unter den Bedingungen der Intensivtherapie bei parenteraler Ernährung mit Fett-

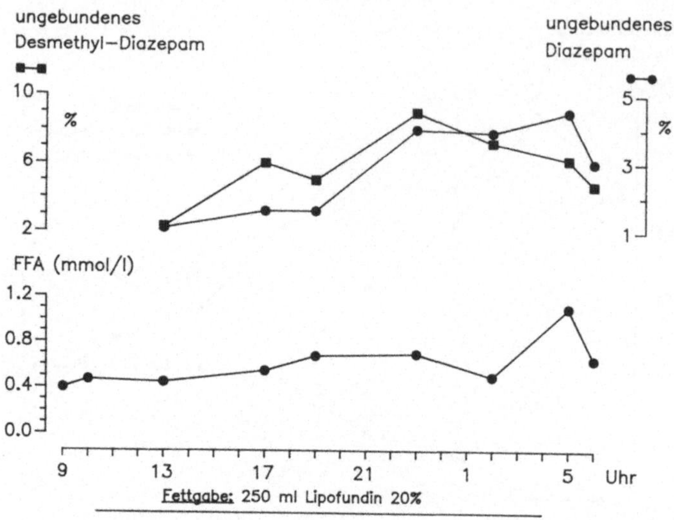

Abb. 2. Anstieg des ungebundenen Anteils von Diazepam und Desmethyl-Diazepam um annähernd 300% bei Anstieg der freien Fettsäuren um ebenfalls 200%

emulsionen ein Anstieg der freien Fettsäuren im Plasma mit einem Anstieg des freien Anteils des Diazepam im Einzelfall bis auf mehr als das 4fache verbunden war (Abb. 2). Beim Flunitrazepam, das nicht so hoch an Eiweiß gebunden ist, kam es immerhin noch zu einem Anstieg des freien Anteils auf das Doppelte. Da der nicht an Eiweiß gebundene Anteil des Pharmakons die Pharmakodynamik bestimmt, ist ohne weiteres vorstellbar, daß ein Anstieg des freien, nicht an Eiweiß gebundenen Anteils um ein mehrfaches auf Auswirkungen auf das Bewußtsein der Patienten hat. Das gilt erst recht, wenn, wie beim Diazepam, sich auf die Konzentration des freien Anteils der pharmakologisch aktiven Metabolika in gleicher Weise erhöht (Abb. 2).

Unvorhersehbare Wirkungen auf die neuronale Transmission

Malignes neuroleptisches Syndrom

Das maligne neuroleptische Syndrom (Delay und Deniker, 1968; Shalev et al., 1989) ist charakterisiert durch Bewußtseinsstörungen bis hin zum Koma, durch vegetative Dysfunktionen wie Schwitzen und Hypertonus, durch Rabdomyolyse, in extremis mit Creatinphosphokinase-Spiegel bis zu mehreren 10.000 i. E. pro Liter, durch extrapyramidale Symptome und häufig auch durch Fieber bis über 41 °C. Das Krankheitsbild tritt auf bei Patienten unter Neuroleptikatherapie, wobei es sowohl gleich zu Beginn einer Therapie als auch erst nach jahrelanger Therapie zum Ausbruch kommen kann. Die Letalität wird in der Literatur mit ungefähr 20% angegeben (Shalev et al., 1989). Erklärt wird das Auftreten des Krankheitsbildes durch die Neuroleptika bedingte Dopaminrezeptorblockade, wodurch es zu Dysfunktionen im Bereich von Hypothalamus und der Basalganglien kommt und die oben beschriebenen Symptome ausgelöst werden.

Das maligne neuroleptische Syndrom kann Monate dauern. Ein Fall sechsmonatiger Intensivtherapie inkl. dreimonatiger Dauerbeatmung ist beschrieben (Legras et al., 1988).

Die Therapie besteht im sofortigen Absetzen des oder der Neuroleptika inkl. des Lithiums und der Verordnung von Dopaminagonisten wie Bromocriptin oder Levodopa (Koberstein et al.). Bei stark erhöhter Temperatur empfiehlt sich auch ein Therapieversuch mit Dantrolen, um die pathologische Kontraktion der Muskelfasern zu mildern. Ob darüber hinaus dem Dantrolen auch zentral angreifende Wirkungen zukommen, wird diskutiert.

Berichte über das Auftreten des malignen neuroleptischen Syndroms sind meistens kasuistisch und beziehen sich überwiegend auf psychiatrische Patienten, die mit Neuroleptika behandelt werden. Doch auch nach Metoclopramid ist das Auftreten beschrieben worden (Robinson et al., 1985). Von Metoclopramid ist bekannt, daß es ebenso wie die Neuroleptika dopaminantagonistische Wirkung aufweist.

Neuroleptika werden aber nicht nur in der Psychiatrie eingesetzt. Droperidol aus der Gruppe der Butyrophenone wird auf Intensivstationen häufig in Kombination mit Opioiden zur Analgosedierung beatmeter Patienten eingesetzt. Muß man nun fürchten, daß bei einer geschätzten Inzidenz des Syndroms zwischen 1, 4 und 2,4% (Shalev et al., 1989), dadurch bei Intensivpatienten das Krankheitsbild ausgelöst werden kann. Untersuchungen zu dieser Frage gibt es nicht. Sie kann — noch — nicht abschließend beantwortet werden. Wir können aber folgendes sagen: Bei mehreren 10.000 Behandlungstagen mit Droperidol in Kombination mit Fentanyl kann sich niemand in unserer Klinik daran erinnern, auf unserer Intensivstation jemals ein Krankheitsbild gesehen zu haben, das dem malignen Neuroleptika-Syndrom entspricht.

Das zentral-anticholinerge Syndrom

Longo (1966) beschrieb zum ersten Mal ein Krankheitsbild mit vielfältigen Erscheinungsformen, das Bild des zentral-anticholinergen Syndroms (ZAS). Dieses Krankheitsbild kann sich ausdrücken durch ängstliche Unruhe, Exitation, unkoordinierte Hyperaktivität, Logorrhö, Hyperalgesie, Kopfschmerzen, emotionale Labilität, Koordinationsstörungen, Dysarthrie und Hyperthermie können ebenso auftreten wie Störungen des Gedächtnisses, optische und akustische Halluzinationen, Atemdepressionen, Somnolenz, Sopor und Koma. Auch Krampfanfälle können vorkommen. Zu den wesentlichen Medikamentengruppen, die ein ZAS auslösen können, aber nicht auslösen müssen, gehören: Opiate und Opioide, Barbiturate, Benzodiazepine, Antihistaminika, trizyklische Antidepressiva und Phenothiazine.

Man muß davon ausgehen, daß dieses Krankheitsbild gerade bei Intensivpatienten häufig nicht diagnostiziert wird. Uns selbst sind mehrere Fälle auf unserer Intensivstation bekannt, die nach tage- und wochenlanger Beatmung nach Absetzen der Sedierung nicht adäquat reagierten, ohne daß gleich an ein ZAS gedacht wurde. Auf Gabe von Physostigmin, in einzelnen Fällen 10 mg über 5 Stunden mittels Spritzenpumpe, wurden alle Patienten adäquat ansprechbar. Auch nicht zur Gruppe der Sedativa gehörende Medikamente können ein ZAS auslösen. Hier sind z. B. H_2-Rezeptorantagonisten, besonders das Cimetidin, zu nennen (Weddington, 1982). Es ist bekannt, daß H_2-Rezeptor-Antagonisten die Blut-Liquor-Schranke passieren (Schentag, 1979) und mit cholinergen wie auch dopaminergen Rezeptoren interagieren können (Handler, 1982). Auf unserer Intensivstation zeigte sich, daß während der Zeit, als eine routinemäßige Streßulcusprophylaxe mit Cimetidin betrieben wurde, die Zahl psychischer Auffälligkeiten bei Beatmungspatienten von vorher 29,4% auf 47,4% anstieg, um nach Abgehen von der routinemäßigen Streßulcusprophylaxe mit Cimetidin wieder auf 33,3% abzufallen. Es scheint uns dies ein deutlicher Hinweis darauf zu sein, daß man bei unklaren deliranten Zuständen gerade bei Intensivpatienten immer auch an mögliche Medikamentennebenwirkungen denken muß. Für Intensivstationen gibt es keine Angaben über die Inzidenz des ausgeprägten, d. h. komatösen, soporösen, somnolenten oder exzitativen ZAS. Eine Untersuchung an 1077 konsekutiven Anästhesiepatienten (Link, 1985) ergab, daß in 18 Fällen (1,7%) ein ausgeprägtes ZAS nach Beendigung der Anästhesie auftrat.

10 Patienten waren somnolent, 4 Patienten soporös, 2 Patienten im Koma und 2 Patienten extrem excitiert. Das Krankheitsbild besserte sich in jedem Fall auf Gabe von Physostigmin (0,03 mg/kgKG), evtl. Wiederholung mit 0,015 mg/kgKG) innerhalb von 3—20 Min. schlagartig. Da bei Intensivpatienten, abgesehen von den volatilen Anästhetika und Lachgas, zur Analgosedierung die gleichen Substanzen eingesetzt werden wie zur Prämedikation und Anästhesie, ist zu vermuten, daß ein ZAS auf Intensivstationen in annähernd der gleichen Häufigkeit auftritt.

Literatur

Delay J, Deniker P (1968) Drug induced extrapyramidal syndromes. In: Viken PJ, Brayn GW (eds) Handbook of clinical neurology, vol. 6. Amsterdam, North Holland, pp 248—266

Feely G, Guy E (1982) Ranitidine also reduces liver bloodflow. Lancet I: 169

Handler CE, Besse CP, Wilson AO (1982) Extrapyramidal and cerebellar syndrome with encephalopathy associated with cimetidine

Horowski R, Dorow R (1982) Die Bedeutung pharmakokinetischer Befunde für die klinische Wirkung von Benzodiazepinen. Internist 23: 632—640

Klotz U (1984) Clinical pharmacology of benzodiazepines. Progr Clin Biochem Med 1: 117—167

Konzak PD et al. (1977) Administration of erythromycin to patients on theophylline (Letter). J Allergy Clin Immunol 60: 149

Lambrecht G (1982) Pharmakokinetische Arzneimittelwechselwirkungen beim Cimetidin (Tagamet). Pharmazeutische Zeitg 127: 2191—2202

Legras A, Harel D, Dabrowski G, Grenet D, Graveleau P, Loirat P (1988) Protracted neuroleptic malignant syndrome complicating long-acting neuroleptic administration. Am J Med 85: 875—878

Link J, Schulz H, Dennhardt R, Plümer M (1985) Die Häufigkeit des ZAS in der Anaesthesie unter besonderer Berücksichtigung der Narkosen mit volatilen Anaestetika. In: Stoeckel H, Lauven P (Hrsg) Das zentral-anticholinergische Syndrom. Physostigmin in der Intensivmedizin, Anaesthesiologie, Psychiatrie. Thieme, Stuttgart

Longo VG (1966) Behavioral and electroencephalographie effects of atropin and related compounds. Pharmacol Rev 18: 965—989

McQuay H, Moore A (1984) Be aware of renal function when prescribing morphine. Lancet I: 284—285

Oldendorf H, Jong M de, Steenbock A, Janknegt R (1988) Clinical pharmakokinetics of midazolam in intensive care patients, a wide interpatient variability? Clin Pharmacol Ther 43: 263—269

Papadopoulos G, Striebel HW, Heinemayer G, Link J (1989) Verdrängung von Diazepam und Flunitrazepam aus der Plasmaeiweißbindung durch freie Fettsäuren. Anaestesist 38 [Suppl]: 296

Rapold HJ, Follath F, Scollo-Lavizzaro G, Kehl O et al. (1985) Verlängertes Koma durch Sedation mit Diazepam bei beatmeten Patienten. Diagnostische und therapeutische Anwendung des Benzodiazepin-Antagonisten Ro-15-1788. Dtsch Med Wochenschr 109: 340—344

Robinson MB, Kennet RP, Harding AE, Legg NJ (1985) Neuroleptic malignant syndrome associated with metoclopramid. J Neurol Neurosurg Psychiat 48: 1304

Schentag JJ, Gallerie G, Rose JQ, Cerra FB, DeClopper E, Bernhard H (1979) Pharmacocinetic and clinical studies in patients with cimetidine-associated mental confusion. Lancet I: 179—181

Weddington (1982) Adverse neuropsychiatric reactions to cimetidine. Psychosomatics 23: 49—53

Korrespondenz: PD. Dr. J. Link, Klinikum Steglitz, FU Berlin, Hindenburgdamm, D-1000 Berlin 45.

Virale Meningoenzephalitis: Ätiologie und Nachweis

Th. Popow-Kraupp

Institut für Virologie, Universität Wien, Österreich

Im allgemeinen treten virale Erkrankungen des zentralen Nervensystems als Komplikationen systemischer Viruserkrankungen auf, in deren Verlauf die Viren die Meningen, das Gehirn bzw. Rückenmark erreichen. Die klinischen Verdachtsdiagnose virale Meningitis, Meningioenzephalitis bzw. Enzephalomyelitis wird aufgrund

— der klinischen Befunde (z. B. Nackensteifigkeit, Bewußtseinstrübung, Fieber, Exanthem etc.);

— dem Liquorbefund (in der Regel: klar, Pleozytose von 40—400/3 Zellen mit Überwiegen der mononukleären Zellen, normale bis leicht erhöhte Protein- und Zuckerwerte);

— den anamnestischen Erhebungen (z. B.: Insektenstiche, Fernreisen, Impfungen etc.) gestellt.

Die möglichst rasche Sicherung der klinischen Verdachtsdiagnose ist dann die Aufgabe des medizinisch-virologischen Labors.

1. Ätiologie

A. Enteroviren: Poliovirus Typ 1, 2, 3; Coxsackieviren der Gruppen A und B; Echoviren

Übertragungsmodus

Die Übertragung der Enteroviren erfolgt über die fäcal-orale Route und durch Infektion des Nasopharynx mit virushältigen Tröpfchen. Ein Großteil der Enterovirusinfektionen verläuft subklinisch. Bei klinisch manifesten Krankheitsverläufen unterscheidet man solche mit einer Erkrankungsphase (meist unspezifische grippale Infekte mit oder ohne Exanthem bzw. Gastroenteritiden) und solche mit einem zweiten

Erkrankungsgipfel (in etwa 5—10% der Enterovirusinfektionen). Zu einer Infektion des ZNS kommt es immer erst im Rahmen der zweiten Erkrankungsphase.

Inkubationszeit

Die Inkubationszeit beträgt bis zur ersten Erkrankungsphase 24 Stunden bis 4 Tage, die bis zum Auftreten der zweiten Phase (Meningitis, Meningoenzephalitis) ca. 10 Tage bis 3 Wochen.

Dauer der Infektiosität eines Patienten

Enteroviruspartikel werden 1—2 Wochen im Nasen-Rachenraum und etliche Wochen bis Monate (in sinkenden Konzentrationen) mit dem Stuhl ausgeschieden.

Klinische Manifestationen von Enterovirusinfektionen des ZNS

Paralytische Poliomyelitis: Ist in Ländern mit einer gut durchgeimpften Bevölkerung extrem selten, sodaß erste Fälle leicht fehldiagnostiziert werden können.

Die ersten Fälle des Poliomyelitisausbruches 1984 in Finnland, ein Land, in dem 20 Jahre kein Poliofall aufgetreten war, wurden zunächst als atypisch verlaufende Polyradikulitis Guillain Barré diagnostiziert.

Ein umfangreicher Überblick über die klinischen Kriterien für die definitive Diagnose Poliomyelitis wurde von Sabin [9] gegeben.

Was die sehr vereinzelt auftretenden Fälle von Impfpoliomyelitiden betrifft, so muß bei der Poliolebendimpfung derzeit 1 Fall pro 560 000 Erstimpfungen in Kauf genommen werden.

Enterovirus-Enzephalitis und Paralyse: Enzephalitiden werden nur sehr selten als Komplikation von Enterovirusinfektionen des ZNS beobachtet. Sie sind häufiger im Zusammenhang mit generalisierten Neugeboreneninfektionen beschrieben worden. Lähmungen ähnlich denen bei Poliovirusinfektionen können ebenfalls durch Coxsackie- und Echoviren verursacht werden (Grist et al. [5]; Cherry JD [1]).

B. Paramyxoviren: Mumpsvirus; Masernvirus

Die Übertragung dieser Virusinfektionen erfolgt aerogen durch Tröpfcheninfektion.

Inkubationszeit

von Mumps: 18—21 Tage,
von Masern: 10 Tage bis zur katarrhalischen Prodromalphase.

Dauer der Infektiosität eines Patienten

Mumps: wird mit dem Speichel ab dem 7. Tage vor dem Auftreten der Parotisschwellung bis zum 9. Tag danach, mit dem Harn bis zu 14 Tagen nach Krankheitsausbruch ausgeschieden.
Masern: Höhepunkt der Virusausscheidung in der katarrhalischen Phase bis zum Beginn des Exanthemausbruches.

Klinische Manifestationen von Paramyxovirusinfektionen des ZNS

Mumpsmeningitis-Enzephalitis: Eine Beteiligung des ZNS wird bei ca. 10% der Patienten mit Mumpsvirusinfektionen beobachtet. Nur bei der Hälfte dieser Erkrankungen ist auch eine Parotisschwellung vorhanden, wobei die Meningitis bzw. Meningoenzephalitis gleichzeitig oder bis zu 10 Tagen nach der Parotitis auftreten kann. Mumpsvirusinfektionen des ZNS haben eine gute Prognose.

Masernenzephalitis: Eine ZNS-Beteiligung tritt in 0.1—0.4% der Maserninfektionen meist zwischen dem 5. und 7. Tag nach Exanthemausbruch auf. Prognose: Im Durchschnitt liegt die Letalität bei 25% und bei einem Drittel der Patienten muß mit Defektheilung gerechnet werden.

C. Herpesviren: Herpes simplex Virus Typ 1 und 2 (HSV); Varizellen Zoster Virus (VZV); Zytomegalievirus (CMV); Epstein-Barr-Virus (EBV)

Herpesviren haben die Fähigkeit nach klinisch oder subklinisch verlaufener Erstinfektion in einer latenten Form (= nichtproduktive Infektion) im Organismus (in Ganglienzellen, Monozyten etc.) zu persistieren und bei Resistenzsenkungen (z. B. Krankheit, IS Therapie) endogen reaktiviert zu werden (= Bildung infektiöser Viruspartikel = produktive Infektion). Die Reaktivierung (= endogene Reinfektion) kann mit oder ohne klinische Symptome einhergehen.

Inkubationszeit der Primärinfektion

Herpes simplex Typ 1 und 2: 6—7 Tage,
Varizellen Zoster Virus: 10—23 Tage,

Zytomegalievirus: 4—6 Wochen,
Epstein-Barr-Virus: 4—7 Wochen.

Dauer der Infektiosität des Patienten

HSV: Nach Primärinfektion 3—4 Wochen mit dem Körpersekreten ausgeschieden, bei endogener Reinfektion 5 Tage;
VZV: Primärinfektion (Varizellen): bis der letzte Bläschenschub zu verkrusten beginnt (= 5—6 Tage nach Exanthemausbruch);
Reinfektion (Herpes Zoster): Bis der letzte Schub zu verkrusten beginnt, üblicherweise 7—10 Tage nach Exanthemausbruch;
EBV und CMV: Werden Wochen bis Monate mit den Körpersekreten ausgeschieden.

Klinische Manifestationen von Herpesvirusinfektionen des ZNS

Herpes simplex Virus Enzephalitis: Häufigste sporadisch auftretende Enzephalitis in der westlichen Welt (USA: 10—20% aller Enzephalitisfälle). Fast immer ist HSV-Typ 1 ihre Ursache. HSV-Typ 2 Enzephalitiden werden eigentlich nur im Rahmen der generalisierten Herpesvirusinfektion des Neugeborenen beobachtet. Die Enzephalitis kann sowohl im Rahmen einer Primärinfektion auftreten, als auch durch Rekativierung des latent vorhandenen Virus hervorgerufen werden. Charakteristisch ist der herdförmige Befall des ZNS (nekrotisierende Herde vor allem im Frontal- und Temporallappen). Bis zu 40% der Patienten haben anamnestisch oder gleichzeitig kutane HSV-Läsionen (Corey and Spear [2]).

Prognose: ohne Therapie: Letalität 50—70%; Folgeschäden sind die Regel.

Varizellen-Zoster Virus Enzephalitis: Tritt als neurologische Komplikation in ca. 0,3% der Varizellenerkrankungen vom 10. Tag vor bis zu 3 Wochen nach Exanthemausbruch auf. Gelegentlich kann sie auch bei Patienten mit Herpes Zoster vorkommen. In den meisten Fällen steht eine cerebellare Symptomatik (Ataxie, Nystagmus, Schwindel, Tremor und Sprachstörung) im Vordergrund. Die Dauer der Symptome beträgt üblicherweise 2—4 Wochen (Unsicherheiten in der Differentialdiagnostik der Varizellen-Enzephalitis können sich gegenüber dem postinfektiös auftretenden Reye Syndrom ergeben; Grose [6]).

Prognose: In Abhängigkeit der Schwere der Symptome schwanken die Angaben über die Letalität zwischen 5—20%. Mit Defektheilungen muß in 5—10% aller Erkrankungen gerechnet werden.

CMV-Enzephalitis: Äußerst selten und meist bei immunsupprimierten Patienten (Dorfman [3]).

EBV-Enzephalitis: Eine Enzephalitis im Rahmen eines Pfeifferschen Drüsenfiebers ist äußerst selten und es sind nur sehr vereinzelt Fälle in der Literatur beschrieben (Gotlieb-Stematsky [4]).

D. Adenoviren: 42 menschenpathogene Serotypen

Assoziiert mit einer Reihe von klinischen Syndromen (z. B. Pharyngokonjunktivales Fieber, Pneumonie, epidemische Keratokonjunktivitis).

Inkubationszeit: 5—7 Tage.

Klinische Manifestationen von Adenovirusinfektionen des ZNS

Meningoenzephalitis: Sind selten und mit den Serotypen 3 und 7 assoziiert (Simila et al. [10]).

E. Arenaviren: Virus der lymphozytären Choriomeningitis (LCM)

Arenavirusinfektionen sind Zoonosen (Virusreservoir: Nagetiere). Das LCMV wird durch die Hausmaus und durch syrische Goldhamster übertragen. Eine Ansteckung von Mensch zu Mensch ist nicht bekannt.

Inkubationszeit: 6—13 Tage.

Kommt es beim Menschen zu einer Infektion, so verläuft diese unter grippeähnlichen Allgemeinerscheinungen oft mit zentralnervöser Beteiligung (Meningitis, Meningoenzephalitis). Der Liquor zeigt eine Zellvermehrung zwischen 500 und 5 000/3 Zellen.

2. Durch Arthropoden übertragene Viren

Voraussetzung für die klinische Verdachtsdiagnose: arthropodenübertragene virale Meningoenezephalitis ist die anamnestische Erhebung von Insekten- bzw. Zeckenstichen, Impfungen und Reiseaktivitäten des Patienten.

A. Falviviren

1. FSME-Virus

Vektor: Zecke.

Geographische Verteilung: Österreich, Ungarn, Jugoslawien, Tschechoslowakei, Skandinavien, Rußland.

Tabelle 1

II. Nachweis	Akute Erkrankungsphase				Rekonvaleszenz	
Vd. auf Virusinfektion	Direkter Virusnachweis		Antikörpernachweis		Antikörpernachweis	
	klin. Material	Methode	klin. Material	Methode	klin. Material	Methode
Entoviren						
Poliovirus Typ 1, 2, 3 Coxsackieviren A + B Echoviren	Rachenspülflüssigkeit Stuhl Liquor	Virusisolierung in Zellkultur, Labortier (Dauer ~ 4 Tage)	Serum Liquor	KBR NT	Serum Liquor	KBR (AK↑) NT (AK↑)
Paramyxoviren						
Mumpsvirus Masernvirus			Serum Liquor	KBR ELISA IgM u. IgG	Serum Liquor	KBR (AK↑) ELISA IgM u. IgG
Herpesviren						
Herpes simplex Virus Typ 1 u. 2	Bläschenabstrich Rachenspülflüssigkeit (Liquor)	Virusisolierung in Zellkultur (Dauer 2—4 Tage)	Serum Liquor	KBR ELISA IgM u. IgG	Serum Liquor	KBR (AK↑) ELISA IgM u. IgG
Varizella zoster Virus	Bläschenabstrich (Liquor)	Virusisolierung in Zellkultur (Dauer 2—4 Tage)	Serum Liquor	KBR ELISA IgM u. IgG	Serum Liquor	KBR (AK↑) ELISA IgM u. IgG
Zytomegalievirus	Harn Rachenspülflüssigkeit (Liquor)	Virusisolierung in Zellkultur und Nachweis von virusinduzierten frühen Proteinen mittels IFT (Dauer 16 h)	Serum Liquor	KBR ELISA IgG u. IgG	Serum Liquor	KBR (AK↑) ELISA IgM u. IgG
Epstein Barr Virus			Serum	Paul Bunnel Test IFT IgM, IgG, IgA	Serum	Paul Bunnell Test IFT IgM, IgG, IgA

II. Nachweis	Akute Erkrankungsphase				Rekonvaleszenz	
Vd. auf Virusinfektion	Direkter Virusnachweis		Antikörpernachweis		Antikörpernachweis	
	klin. Material	Methode	klin. Material	Methode	klin. Material	Methode
Adenoviren						
	Rachenspülflüssigkeit Stuhl Konjunktivalabstrich	Virusisolierung in Zellkultur (Dauer 4—8 Tage) ELISA AG-Nachweis (Dauer 16 h) Elektronenmikroskopische Untersuchung	Serum	KBR NT	Serum	KBR (AK↑) NT (AK↑)
Arenaviren						
LCMV			Serum	KBR	Serum	KBR (AK↑)
Arthropoden übertragene Viren						
Flaviviren						
FSME-Virus	Serum Liquor	Babymaus	Serum	HHT ELISA IgM u. IgG	Serum Liquor	HHT (AK↑) ELISA IgM u. IgG
West Nile Virus			Serum	HHT	Serum	HHT (AK↑)
Dengue Virus			Serum	HHT	Serum	HHT (AK↑)
Gelbfieber Virus			Serum	HHT	Serum	HHT (AK↑)
Japan B Virus			Serum	HHT	Serum	HHT (AK↑)
MVE			Serum	HHT	Serum	HHT (AK↑)
St. L. E. V.			Serum	HHT	Serum	HHT (AK↑)
KFDV			Serum	HHT	Serum	HHT (AK↑)
Bunyaviren						
RMFV			Serum	HHT	Serum	HHT (AK↑)
Alpha Virus						
		E	Serum	HHT	Serum	HHT (AK↑)

KBR (AK↑): Komplementbindungsreaktion (Antikörperanstieg)
NT: (AK↑): Neutralisationstest (Antikörperanstieg)
ELISA: Enzyme linked immunosorbent assay
IFT: Immunfluoreszenztest
HHT (AK↑)· Hämagglutionionshemmungstest (Antikörperanstieg)

Inkubationszeit: 8—14 Tage (bis zur ersten Erkrankungsphase), 3—4 Wochen (bis zur zweiten Erkrankungsphase).

Der Befall des ZNS tritt in der zweiten Erkrankungsphase auf und kann als Meningitis, Meningoenzephalitis, Meningoenzephalomyelitis oder Meningoradiokuloneuritis in Erscheinung treten.

Die Schwere des Krankheitsverlaufes nimmt mit zunehmendem Lebensalter zu (Kunz [7]).

Prognose: Im Allgemeinen gut. Bei schweren Verläufen muß in 10% mit Folgeschäden gerechnet werden. Die Letalität beträgt 0,8%

2. West Nile Virus

Vektor: Stechmücke.

Geographische Verteilung: von Südafrika bis Ägypten, Mittlerer Osten, Südeuropa.

Inkubationszeit: 3—6 Tage.

Ein Großteil der Infektionen verläuft klinisch inapparent. Ein klinisch manifester Verlauf geht mit generalisierter Lymphknotenschwellung, Fieber und makulopapulösem Exanthem einher. Bei älteren Personen kann es zu Meningoenzephalitiden kommen.

3. Dengue Virus (4 Serotypen)

Vektor: Stechmücke.

Geographische Verteilung: weltweite tropische und subtropische Verbreitung (zwischen 30° nördl. und 40° südl. Breitegrad).

Antigengemeinschaft mit Gelbfiebervirus, West Nile Virus und Japan-B-Virus, aber keine Kreuzprotektion.

Inkubationszeit: 2—7 Tage.

Bei Infektion tritt ein scarlatiniformes Exanthem assoziiert mit generalisierter Lymphknotenschwellung und hohem Fieber auf. Meningoenzephalitiden treten selten im Rahmen der zweiten Erkrankungsphase auf.

4. Gelbfiebervirus

Vektor: Stechmücke.

Geographische Verteilung: tropische Waldgebiete von Afrika und Südamerika.

Inkubationszeit: 3—6 Tage.

Im Rahmen der zweiten Erkrankungsphase kann eine Meningoenzephalitis auftreten.

5. Japan-B-Enzephalitis-Virus

Vektor: Stechmücke.

Geographische Verteilung: Ostasien, Sibirien, Philippinen, Indonesien

Inkubationszeit: 4—14 Tage.

Der Großteil der Infektionen verläuft klinisch inapparent, 0,2% der Infektionen verlaufen unter dem klinischen Bild einer Meningoenzephalitis.

Prognose: 50% Letalität bei älteren Personen und bei den Überlebenden sind Folgeschäden die Regel.

6. Murray Valley Encephalitis Virus (MVE)

Vektor: Stechmücke.

Geographische Verteilung: Australien, Neu Guinea.

Inkubationszeit: 1—2 Wochen.

Klinischer Verlauf wie Japan-B-Virusinfektionen.

7. St. Louis Encephalitis Virus (SLEV)

Vektor: Stechmücke.

Geographische Verteilung: Nord-, Mittel- und Südamerika.

Inkubationszeit: einige Tage.

Bei älteren Personen: Meningoenzephalitiden in der 2. Erkrankungsphase

8. Kyasanur Forest Disease Virus (KFDV)

Vektor: Zecke.

Geographische Verteilung: Nordindien.

Inkubationszeit: 3—8 Tage.

Antigengemeinschaft mit FSME Virus and West Nile Virus, aber keine Kreuzprotektion. In 20% der Infektionen tritt eine Meningoenzephalitis auf.

B. Bunyaviren

Rift Valley fever virus (RVFV)

Vektor: Stechmücke.

Geographische Verteilung: Kenya, Südafrika, Zimbabwe, Westafrika, Ägypten.

Inkubationszeit: 3—7 Tage.

Eine Meningoenzephalitis tritt in 5% als neurologische Komplikation dieser Infektion auf.

C. *Alpha-Viren*

Western Equine Encephalitis Virus (WEEV)

Vektor: Stechmücke.

Geographische Verteilung: Texas, Colorado, Argentinien, Brasilien, Mexico.

Inkubationszeit: 5—10 Tage.

Biphasischer Krankheitsverlauf mit dem Auftreten der Meningoenzephalitis in der zweiten Krankheitsphase.

Hauptbetroffene: Kinder.

Letalität: 10%, Folgeschäden bei 50% der Infizierten.

Eastern Equine Encephalitis Virus (EEEV)

Vektor: Stechmücke.

Geographische Verteilung: östl. USA, Mexico, Panama, Brasilien, Argentinien.

Inkubationszeit: 7—10 Tage.

Hauptbetroffene: Kinder.

Verlauf: wie EEEV.

Venezuelan Equine Encephalitis Virus (VEEV)

Vektor: Stechmücke.

Geographische Verteilung: Trinidad, Kolumbien, Panama, Brasilien.

Inkubationszeit: 2—5 Tage.

Zu einem Großteil verlaufen die Infektionen leicht. Bei 4% der Kinder < 15 Jahren biphasischer Verlauf mit Meningoenzephalitis in der zweiten Erkrankungsphase.

Eine sehr gute Zusammenfassung über die Klinik von Arthropoden-übertragenen Virusenzephalitiden findet sich in Kapitel 5 von Mansons Tropical Diseases [8].

Literatur

1. Cherry JD (1981) Non-polio enteroviruses: coxsackieviruses, echoviruses, and enteroviruses. In: Fergin RD, Cherry JD (eds) Textbook of pediatric infectious diseases. Saunders, Philadelphia, pp 1316—1365
2. Corey L, Spear P (1986) Infections with herpes simplex viruses. N Eng J Med 314: 749—757
3. Dorfman LJ (1973) Cytomegalovirus encephalitis in adults. Neurology 23: 136
4. Gotlieb-Stematsky T (1982) Association of Epstein Barr virus with neurologic disease. In: Glaser R, Gotlieb-Stematsky T (eds) Human Herpesvirus Infections—Clinical Aspects. Marcel Dekker, New York, pp 169—193
5. Grist NR, Bell EJ, Assaad F (1978) Enteroviruses in human diseases. In: Melnick JL (ed) Progress in medical virology, vol 24. Karger, Basel, pp 114—157
6. Grose C (1982) Varizella Zoster virus infections. In: Glaser R, Gotlieb-Stematsky T (eds) Human herpesvirus infections—clinical aspects. Marcel Dekker, New York, pp 85—139
7. Kunz Ch (1986) Die Frühsommer-Meningoenzephalitis. In: Gsell O, Krech V, Mohr W (Hrsg) Klinische Virologie. Urban und Schwarzenberg, Wien, S 275—285
8. Manson-Bahr PEC, Bell DR (eds) (1987) Mansons tropical diseases. Baillière & Tindall, London
9. Sabin AB (1981) Paralytic poliomyeltits: old dogmas and new perspectives. Review of Infectious Diseases 3: 543—564
10. Simila S, Jouppila R, Salmi A, Pohjonen R (1970) Encephalomeningitis in children associated with an adenovirus type 7 epidemic. Acta Paediatr Scand 59: 310—316

Korrespondenz: Dr. Therese Popow-Kraupp, Institut für Virologie, Universität Wien, Kinderspitalgasse 15, A-1095 Wien, Österreich.

Verlauf und Therapie der viralen Meningoenzephalitis

G. Grimm[1], **Ch. Madl**[1], **W. Oder**[2], **A. N. Laggner**[1], **K. Lenz**[1], **W. Druml**[1] und **B. Schneeweiß**[1]

[1] I. Medizinische Klinik und [2] Neurologische Klinik der Universität Wien, Wien, Österreich

Die akute, virale Meningoenzephalitis repräsentiert eine wichtige, wenn auch seltene Erkrankung des zentralen Nervensystems. Relevante Erreger sind Herpes-, Picorna-, Toga-, Paramyxo-, Retro- und Rhabdoviren. Epidemiologische Untersuchungen aus den USA berichten über 20 000 Neuerkrankungen pro Jahr, ca. 1 000—2 000 (5—10%) davon werden durch Herpes simplex verursacht. Die Herpes simplex Enzephalitis (HSE) ist die häufigste Form der spontanen akuten Enzephalitis der westlichen Welt [1], sie befällt als hämorrhagisch-nekrotisierender Prozeß bevorzugt die Temporallappen und hat unbehandelt eine Mortalität von 70% (nur 10% werden voll rehabilitiert) [2]. Die frühzeitige Therapie mit Acyclovir vermag Mortalität (auf 20%) und Prognose (nach 6 Monaten 50% rehabilitiert) entscheidend zu verbessern [3]. Betreffend die Morbidität der akuten viralen Meningoenzephalitis besteht keine gesicherte Prädilektion zu immunsupprimierten Patienten.

Das klinische Bild der viralen Meningoenzephalitis ist heterogen und bietet Symptome der Meningitis (Nackensteifigkeit, Kopfschmerz, Photophobie) und/oder Enzephalitis (Bewußtseins-, Verhaltensstörungen, zerebrale Herdsymptome, epileptische Anfälle). Häufige Prodrome sind Fieber, bronchopulmonale-, oder gastrointestinale Symptome. Geschmackssensationen weisen auf eine HSE hin [4]. Für die Akutdiagnostik wichtig sind der Liquorbefund (üblicherweise mononukleären Pleozytose von < 1 000/3 Zellen, Protein > 50 mg/dl), die Computertomographie (bei HSE während der ersten 5 Tage häufig negativ) [5] und das Elektroenzephalogramm [6]. Serologische

Befunde sind bei Therapiebeginn meist noch nicht verfügbar, jedoch unerläßlich für die spätere epidemiologische Klassifizierung. Die Indikation zur Aufnahme auf eine Intensivstation (ICU) besteht bei neurologischen oder respiratorischen Komplikationen. Abgesehen von Acyclovir bei HSE ist die Therapie der viralen Meningoenzephalitis generell supportiv — mit spezieller Berücksichtigung der respiratorischen Insuffizienz, des Hirnödems, der epileptischen Anfälle, der Elektrolytentgleisungen (z. B. Hyponatriämie: SIADH Syndrom) und der bei bewußtseinsgetrübten Patienten gehäuften Inzidenz nosokomialer Infektionen.

Nachfolgend wird im Rahmen einer retrospektiven Analyse über Verlauf und Therapie von Patienten mit viraler Meningoenzephalitis berichtet.

Patienten, Verlauf

Von 1979 bis 1989 wurden 26 Patienten (13 Männer, 13 Frauen; Alter: 35,5 ± 14,5 Jahre) mit viraler Meningoenzephalitis an der ICU der I. Medizinischen Universitätsklinik behandelt (Tabellen 1 und 2). Die Diagnose wurde durch Liquorbefund und Klinik gestellt und bei 7 Verstorbenen autoptisch bestätigt. Die Prodromalphase dauerte 10 ± 7,4 Tage. Der Aufnahmsgrund auf die ICU war bei 18 (69%) eine respiratorische Insuffizienz, bei 9 (35%) ein epileptisches Anfallsgeschehen. Die neurologische Beurteilung bei der Aufnahme auf die ICU erfolgte anhand der Glasgow Coma Scale (GCS; *Maximum* = *Normalwert* 15, *Minimum* 3) [7], bei der Entlassung anhand der Glasgow Outcome Scale (GOS; *5* voll erwerbsfähig, *4* selbstständig, *3* pflegebedürftig, *2* vegetatives Stadium, *1* tot) [8]. 4 von 7 Patienten mit GCS 3 bis 5, 3 von 9 mit GCS 6 bis 10, jedoch nur 1 von 10 mit GCS 11 bis 15 verstarben. Die Mortalität bei Diagnose HSE betrug 5 von 12 (42%, 2 von den 5 Verstorbenen erhielten kein Acyclovir), bei nicht-HSE 3 von 14 (21%) Patienten. Die Behandlungsdauer bis zum Transfer auf eine offene Bettenstation (18 Patienten = 69%) oder Exitus (8 Patienten = 31%) betrug 13,4 ± 13,4 Tage.

Diagnostik

Der initiale Liquorbefund ergab eine dominierend mononukleäre Zellzahl von 340 ± 338/3 (449 ± 415/3 bei HSE) und einen Proteingehalt von 115 ± 103 mg/dl (118 ± 93 bei HSE). 9 von 12 Patienten mit HSE und 3 von 14 mit nicht-HSE boten eine hämorrhagische Liquorkomponente. Klinisch fand sich bei 16 (62%) Patienten ein supratentorieller Herdbefund, bei 12 (46%) ein Hinweis auf eine Hirnstammläsion. Von den 12 Patienten mit HSE hatten 11 zumindest einen supra- und/oder infratentoriellen Herdbefund. Zur neurologischen Initialdiagnostik bzw. Verlaufskontrolle wurde bei 16 (62%) Patienten 28mal eine kraniale Computertomographie durchgeführt, die bei 9 Patienten (7 von 12 mit HSE) einen pathologischen Befund ergab. Bei 7 Patienten fand sich ein supratentorielles Herdgeschehen (meist hypodense Areale), bei 6 ein lokalisiertes oder generalisiertes Hirnödem. Bei 20 Patienten wurde zumindest je 1mal eine Elektroenzephalographie durchgeführt, die stets pathologisch war (bei 18 diffus, bei 8 fokal abnorm): es fanden sich eine diffuse und fokale Zunahme langsamer Delta- und Theta-Tätigkeit, „periodische Komplexe" (Hinweis auf HSE), und Krampfpotentiale als Hinweis auf eine erhöhte zerebrale Erregungsbereitschaft.

Acyclovir

14 Patienten erhielten Acyclovir in der jeweiligen Höchstdosis von $1\,840 \pm 1\,050$ mg/d über $11{,}2 \pm 13{,}4$ Tage (Kumulative Dosis 390 ± 689 mg/kg KG). Das Medikament wurde generell gut vertragen. Als mögliche Nebenwirkung von Acyclovir wurde bei 3 Patienten eine passagere, reversible Nierenfunktionsstörung und bei 1 Patienten eine reversible Gonarthritis beobachtet.

Maschinelle Beatmung, Kreislaufüberwachung

Im Rahmen der supportiven Therapie wurden 17 (65%) Patienten naso- oder orotracheal intubiert (Indikation: Hypoventilation durch Grunderkrankung und/oder Sedativa, Hypnotika, Antiepileptika; Aspirationsgefahr, stattgehabte Aspiration; Bronchialtoilette bei Hypersekretion und mangelnder Kooperation des Patienten) und bei einem arteriell gemessenen Sauerstoffpartialdruck unter 50 mmHg bzw. einem Kohlendioxidpartialdruck über 50 mmHg mit volumsgesteuerten Respiratoren (Servo 900 C, Servo 900 B, Firma Siemens; UVI, Firma Dräger) maschinell beatmet. Die Beatmungsdauer bei 15 Patienten (58%; 9 von 12 mit HSE, 6 von 14 mit nicht-HSE) betrug $7{,}1 \pm 7{,}5$ Tage (16 ± 10 Tage bei den 4 Überlebenden mit HSE, $3{,}5 \pm 0{,}6$ Tage bei den 4 Überlebenden mit nicht-HSE). 3 Patienten wurden tracheotomiert. Routinemäßig erfolgte eine blutige Blutdrucküberwachung über einen Katheter in der Arteria radialis (femoralis) und ein kontinuierliches Monitoring der Herzfrequenz. Alle Patienten erhielten einen zentralvenösen Venenkatheter (Vena jugularis interna rechts, Vena subclavia).

Tabelle 1. Patientencharakteristik und Befunde bei viraler Meningoenzephalitis

Patient	Alter	Diagnose	Aufnahmsgrund auf ICU	* Liquor Zellzahl	* Liquor Eiweiß (mg/dl)	* Glasgow Coma Scale	Dauer ICU (d)	Glasgow Outcome Scale
#1 m	46	Herpes	Resp Insuff, Epi	160/3	66	9	58	3
#2 w	40	Herpes	Resp Insuff Bradykardie	400/3	180	11	24	3
#3 w	28	Herpes	Resp Insuff, Epi Hirnödem	1 319/3	—	4	2	1
#4 w	20	Herpes	Resp Insuff, Epi Hirnödem	690/3	98	4	7	1
#5 w	62	Herpes	Psychose, Somnolenz	600/3	200	11	8	1
#6 w	17	Herpes	Resp Insuff, Epi Psychose	30/3	24	5	47	3
#7 m	55	Herpes	Resp Insuff, Epi	450/3	184	8	13	3
#8 m	17	Herpes	Resp Insuff	51/3	52	13	13	3
#9 w	60	Herpes	Resp Insuff	79/3	26	9	9	3
#10 m	27	Herpes	Resp Insuff	1 088/3	127	9	9	1
#11 m	27	Herpes	Resp Insuff, Koma	166/3	25	3	28	3
#12 m	23	Herpes	Resp Insuff, Koma	350/3	312	7	9	1
#13 w	45	FSME	Epi	391/3	94	12	9	3
#14 m	35	FSME	Resp Insuff	19/3	30	10	9	3
#15 m	54	FSME	Epi	220/3	85	15	6	5
#16 w	23	Coxsackie	Resp Insuff, Epi	150/3	63	6	31	3
#17 w	18	Influenza	Resp Insuff, CPR	50/3	—	3	1	1
#18 w	21	Masern	Resp Insuff, Koma	664/3	98	4	11	3
#19 w	47	Virus	Agitation	160/3	61	12	17	3
#20 w	51	Virus	Somnolenz	642/3	140	12	7	4
#21 w	30	Virus	Resp Insuff, Koma	68/3	168	4	3	1
#22 m	27	Virus	Resp Insuff	272/3	92	7	1	1
#23 m	42	Virus	Epi, Somnolenz	41/3	470	15	6	5
#24 m	35	Virus	Myoklonien	83/3	27	13	9	3
#25 m	20	Virus	Verhaltensstörung	600/3	90	14	3	5
#26 m	54	Virus	Resp Insuff, Koma	104/3	54	6	33	3

* Zeitpunkt der Aufnahme auf Intensivstation (ICU). Glasgow Coma Scale: *Maximum (Normalwert)* 15, *Minimum* 3. Glasgow Outcome Scale: *1* verstorben, *2* vegeatives Stadium, *3* pflegebedürftig, *4* selbständig, nicht erwerbsfähig, *5* voll erwerbsfähig

Tabelle 2. Therapie und Komplikationen bei viraler Meningoenzephalitis

Pat.	+ Acyclovir (mg/d)/ Dauer (d)	Maschinelle Beatmung	Hirndruck-therapie	Antiepilept Therapie, Sedativa	+ Kreatinin (mg/dl)	Komplikationen, Sonstiges
#1	4 500/56	11	Mannit Lasix	Barb, Benzo Phenytoin	1,1	Epi, Myoklonien, Herd Hirnödem, *Arthritis
#2	3 000/16	12	Mannit	Benzo	0,8	Epi, Herd, Sepsis
#3	2 000/5	2	Mannit	Barb	0,7	Epi, Hirnödem, § Supratent, § HST
#4	1 000/5	3	Mannit	Barb, Benzo	*2,7	Epi, Hirnödem, § Supratent, § HST
#5	750/8	8	—	Benzo	0,9	Psychose, Hirnödem, § Supratent
#6	1 500/10	31	—	Barb, Benzo	*1,4	Epi, Herd, Psychose
#7	1 500/10	10	—	Benzo	1,6	Herd, Sepsis
#8	2 250/13	—	—	Benzo	1,8	Epi, Herd
ix09	3 000/9	—	—	—	0,8	—
#10	—	5	—	Benzo	1,5	Pneumonie, § Supratent, § HST
#11	—	—	—	Benzo	0,4	Hydroceph int, EPMS, Pneumonie
#12	—	9	Mannit	Benzo	5,0	Pneumonie, § Supratent, § HST
#13	1 500/2	—	—	—	0,6	Herd
#14	—	4	—	Benzo	1,1	Herd, Cholangitis
#15	—	—	—	Benzo	1,2	—
#16	—	4	Lasix	Benzo	0,9	Myolyse
#17	750/1	1	—	—	1,0	Hirnödem, § Supratent
#18	1 000/7	3	—	Benzo	1,0	Herd, Hirnödem
#19	1 500/8	—	—	Benzo	4,8	—
#20	1 500/7	—	—	—	*2,0	—
#21	—	—	—	Benzo	1,3	Epi, Herd, Hirnödem
#22	—	1	—	—	1,0	Epi, § Supratent, § HST Pulmonalembolie
#23	—	—	—	Benzo	1,5	Herd
#24	—	—	—	Phenytoin	0,9	Myoklonien, Herd
#25	—	—	—	—	0,8	—
#26	—	3	—	Barb	1,8	Epi, Herd, Sepsis, Pneumonie

+ Maximalwerte; * fraglich kausaler Zusammenhang mit Acyclovir; § autoptisch gesicherte Enzephalitis supratentorial (Supratent) und Hirnstamm (HST)

Supportive Medikamente

Maschinell beatmete Patienten wurden routinemäßig mit einer Kombination von Benzodiazepinen und Opiaten sediert (z. B. Buprenorphin 1,8—3,6 mg/d plus Flunitrazepam 12—24 mg/d als bedarfsadaptierte Dauerinfusion). Die Behandlung epileptischer Anfälle erfolgte intravenös mit Phenytoin (750 mg/d) und/oder Clonazepam (2—10 mg/d) und/oder Diazepam (10—100 mg/d), gelegentlich mit Thiopental als Dauerinfusion (1,5—3 g/d). Die Therapie des Hirnödems erfolgte durch Hochlagerung des Kopfes (maximal 45 Grad), kontrollierte Hyperventilation bei maschinell beatmeten Patienten, Vermeidung erhöhter kardialer Füllungsdrucke, Osmodiuretika (repetitive Bolusgaben von Mannit 20%: Einzeldosis 0,25—0,5 g/kg KG intravenös), Schleifendiuretika (Lasix 20—40 mg) und gelegentlich Barbiturate. Antibiotika wurden routinemäßig und prophylaktisch verabreicht (z. B. Aminopenicillin plus Clavulansäure), bei Vorliegen positiver bakteriologischer Befunde (bei je 12 Patienten wurden bakterielle Erreger aus Bronchialsekret und Harn kultiviert, 3 hatten eine bakterielle Sepsis) erfolgte eine selektive Therapie nach Antibiogramm. 7 Patienten erhielten Katecholamine (zumeist Dopamin 3 μg/kg/min).

Diskussion

Die unbehandelt meist letale HSE ist seit Vorliegen einer effektiven und sicheren Behandlung mit Acyclovir die klinisch bedeutendste aller akuten viral bedingten Meningoenzephalitiden. Die Diagnostik der viralen Meningoenzephalitis stützt sich auf anamnestisch-klinische Befunde, Liquorbefund, Computertomographie, Elektroenzephalogramm und Serologie. Zur Früherkennung der HSE sollte nach Möglichkeit eine Kernspintomographie angestrebt werden [9]. Die Hirnbiopsie zur Sicherung der Diagnose HSE ist zumindest als Routinemaßnahme abzulehnen (ca. 10% falsch negative Resultate) [10]. Ein unverzüglicher Therapiebeginn mit Acyclovir ist bei jedem Patienten mit Enzephalitis und Herdbefund zu empfehlen, bei Erhärtung eines Herdbefundes durch nichtinvasive diagnostische Maßnahmen jedoch obligat. Die Therapiedauer richtet sich nach serologischen und klinischen Verlaufskontrollen.

Die Indikation zur Aufnahme auf eine Intensivstation (ICU) besteht bei: Bewußtseinseintrübung, epileptischen Anfällen, respiratorischer Insuffizienz, Aspirationsgefahr oder Hirnödem. Das rechtzeitige Erkennen dieser Komplikationen erfordert engmaschige neurologische Kontrollen und ein Monitoring der Vitalfunktionen. Auf die Möglichkeit der Überwachung des intrakraniellen Druckes zur Optimierung der Therapie des Hirnödems bei kompliziert verlaufenden Erkrankungen sei hingewiesen [11]. Die Therapie der viralen Meningoencephalitis ist neben Acyclovir supportiv und trägt entscheidend zur Verbesserung der Prognose dieser Erkrankung bei.

Literatur

1. Koskiniemi MJ, Vaheri A (1982) Acute encephalitis of viral origin. Scand J Infect Dis 14: 181
2. Longson M (1977) The treatment of herpes encephalitis. J Antimicrobial Chemother 3 [Suppl A]: 115
3. Skoeldenberg B, Forsgren M, Alestig K et al. (1984) Acyclovir versus vidarabine in herpes simplex encephalitis. Randomised multicentre study in consecutive Swedish patients. Lancet 2: 707
4. Rawls WE, Dyck PJ, Klass DW et al. (1966) Encephalitis associated with herpes simplex virus. Ann Intern Med 64: 104
5. Davis JM, Davis KR, Kleinman GM et al. (1978) Computed tomography of herpes simplex encephalitis, with clinicopathological correlation. Radiology 129: 409
6. Elian M (1975) Herpes simplex encephalitis. Prognosis and long-term follow-up. Arch Neurol 32: 39
7. Teasdale G, Jennett B (1974) Assessment of coma and impaired consciousness. Lancet 2: 81
8. Jennett B, Bond M (1975) Assessment of outcome after severe brain damage. Lancet 1: 480
9. Schroth G, Gawehn J, Thron A et al. (1987) Early diagnosis of herpes simplex encephalitis by MRI. Neurology 37: 179
10. Anonym (1986) Herpes simplex encephalitis. Lancet 1: 535
11. Barnett GH, Ropper AH, Romeo J (1988) Intracranial pressure and outcome in adult encephalitis. J Neurosurg 68: 585

Korrespondenz: DDr. G. Grimm, I. Medizinische Universitätsklinik, Lazarettgasse 14, A-1090 Wien, Österreich.

Ein 19jähriger Patient mit Meningoencephalitis und retikulärem Exanthem (Fallbericht)

D. Seidler[1], W. Oder[2], D. Metze[3], C. Madl[1], K. Lenz[1], und A. N. Laggner[1]

[1] I. Medizinische Universitätsklinik, [2] Neurologische Universitätsklinik und [3] II. Universitäts-Hautklinik, Wien, Österreich

Patienten mit Enzephalitis präsentieren sich gelegentlich auch mit Hautveränderungen. Die Effloreszenzen können polymorph sein und von kleinfleckigen Exanthemen bis zu massiven Hautnekrosen imponieren [1]. Im vorliegenden Fallbericht wird dargestellt, daß die Abklärung der dermatologischen Situation Rückschlüsse auf die Ätiologie des neurologischen Krankheitsgeschehens erlauben kann.

Kasuistik

Der 19jährige Patient T. W. wurde wegen Verdacht auf Herpesencephalitis an der Intensivstation der I. Medizinischen Universitätsklinik aufgenommen.

Eine Woche vor der Aufnahme traten im Rahmen eines Urlaubsaufenthaltes in Teneriffa erstmalig spontane Kopfschmerzen mit wechselnder Intensität auf. Zudem stellte sich auch eine Wesensveränderung im Sinne einer gesteigerten Aggressivität ein. Wegen dieser Beschwerden wurde der Patient hospitalisiert. Bei den erhobenen Befunden wurde eine Leukozytose (13,5 G/l) und ein diffuses Hirnödem (CT) festgestellt. Eine Behandlung mit Penicillin und Mannit wurde eingeleitet. Da sich der Zustand nicht besserte und der Patient zunehmend somnolent wurde, erfolgte auf Veranlassung der Angehörigen der Rücktransport nach Wien.

Bei Aufnahme war der Patient subfebril (37,8 °C) und hatte am Stamm ein kleinfleckiges Exanthem (Abb. 1). Der interne Status war unauffällig; RR 120/80 mmHg, Puls 76/Min. Er war somnolent, meningeal, in allen Qualitäten desorientiert, auf Schmerz erfolgte an beiden oberen Extremitäten eine prompte und gezielte Abwehr. Weiters fand sich im Hirnnervenbereich ein gesteigerter Masseterreflex und eine diskrete Facialisparese vom zentralen Typ; an den Extremitäten eine gering spastische Tonuserhöhung, die Muskeleigenreflexe rechts vor links gesteigert, Babinski beidseitig pos. Die Sprache war dysarthrisch. Die dermatologischen Veränderungen wurden als Arzneimittelexanthem aufgefaßt.

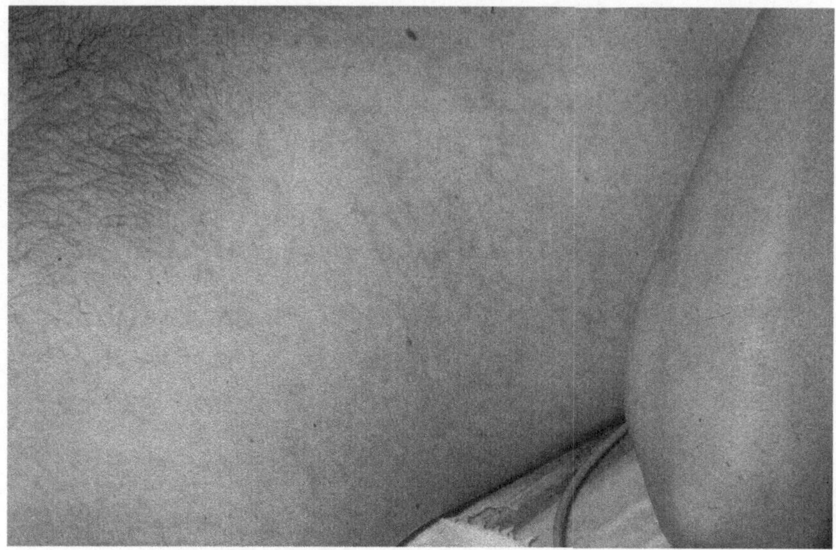

Abb. 1. Retikuläres Exanthem am Tage der Aufnahme bei Patient T. W.

Die Liquorpunktion (LP) ergab einen klaren Liquor mit einer Zellzahl von 2/3 und 223 mg% Eiweiß. Im CT und MRI fanden sich multiple klein-fleckförmige Marklagerherde sowie ein diffuses Hirnödem. Die laborchemischen Untersuchungen ergaben geringfügige Erhöhungen von Bilirubin, CPK, LDH, AST, ALT, die anderen Werte im Normbereich. Im Blutbild fand sich eine Leukozyotse (18,3 G/l), das Differentialblutbild ergab Stabkernige 1, Semgentkernige 71, Lymphozyten 17, Eosinophile 5. Unter der Annahme einer Herpesenzephalitis wurde eine Therapie mit Acyclovir (2 × 1 000 mg) begonnen, als Antibiotikum Amoxicillin/Clavulansäure (2 × 2,2 g) verabreicht.

In der Folge blieb der klinische und neurologische Zustand weitgehend stationär. Am dritten Tag wurde wiederum eine LP durchgeführt: Farbe leicht xanthochrom, Pandy + + +, Zellzahl 36/3, 305 mg% Eiweiß. Sediment: diskrete Sickerblutung in den Liquorraum, diskrete entzündliche Reaktion. Da sich auch das Exanthem nicht rückgebildet hatte, wurde nun von dermatologischer Seite ein vaskulitischer Prozeß vermutet. Es wurden daher zwei Hautstanzen entnommen.

Am folgenden Tag traf der Befund der Hautbiopsie ein. Dieser bestätigte die Verdachtsdiagnose Vaskulitis der Hautgefäße (IgM, C 3, Fibrinablagerungen in und um die Gefäßwände im mittleren Corium, Abb. 2). Die therapeutische Konsequenz war eine Cortisontherapie (100 mg Prednisolon), die antibiotische Therapie wurde fortgeführt, Acyclovir wurde abgesetzt. Die virologisch-serologischen Untersuchungen waren insgesamt negativ, lediglich gegen Arborviren fand sich in der KBR ein Titer von 1 : 20. Die immunologisch-serologischen Untersuchungen (Rheumafaktor, ANA, ASMA, zirk. Immunkomplexe) verliefen allesamt negativ.

Abb. 2. Immunfluoreszenz der Hautbiopsie (positiver IgM Nachweis an der Gefäßwand)

Nach 2-tägiger Cortisonbehandlung in geringerer Dosierung (75 mg Prednisolon) blaßte das Exanthem ab und das Fieber verschwand. Die Bewußtseinslage besserte sich im Verlauf der nächsten Woche zunehmend, der Patient war jedoch weiter desorientiert, psychomotorisch unruhig und hatte nur vereinzelte verbale Äußerungen mit Paraphrasien. Im neurologischen Status kam es zu Tonussteigerungen an beiden unteren Extremitäten, die rechte UE war plegisch, mit der linken waren Massenbewegungen möglich. Im Mini Mental Status erreichte der Patient 7/30 Punkten. Nach insgesamt 10 Intensivbehandlungstagen hatte sich der Zustand soweit gebessert, daß der Patient auf eine neurologische Normalstation verlegt werden konnte. Unter massiver heilgymnastischer Betreuung kam es in den nächsten Monaten zu langsamer Rückbildung der spastischen Parese. Im kognitiven Bereich hingegen kam es nach einem Cortison-Absetzungsversuch, ca. 8 Wochen nach Krankheitsbeginn, zu einer passageren Verschlechterung. Weiterhin bestand ein massives amnestisches Syndrom mit Konfabulationen, Wortfindungs- und Benennungsstörungen. Im Mini Mental Status erreichte der Patient in der 10. Woche 16/30 Punkte. Die Leukozytose (12—18 G/l) mit deutlicher Eosinophilie blieb während des gesamten Aufenthaltes konstant. Mehrmalige Kontrollen ergaben erhöhte IgE-Werte (247 U/L). Bei Entlassung nach einem fast fünfmonatigen stationären Krankenhausaufenthalt konnte W. T. mit einer Krücke gehen, im Mini Mental Status erreichte er 26/30 Punkte.

Diskussion

Beim Auftreten von Hautveränderugen im Rahmen einer Meningoencephalitis konzentriert sich die Differentialdiagnose in erster Linie

Tabelle 1. Differentialdiagnose bei Meningoenzephalitis mit Exanthem

mikrobiell	Meningokokkensepsis
	Typhus
	Arbovirosen
	Masern
	Varicellen
	Enteroviren
	Coxsackieviren
	Rickettsiosen
Polyätiologie	Virusenzephalitis mit Arzneimittelexanthem
immunologisch	Lupus erythematodes
	Panarteritis nodosa
	mixed connective tissue disease
	parainfektiöse Immunvaskulitis

auf Meningokokkensepsis mit Verbrauchskoagulopathie und vorwiegend an den Akren lokalisierte, zuerst livide, später hämorrhagisch-nektrotische Flecken (Tabelle 1). Weder Liquorbefund noch Hautveränderungen unseres Patienten haben für diese Diagnose gesprochen. Auch andere bakterielle Erkrankungen wie Typhus usw. konnten, ebenso wie parasitäre Erkrankungen, serologisch und anhand der negativen Blutkultur ausgeschlossen werden [2].

In zweiter Linie müssen bei dieser Symptomatik virale Erkrankungen diskutiert werden, bei denen der Erreger sowohl Cerebrum wie auch Haut direkt befällt [3]. Die Diagnose einer viralen Encephalitis kann aus dem Liquorbefund vermutet und mittels serologischer Nachweise bewiesen werden. Die erhöhten Titer auf Arboviren bei Aufnahme (West Nile Fever, Gelbfieber und Dengue Viren) warfen die Frage eines West Nile Fevers auf. Diese von Culex-Arten übertragene Arbovirose breitete sich in den letzten Jahrzehnten, aus Afrika kommend, ins Mittelmeergebiet bis nach Südfrankreich aus [4]. Klinisch ist die Krankheit durch einen plötzlichen Fieberanstieg, Photophobie, conjunktivale Injektion, Lymphadenopathie sowie ein makulopapuläres Exanthem am Stamm gekennzeichnet. Die Encephalitis tritt gehäuft bei älteren Personen auf. Eine Exposition wäre hier möglich gewesen, der Titer mußte jedoch als eine Kreuzreaktion mit FSME-Virus (ebenfalls ein Flavi-Virus) interpretiert werden, da der Patient FSME geimpft war. Coxsackieviren, Varizellen und Enteroviren, die die vorliegende Symptomatik ebenfalls auslösen können, wurden serologisch ausgeschlossen.

Darüberhinaus können aber auch Rickettsiosen (fievre buttoneuse, Fleckfieber) als Meningoencephalitis mit kleinfleckigem Exanthem am Stamm auftreten [5]. Auch für diese Erregergruppe war die Serologie in unserem Fall negativ.

Weiters ist zu erwägen, ob sich an ZNS und Haut verschiedene Krankheiten zur selben Zeit manifestieren, wie z. B. eine virale Encephalitis mit Arzneimittelexanthem. Auch für diese Möglichkeit lag in unserem Fall kein Beweis vor. Primär immunologische Erkrankungen wie Lupus erythematodes, Sklerodermie, mixed connective tissue disease und Panarteritis nodosa konnten serologisch bzw. bioptisch ausgeschlossen werden.

In Zusammenschau aller erhobener Befunde, und nach mehrmonatiger Beobachtung steht eine indirekte Schädigung des ZNS nach beziehungsweise bei systemischer Virusinfektion als wahrscheinlichste Diagnose im Mittelpunkt. Die histologisch bestätigte Immunvasculitis der Haut sowie der Nachweis einer nachhaltigen Stimulierung des Immunsystems mit erhöhten IgE-Werten sowie einer peripheren Eosinophilie deuten auf einen allergischen Prozeß im Verlauf des Krankheitsgeschehens hin. Die relativ niedrige Zellzahl im Liquor und der CT/MRI-Befund sprechen dafür, daß auch im Cerebrum des Patienten derartige immunvaskulitische Veränderungen abgelaufen sind.

Prototypen solcher para/postinfektiöser Encephalopathien sind die diffuse perivenöse Herdencephalitis als Immunreaktion vom Spättyp und die hämorrhagisch-nekrotisierende Encephalitis als Immunreaktion vom Soforttyp [6, 7]. Das klinische Korrelat der perivenösen Herdencephalitis ist die „akute disseminierte Encephalomyelitis“ [8]. Diese tritt einerseits gehäuft nach Impfungen auf, andererseits aber auch nach klassischen Kinderkrankheiten, wie Mumps oder Masern, sowie nicht näher definierten viralen Infekten. Die immunologischen Abläufe sind bei der Masernencephalitis am besten aufgeklärt [9]. Diese tritt 4—7 Tage nach Erscheinen des Exanthems auf. Ihre immunologische Genese ist durch die Reaktion von Lymphozyten mit „myelin basic protein“ gesichert. Im EEG läßt sich bei etwa der Hälfte der an Masern Erkrankten eine ZNS-Beteiligung nachweisen. Die Mortalität der parainfektiösen Encephalitis durch Paramyxoviren wie Masern beträgt ca. 20%. Die Prognose der Residuen ist wechselnd, auch bei schweren Verläufen wurden Restitutionen ad integrum nach 6 Monaten bis einem Jahr beschrieben, Defekte sind jedoch häufig. Das rasche Verschwinden der Hautveränderungen und die Besserung der neurologischen Symptomatik auf eine mittelhohe Cortisonbehandlung sprechen für die Richtigkeit der Diagnose. Fälle wie der vorliegende müssen letztlich bezüglich einer definitiven diagnostischen Einordnung doch mit einem Fragezeichen versehen bleiben.

Zusammenfassend kann dennoch aus dem beschriebenen Fall der Schluß gezogen werden, daß bei Encephalitis und Exanthem die Abklärung der dermatologischen Situation dringlich ist, da aus dem Befund wertvolle Konsequenzen für die weitere neurologische Diagnostik und Therapie abgeleitet werden können.

Literatur

1. Lüthy R, Siegenthaler W (1984) Differentialdiagnose febriler Zustände mit meningitischen Symptomen. In: Siegenthaler W (Hrsg) Differentialdiagnose innerer Krankheiten. Thieme, Stuttgart New York, S 41
2. Juel-Jensen BE, Phuapradit P (1987) Bacterial meningitis. In: Weatherall DJ, Ledingham JGG, Warrell DA (eds) Oxford Textbook of Medicine, 2nd ed. Oxford University Press, Oxford, pp 128
3. Warrell DA, Matthews WB (1987) Acute viral infections of the central nervous system. In: Weatherall DJ, Ledingham JGG, Warrell DA (eds) Oxford Textbook of Medicine, 2nd edn. Oxford University Press, Oxford, pp 145
4. Gentilini M, Duflo B (1986) Arboviroses et Viroses apparentées. Medicine Tropicale, 4. edn. Flammarion Medecine-Sciences, Paris, pp 392
5. Manson-Bahr PEC, Bell DE (1987) Rickettsial (typhus) fevers. In: Manson's tropical diseases. Balliere Tindall, London, p 194
6. Jellinger K (1981) Entmarkungsenzephalomyelitiden. In: Holzner JH (Hrsg) Arbeitsbuch Pathologie, 3. Aufl, Bd 2. Urban-Schwarzenberg, Wien, S 392
7. Katz M, Plotkin SA (1977) Parainfectious encephalopathies. In: Goldensohn ES, Appel SH (eds) Scientific approaches to clinical neurology. Lea & Febiger, Philadelphia, p 28
8. Antel JP, Arnason BGW (1987) Acute disseminated encephalomyelitis. In: Braunwald E, Isselbacher KJ et al. (eds) Harrisons principle of internal medicine. McGraw-Hill, New York, p 1999
9. Johnson RT et al. (1984) Measles encephalomyelitis: clinical and immunological studies. New York J Med 310: 137—141

Korrespondenz: Doz. Dr. A. N. Laggner, I. Medizinische Universitätsklinik, Lazarettgasse 14, A-1090 Wien, Österreich.

Bakterielle Meningitis

G. Diridl, V. Lenhart, E. Jeschko, F. Thaller und **H. Pichler**

Infektionsabteilung, Kaiser-Franz-Josef-Spital, Wien, Österreich

Die bakterielle Meningitis stellt eine akut lebensbedrohliche Erkrankung dar, die den Kliniker zwingt, sofort diagnostische und therapeutische Maßnahmen zu setzen. Jede zeitliche Verzögerung kann zu schweren psychischen oder physischen Folgezuständen oder gar zum Tod des Patienten führen. Wie auch in anderen Bereichen der Intensivmedizin empfiehlt sich hier ein weitgehend schematisiertes Vorgehen. Erste Maßnahmen bei Verdacht auf Meningitis ist die Untersuchung des Liquors und die Zuordnung des Befundes als eindeutig eitrige Meningitis oder als sog. seröses Liquor-Syndrom (Liquor klar, geringe Pleozytose). Im Falle einer eitrigen Meningitis sind zunächst sämtliche Asservate für mikrobiologisch-diagnostische Untersuchungen (Liquor, Blut, evt. Harn) zu sicher. Dann muß in Unkenntnis des Erregers eine empirische Chemotherapie begonnen werden. Zwischen Lumbalpunktion und Therapiebeginn sollte nicht mehr als eine halbe Stunde vergehen. Hinter einem serösen Liquorsyndrom können sowohl behandelbare wie nicht behandelbare Erkrankungen verbergen (Tabelle 1). In dieser Situation wird man danach trachten, durch anamnestische Angaben, klinische und mikrobiologische Befunde antimikrobiell behandelbare Infektionen zu erfassen.

Anamnese und epidemiologische Hinweise. Eine kurze Anamnese mit rascher Bewußtseinseinschränkung ist charakteristisch für eine bakterielle Meningitis, während eine längere Anamnese, nicht selten mit doppelgipfeligem Verlauf für eine virale Genese spricht. Aus dem Alter des Patienten lassen sich wichtige Hinweise auf den vermutlichen Erreger ableiten (Tabelle 2) und damit werden bereits die therapeutischen Entscheidungen vorbestimmt. Das Erregerspektrum beim Neugebo-

Tabelle 1. Seröse Meningitis: Indikationen für eine Chemotherapie

Frühphase einer eitrigen Meningitis
Anbehandelte bakterielle Meningitis
Parameningeale Abszesse
Cerebrale Embolien bei bakterieller Endokarditis
Tuberkulöse Meningitis
Pilzmeningitis
Amöbenmeningitis
Meningitis im Rahmen der Lues
Borreliose
Herpes Simplex-Enzephalitis

renen umfaßt Enterobacteriaceae, Listerien und Streptokokken der Gruppe B. Im Alter unter 6 Jahren überwiegen Hämophilus influenzae-Infektionen, die in höheren Altersgruppen die Ausnahme darstellen. Beim Erwachsenen liegen zumeist Pneumokokken- und Meningokokkenmeningitiden vor. Gänzlich anders sieht das Erregerspektrum bei Meningitiden nach Schädel-Hirntraumen oder nach neurochirurgischen Eingriffen aus. Hier kommen Staphylokokken und insbesondere bei nosokomialen Infektionen Enterobakterien und Pseudomonaden vor. Patienten mit alten Schädelfrakturen, mit oder ohne Liquorfisteln und Milzexstirpierte neigen zu Pneumokokkeninfektionen. Pneumokokken sind auch die häufigsten Erreger bei Patienten mit chronischen Sinusitiden und Otitiden. Ein petechiales Exanthem, oft auch nur diskret, findet sich bei Meningokokkenmeningitiden, kann aber auch im Rahmen von viralen Infektionen und bei Leptospirose vorkommen.

Unspezifische Entzündungsparameter. Eine Liquorpleozytose von mehr als 5000 Drittelzellen bei Überwiegen von polymorphkernigen Elementen spricht in der Regel für eine bakterielle Genese. Insbesondere bei Mumpsmeningitis sind jedoch hohe Zellzahlen initial keine Seltenheit. Andererseits kann bei Pneumokokkenmeningitis die Pleozytose fehlen, obwohl massenhaft Bakterien im Liquor vorhanden sind (prognostisch ungünstig!). Ein relativ zum Blutzucker erniedrigter Liquorglucosewert spricht für bakterielle, tuberkulöse oder Pilzmeningitis, auch ein Liquoreiweißwert von mehr als 150 mg/dl läßt keine nähere Differenzierung zu. Ein niedriges Liquorchlorid (< 110 mval/l) galt lange als Hinweis für eine tuberkulöse Meningitis, dürfte aber

Tabelle 2. Empirische Initialtherapie bei bakterieller Meningitis

Alter	Häufigste Erreger	Therapie der Wahl	Alternative
Neugeborene	E. coli, Streptokokken Gruppe B, Listeria monocytogenes	Ampicillin 200 mg/kg KG/die + Cefotaxim/Ceftriaxon 100 mg/kg KG/die	
2 Monate bis 10 Jahre	Haemophilus influenzae, Pneumokokken, Meningokokken	Cefotaxim/Ceftriaxon 100 mg/kg KG/die	Ampicillin + Chloramphenicol 100 mg/kg KG/die
10 Jahre ohne Risikofaktoren	Pneumokokken, Meningokokken	Penicillin G 2 × 10 Mega E/die	Cefotaxim/Ceftriaxon Chloramphenicol (max. 4,0/die)
10 Jahre mit Risikofaktoren[a]	Pneumokokken, Enterobakterien, Listerien	Ampicillin + Cefotaxim/Ceftriaxon	Chloramphenicol und Aminoglykosid

[a] Immunsuppression, Alkoholismus, Alter

lediglich Ausdruck einer dabei nicht selten beobachteten inadäquaten ADH-Sekretion sein. Hohe Liquorlaktatwerte sprechen für eine eitrige Meningitis, während CrP-Werte aus dem Liquor nicht aussagekräftig sind. CrP-Werte im Serum sind bei bakterieller Meningitis nahezu immer erhöht (Clark [2]). Im eigenen Krankengut sahen wir allerdings auch bei Herpeszephalitiden hohe CrP-Werte im Serum, die uns mit der durch die cerebralen Nekrosen ausgelösten Entzündungsreaktion erklärbar erscheint.

Bildgebende Verfahren

Bildgebende Verfahren haben in der Diagnostik einer bakteriellen Meningitis nur einen beschränkten Stellenwert. Keinesfalls sollte dadurch eine Lumbalpunktion bzw. die Einleitung einer Antibiotikatherapie verzögert werden. Computertomographie und Kernspintomographie sind erst in zweiter Linie zur Abklärung fokaler Symptome indiziert, wie sie durch parameningeale Prozesse (subduraler oder epiduraler Abszeß, rindennahe Hirnabszesse) auftreten. Darüber hinaus erlauben sie eine Beurteilung der Nebenhöhlen bzw. des Mittelohrs als Ausgangspunkt der Meningitis.

Mikrobiologisch-diagnostische Methoden

Gramfärbung. In 80—90% der später kulturell verifizierten bakteriellen Meningitiden lassen sich die Erreger im Grampräparat nachweisen. Damit zeigt diese Untersuchung — in der Hand des Erfahrenen — die höchste Sensitivität und Spezifität aller Schnellmethoden. Auch eine so zeitintensive und materiell aufwendige Untersuchung wie die Gegenstromelektrophorese bringt keine besseren Ergebnisse. Wegen der einfachen Durchführbarkeit und ihrer hohen Aussagekraft genießt die Gramfärbung unbedingte Priorität. Der Liquor wird dazu zentrifugiert, das Sediment ausgestrichen und gefärbt.

Antigennachweis. Die hohe Aussagekraft der Gramfärbung sinkt bei mit Antibiotika vorbehandelten Patienten auf 60% und darunter. Deshalb hat man Tests zum Nachweis bakterieller Antigene entwickelt. Als echte Schnelltests (Ergebnis innerhalb von wenigen Minuten) stehen diverse Latexagglutinationstests zur Verfügung, als Alternative für entsprechend ausgerüstete Laboratorien bietet sich die Gegenstromelektrophorese an (Ergebnis erst nach mehreren Stunden). Entsprechende ELISA-kits sind noch in Erprobung. Eine große Schwierigkeit in der Interpretation dieser Tests besteht darin, daß sie nicht alle Serotypen der jeweiligen Bakterienstämme erfassen. So gibt es zum Beispiel keine Nachweismöglichkeit für Meningokokken der Gruppe B, die für etwa 50% der Erkrankungen verantwortlich sind (Kaplan [6]). Auch werden nicht alle Serotypen von Pneumokokken erfaßt. Dadurch hat ein negatives Testergebnis nahezu keinen Aussagewert. Die Beurteilung der Agglutination im Latextest kann in Grenzfällen schwierig sein. Unspezifische Reaktionen müssen durch Erhitzen der Probe verhindert werden. Der praktisch-klinische Wert der Antigennachweismethoden in ihrer heutigen Form ist anfänglich sicherlich überschätzt worden.

Liquorkultur: Sie ist der goldene Standard in der Diagnostik der eitrigen Meningitis. Neben der exakten ätiologischen Diagnose im Einzelfall bietet sich die Möglichkeit der Resistenzbestimmung des einzelnen Erregers und gegebenenfalls der Therapieanpassung, sowie der Erhebung der allgemeinen Resistenzsituation, womit eine ständige Aktualisierung der empirischen Therapie erfolgen kann.

Blutkultur: Diese sollte in jedem Fall von bakterieller Meningitis ebenfalls durchgeführt werden, da der Erreger immer wieder einmal im Blut, nicht jedoch im Liquor nachgewiesen werden kann.

Weitere Tests: Eine Reihe anderer Tests steht für spezielle Situationen zur Verfügung. So kann der Nachweis von Endotoxin durch den Limuluslysattest bei der Diagnostik gramnegativer Meningitiden nach neurochirurgischen Eingriffen besonders hilfreich sein. In dieser Situation ist ja infolge der durch die Operation bedingten Entzündungsreaktion die Diagnostik der Infektion erheblich erschwert. Weitere Tests dienen zum Nachweis einer tuberkulösen Meningitis (Ziehl-Neelson-Färbung, Kultur, evt. neuere Antigennachweismethoden, Einsatz von Gensonden), Kryptokokkose (Tuschepräparat) oder einer Amöbenmeningitis (Haidenhein-Färbung) (McGee [10]).

Komplikationen

Zahlen über Häufigkeit von Komplikationen und bleibenden Defekten stammen fast ausschließlich aus der pädiatrischen Literatur. In einer prospektiven Studie an 124 Kindern hatten 38,7% neurologische Defizite bei der Entlassung und 8,1% bei einer Nachuntersuchung nach 2 Jahren (Feigin [4]).

Bei Meningokokkenmeningitis sind neurologische Komplikationen selten. Paresen der Hirnnerven VI und VII können ein- oder beidseitig, früh oder spät im Verlauf auftreten und bilden sich nahezu immer zurück (Weinstein [14]). Die häufiger auftretende Taubheit (in der oben zitierten pädiatrischen Studie mit 11% angegeben) ist im Gegensatz dazu meist irreversibel (Weinstein [14]). Die wichtigste nicht neurologische Komplikation der Meningokokkenmeningitis ist die durch Endotoxin ausgelöste Verbrauchskoagulopathie. Als Maximalvariante mit hoher Letalität ist das Waterhouse-Friedrichsen-Syndrom im Rahmen einer akuten fulminanten Meningokokkeninfektion bekannt. Dabei sind die Meningen häufig (noch) nicht oder gering entzündlich infiltriert. Im Verlauf von Meningokokkenmeningitiden kann es aufgrund von immunologischen Reaktionen zu fieberhaften Arthritiden (im Gegensatz zur septischen Gonokokkenarthritis ist die Synovialflüssigkeit steril) und zu Perikarditis kommen. Rezidivierende Meningokokkenmeningitiden sind äußerst selten. Die Letalität der Erkrankung wird mit 10—20% angegeben (Bolan [1]).

Im Gegensatz zu Patienten mit Meningitis anderer Ätiologie, sind Patienten mit Pneumokokkenmeningitis meist komatös und neigen zu Krämpfen. Der komatöse Zustand und das Fieber dauern trotz Therapie länger an. Häufiger als bei anderen Meningitiden kommt es zur Entwicklung subduraler Empyeme, Sinusthrombosen, Ventrikulitis und Hydrozephalus. Die Letalität liegt mit 20—40% deutlich über der anderer Meningitisformen (Bolan [1]). In der oben zitierten Studie erlitten 23% der Kinder im Verlauf einer Pneumokokkenmeningitis einen Hörsturz. Ein weiteres Merkmal dieser Erkrankung ist die Neigung zum Rezidiv. Dabei spielen Liquorfisteln, chronische HNO-Infekte und Osteomyelitiden der Schädelbasis eine Rolle (McGee [10]). Kinder mit Hämophilus influenza-Meningitis erleiden gelegentlich in den ersten Tagen einen Hörsturz und im weiteren Verlauf nicht selten subdurale sterile Effusionen. Auch Sinusthrombosen sind bei dieser Form der Meningitis häufiger (Weinstein [14]).

Therapie

Die Auswahl des Antibiotikums zur empirischen Initialtherapie hat sich nach dem vermutlichen Erregerspektrum zu richten (Tabelle 2).

Prinzipiell werden in der Therapie der bakteriellen Meningitis β-Laktame bevorzugt, da sie nebenwirkungsarm sind und daher hoch dosiert werden können. Allerdings sollten nur solche Substanzen verwendet werden, deren Wirksamkeit bei Meningitis in klinischen Studien nachgewiesen ist. Es soll hier ausdrücklich davor gewarnt werden, eine Substanz aufgrund vergleichbarer in vitro-Daten zur Behandlung einer bakteriellen Meningitis heranzuziehen. So hat sich zum Beispiel Cefomandol, das in vitro sehr gute Wirksamkeit zeigt, in vivo als nicht ausreichend wirksam erwiesen (Cherubin [3]). Aus Studien von McCracken ist bekannt, daß eine Wirksamkeit eines Chemotherapeutikum zu erwarten ist, wenn die erreichten Liquorspiegel zumindest das 8fache der mittleren Hemmkonzentration des Erregers betragen (McCracken [9]).

Beim immunkompetenten Erwachsenen mit nicht im Krankenhaus erworbener Meningitis ist eine hochdosierte Therapie mit Penicillin G für 7—10 Tage bei Meningokokkenmeningitis bzw. 14 Tage bei Pneumokokkenmeningitis die Therapie der Wahl. Beim Erwachsenen mit Risikofaktoren wie Immunsuppression, Alkoholismus und hohes Alter sowie beim Neugeborenen muß mit Listerien und Enterobacteriaceae gerechnet und eine Kombination von Ampicillin und Cefotaxim bzw. Ceftriaxon gewählt werden. Etwa 5—7% der Hämophilus influenza-Stämme sind in Österreich resistent gegen Aminopenicilline (Machka [8]), in den USA werden bis zu 25% angegeben (McGee [10]). Deshalb werden Cefotaxim bzw. Ceftriaxon für die Initialtherapie der Meningitis im Kleinkindesalter empfohlen. Ist nach

Tabelle 3. Erregerspezifische Therapie der bakteriellen Meningitis

	Therapie der Wahl	Alternative
Pneumokokken	Penicillin G (2 × 10 Mega E/die)	Cefotaxim/Ceftriaxon oder Chloramphenicol
Meningokokken	Penicillin G	
H. influenzae		
β-Laktamase −	Ampicillin 200 mg/kg KG/die	Cefotaxim/Ceftriaxon
β-Laktamase +	Cefotaxim/Ceftriaxon	Chloramphenicol 100 mg/kg KG/die (max. 4,0/die)
Listeria monocyt.	Ampicillin 200 mg/kg KG/die	TMP/SMZ Chloramphenicol

einigen Tagen der Erreger und seine Empfindlichkeit bekannt, kann die initiale Therapie entsprechend adaptiert und auf das Mittel der Wahl umgesetzt werden (Tabelle 3).

Pseudomonas- und Staphylokokkeninfektionen. Zur Behandlung von Pseudomonasinfektionen des ZNS eignen sich Substanzen wie Ceftazidim, Piperacillin, Ticarcillin und evt. Fosfomycin in Kombination mit hohen Dosen von Aminoglykosiden (5 mg/kg KG Gentamycin bzw. Tobramycin oder 15 mg/kg KG Amikacin täglich), deren Serumspiegel laufend zu überwachen sind. Die hervorragende Aktivität dieser neueren Antibiotika hat die intrathekale Applikation von Aminoglykosiden überflüssig werden lassen, zumal der Nutzen dieser Therapieform niemals in einer kontrollierten Studie nachgewiesen wurde. Kaiser und McGee konnten zwar hohe Aminoglykosidspiegel im lumbalen Liquor nach intrathekaler Gabe nachweisen (Kaiser [5]), wegen des unindirektionalen Flusses des Liquors gelangt nur wenig Antibiotikum in die Ventrikel. Systemisch verabreichte Aminoglycoside gelangen so gut wie nicht in den Liquorraum und dienen vor allem zur Therapie extracerebraler Manifestationen. Bei 70% der Patienten liegt gleichzeitig eine Bakteriämie vor (McGee [10]). Ist der Pseudomonasstamm von vornherein resistent gegen Cephalosporine, wird er unter Therapie resistent oder zeigt sich kein klinischer Erfolg, so ist eine intraventrikuläre Verabreichung via Shunts bzw. entsprechende implantierbare Reservoirs effektiver als eine lumbale intrathekale Applikation. Die empfohlene Dosis beträgt 10 mg Gentamycin bzw. Tobramycin oder 20—30 mg Amikacin täglich (Raha [12]). Liegt ein Hydrocephalus vor, muß die Dosis dem vergrößerten Volumen angepaßt werden (0,1 mg Gentamycin bzw. Tobramycin oder 0,3 mg Amikacin pro ml Liquor). Zusätzlich sollten die intraventrikulären Aminoglykosidspiegel alle 2—3 Tage bestimmt werden. Die Talspiegel sollten 2—10 mg/l betragen (McGee [10]). Besteht nach einem Schädelhirntrauma oder nach neurochirurgischen Operationen die Möglichkeit einer Staphylokokkenmeningitis, so muß dem durch Kombination mit einem Staphylokokkenpenicillin (z. B. Flucloxacillin) Rechnung getragen werden. Besteht die Möglichkeit einer Infektion mit einem methicilinresistenten Staphylococcus aureus, ist Vancomycin 2 g/d beim Nierengesunden das Mittel der Wahl (Raha [12]). Die Liquorgängigkeit von Vancomycin bei entzündeten Meningen beträgt etwa 10—20% der Serumwerte.

Shuntinfektionen. Etwa 10—30% der Patienten mit ventrikuloatrialem oder ventrikuloperitonealem Shunt entwickeln eine Meningitis. Die häufigsten Erreger sind Staphyloccocus epidermidis (mehr als 50%), Staphylococcus aureus, Propinbacterium acnis, gramnegative Stäbchen und Enterokokken. Da in einem hohen Prozentsatz mit Methicillinresistenz von Staphylococcus epidermidis gerechnet werden muß, empfiehlt sich eine kombinierte systemische und intraventrikuläre Gabe von Vancomycin und Aminoglykosiden, eventuell ergänzt durch Rifampicin systemisch (McGee [10]). Die sofortige Entfernung des Shunts wird von vielen gefordert, ist aber zumindest bei Infektionen durch Staphylococcus epidermidis und bei mildem klinischen Verlauf nicht in jedem Fall erforderlich.

Während im Tierversuch Hinweise auf einen günstigen Effekt einer Gabe von Corticoiden auf die Überlebensrate gezeigt werden konnte (Scheld [13]), gelang dies in menschlichen Studien nicht überzeugend und kann daher nicht empfohlen werden. In einer Studie an 200 Kindern mit überwiegend Hämophilusmeningitis zeigte sich ein signifikanter Unterschied auf Gehörschäden (Lebel [7]). Lediglich 3,3% der mit Dexamethason behandelten Kinder erlitten einen Hörsturz gegenüber 15,5% in der Placebogruppe (Lebel [7]). Die Langzeitergebnisse dieser Studie liegen noch nicht vor.

Neben der Überwachung von Kreislauf und Atmung (Atemlähmung!), verdient der Flüssigkeitshaushalt des Meningitispatienten besondere Beachtung. Durch inadäquate ADH-Sekretion kann es zur Retention größerer Flüssigkeitsmengen mit der Gefahr des Hirnödems kommen. Eine intrakranielle Druckmessung ist im allgemeinen bei der nicht posttraumatischen bakteriellen Meningitis nicht erforderlich. Dennoch ist eine kontinuierliche Fahndung nach Zunahme des Hirndrucks erforderlich und gegebenenfalls sind enstprechende Gegenmaßnahmen einzuleiten (Mannit, Furosemid, kontrollierte Beatmung). Krampfanfälle in den ersten Tagen einer Meningitis sind nicht selten, zum Teil auch als Folge der Gabe von Penicillinen und meist durch kurzfristige oder permanente Zufuhr von Tranquillantien zu beherrschen. Krämpfe können aber auch Fokalzeichen sein und sollten daher immer zu einer Computertomographie Anlaß geben.

Eigene Erfahrungen

Von Januar 1981 bis Juni 1989 wurden 58 Patienten (29 Männer und 29 Frauen) im Alter von 14—77 Jahren (Durchschnittsalter 42 Jahre) wegen bakterieller Meningitis behandelt. Die Anamnesedauer betrug bei 26 Patienten weniger als 24 Stunden, bei 17 weniger als 48 Stunden, bei 8 Patienten mehr als 2 Tage und bei 7 Patienten mehr als 3 Tage. 22 waren bei der Erstuntersuchung komatös, die übrigen tief somnolent bis stuporös. Fokalzeichen bestanden bei zwei Patienten. Die Ätiologie wurde als ausreichend gesichert angenommen, wenn der Erreger entweder aus Liquor und/oder Blut kultiviert wurde oder wenn der Latexagglutinationstest positiv war und zusätzlich in der Gramfärbung der entsprechende Erreger nachgewiesen werden konnte. Der Wert der einzelnen Methoden zur ätiologischen Diagnose ist in Tabelle 4 angegeben. In 48 von 58 (83%) bakteriellen Meningitiden gelang die ätiologische Abklärung. Pneumokokken konnten in 16 Fällen in der Liquorkultur, bei 2 Patienten in Liquor- und Blutkultur, bei 3 Patienten nur in der Blutkultur isoliert werden. Bei 5 Patienten wurde die Diagnose durch Gramfärbung und Latexagglutinationstest gestellt. Der Nachweis einer Meningokokkenmeningitis erfolgte bei 7 Patienten kulturell aus dem Liquor, bei 5 Patienten aus Gramfärbung und Latextest. Interessanterweise war keine der bei allerdings nur 5 Patienten mit Meningokokkenmeningitis durchgeführten Blutkulturen positiv. Auch waren nur 2 von 12 Rachenabstrichen positiv. Alle übrigen Erreger wurden kulturell nachgewiesen. Bei einer Patientin, die zusätzlich einen Harnwegsinfekt mit E. coli und Enterokokken hatte, wuchsen in der Liquorkultur E. coli und in der Blutkultur Enterokokken. Insgesamt waren 12 Patienten mit Antibiotika vorbehandelt. Von den 10 Patienten, bei denen eine ätiologische Diagnose nicht gelang, waren 8 mit Antibiotika vorbehandelt. Bei je 2 Patienten bestand aufgrund der Gramfärbung der Verdacht auf Pneumokokken- bzw. Meningokokkenmeningitis. Bei 3 weiteren Patienten zeigte der Latextest auf Pneumokokken eine Agglutination. Bei 4 Patienten konnte trotz Antibiotikavorbehandlung ein Erreger kulturell identifiziert werden. Den beschränkten Wert des Latexagglutinationstests zeigte der Fall einer Patientin, bei der der Latextest eine Agglutination mit Meningokokken ergab, in der Blutkultur wie auch in der Liquorkultur Pneumokokken wuchsen. Alter, Grundkrankheiten und Therapieergebnisse zeigt Tabelle 5. Bei vielen unserer Patienten fanden sich die typischen Vor- und Grundkrankheiten (vgl. oben). Auffällig ist das Fehlen von Grundkrankheiten bei Meningokokkenmeningitiden, was deren Charakter einer epidemischen Infektionskrankheit unterstreicht. Entsprechend der Funktion unserer Ab-

Tabelle 4. Wert diagnostischer Methoden bei 48 Patienten mit ätiologisch geklärter bakterieller Meningitis (positive/Anzahl durchgeführter Untersuchungen)

Erreger	Anzahl d. Patienten	Gram-Präparat	Latex-test	Liquor Kutlur	Blutkultur	Rachen-abstrich
Pneumokokken	26	20/24	7/9	18/25	5/16	6/23
Meningokokken	12	8/12	5/5	7/10	0/5	2/12
Streptokokken Gruppe B	3	3/3	—	1/2	2/2	0/0
Vergrünende Streptokokken	2	0/2	—	1/2	2/2	0/1
E. coli	2	2/2	—	2/2	0/2	2/2
H. influenzae	1	0/1	—	1/1	0/0	0/1
Listeria monocyt.	1	0/0	—	1/1	0/1	0/0
Staphyloc. aureus	1	1/1	—	1/1	0/0	0/0
Gesamt	48	42/45	12/14	32/44	9/28	8/39

Tabelle 5. Ätiologie, Grund- und Vorerkrankungen und Therapieergebnisse bei 58 Patienten mit bakterieller Meningitis

Erreger	Anzahl der Patienten	Alter (x)	Grund- und Vorerkrankungen	Todesfälle (%)	Komplikationen Folgeschäden
Pneumokokken	26	19—79 (43)	chron. HNO-Infekte 7 × alte Schädelfraktur 6 × rezidiv. Meningitis 3 × Diabetes mellitus 3 × St. p. Splenektomie 2 × subdurale Hämatom 1 ×	4 (16)	Innenohrschwerhörigkeit 2 ×
Meningokokken	12	14—67 (34)	chron. Alkoholismus 1 ×	1 (8,3)	Erythema nodosum 3 × Immunokomplexarthritis 1 ×
Streptokokken Gruppe B	3	28—74 (45)	kongenitaler Microcephalus 2 × Otitis media recid. 2 ×	1	
Vergrünende Streptokokken	2	60, 74	Diabetes mellitus 1 × Endokratitis lenta 1 ×	1	Halbseitenschwäche 1 ×
E. coli	2	53, 69	Cirrhosis hepatis 2 × Harnwegsinfektion 1 ×	1	—
H. influenzae	1	60	—	0	—
Listeria monocyt.	1	62	Cirrhosis hepatis Paraproteinämie	1	—
Staphyloc. aureus	1	16	St. p. Op. eines Analabszesses	0	—
Ungeklärte Ätiologie	9	17 (43)	St. p. Spelenektomie 1 × St. p. Myelographie 1 ×	0	Parese d. N. abducens 1 × sibduraler Abszeß 1 ×

teilung setzt sich unserer Krankengut nahezu ausschließlich aus nicht im Krankenhaus erworbenen Meningitisfällen zusammen. Umso bemerkenswerter ist es, daß in 2 Patienten eine Meningitis durch E. coli vorlag. In beiden Fällen handelte es sich um ältere chronische Alkoholiker mit Leberzirrhose. Bemerkenswert ist auch der Fall eines 16jährigen Jungen, der 2 Wochen nach Operation eines Analabszesses mit den Zeichen einer Meningitis aufgenommen wurde. In Gramfärbung und Liquorkultur fanden sich Staphylococcus aureus. Bei 2 Patientinnen mit Meningitis durch Streptokokken der Gruppe B, die üblicherweise im weiblichen Genitaltrakt vorkommen und beim Neugeborenen Meningitiserreger sind, bestand eine kongenitale Mikrozephalie. Eine 60jährige Frau bot bei der Aufnahme einen Status febrilis, Herzgeräusche im Sinne eines kombinierten Aortenvitiums und eine meningitische Symptomatik mit Fokalzeichen (Parese des rechten Armes, zentrale Facialisparese und motorische Aphasie). Der Liquor zeigte 3000 Drittelzellen, fast ausschließlich polymorphkernige Zellen. Die Liquorkultur blieb steril, in der Blutkultur wuchs Streptococcus sanguis. Im Rahmen einer Endokarditis lenta war es aufgrund einer septischen Embolie zur Entwicklung eines rindennahen Hirnabszesses gekommen. Nur 300 Drittelzellen zeigte der Liquor eines 21jährigen Mannes mit Parese des Beines und Aphasie, die durch einen subduralen Abszeß 6 Monate nach einem Schädel-Hirntrauma bedingt waren. Drei Patienten hatten rezidivierende Pneumokokkenmeningitiden. Die Suche nach einer Liquorfistel war in einem Fall erfolgreich und führte zur chirurgischen Sanierung.

44 Patienten wurden initial mit 2 mal 6 g Piperacillin behandelt, 9 mit 4 g Ceftriaxon einmal täglich, 2 Patienten erhielten 2 mal 10 Mio. E Penicillin G und ein Patient wegen Staphylococcus aureus in der Gramfärbung neben Piperacillin 2 mal 4 g Flucloxacillin. Die Verwendung von Piperacillin bzw. Ceftriaxon widerspricht obigen Empfehlungen, erklärt sich aber aus der Durchführung klinischer Prüfungen von Piperacillin und Piperacillin versus Ceftriaxon bei bakterieller Meningitis an unserer Abteilung. 9 von 58 Patienten verstarben. Dies ergibt eine Gesamtletalität von 15,5%. 4 von 25 Patienten mit Pneumokokkenmeningitis (16%) und 1 von 12 Patienten mit Meningokokkenmeningitis (8%) verstarben. Bei diesen wie bei den übrigen Todesfällen (Tabelle 5) handelte es sich um Patienten im Alter von 62 bis 79 Jahren mit schweren Grundkrankheiten. Die Todesfälle ereigneten sich innerhalb von 7 Tagen, in einem Fall 24 Stunden nach

der Aufnahme. In der Gruppe von Patienten, bei denen der Erregernachweis nicht gelang, gab es keinen Todesfall. Im Rahmen einer Pneumokokkenmeningitis kam es bei 2 Patienten zu einer passageren beidseitigen Innenohrschwerhörigkeit, bei einer anderen Patientin ohne nachgewiesenem Erreger zu einer bleibenden Parese des N. abducens. Bei je einer Patientin mit Meningokokkenmeningitis traten eine typische passagere Polyarthritis bzw. ein Erythema nodosum auf. Zu generalisierten Krampfanfällen kam es bei 4 Patienten offensichtlich in Zusammenhang mit der Gabe der Antibiotika.

Postexpositionelle Prophylaxe

Kontaktpersonen von Patienten mit Meningokokken- und Hämophilus influenza-Meningitis haben ein erhöhtes Risiko ebenfalls zu erkranken. Eine postexpositionelle Prophylaxe ist indiziert bei Haushaltsmitgliedern, bei Personen, die in der Woche vor Ausbruch der Erkrankung zumindest 4 Stunden täglich engen Kontakt zum Erkrankten hatten, und für Spitalspersonal, das engen Kontakt zu respiratorischen Sekreten des Patienten hatte (z. B. Reanimation). Eine Prophylaxe bei Hämophilus influenza-Meningitis ist nur sinnvoll,

Tabelle 6. Prophylaxe der bakteriellen Meningitis bei Familienangehörigen

Chemotherapeutikum	Alter	Dosierung
Meningokokken		
Rifampicin	Erwachsener	600 Mg alle 12 Stunden für 2 Tage
	1 Monat—12 Jahre	10 mg/kg KG alle 12 Stunden für 2 Tage
	< 1 Monat	5 mg/kg KG alle 12 Stunden für 2 Tage
H. influenzae		
Rifampicin	Erwachsener	600 mg alle 24 Stunden für 4 Tage
	1 Monat—12 Jahre	10 mg/kg KG (max. 600 mg) alle 24 Stunden für 4 Tage
	< 1 Monat	10 mg/kg KG alle 24 Stunden für 4 Tage

wenn die Gefahr der Übertragung auf ein Kind unter 6 Jahren besteht. Dabei soll nicht übersehen werden, daß Erkrankte auch nach erfolgreicher Antibiotikatherapie Träger von Meningokokken und Haemophilus influenzae sein können. Daher sollte vor Entlassung ein Rachenabstrich gemacht werden und im positiven Fall eine Prophylaxe durchgeführt werden. Die zur Zeit gültigen Empfehlungen sind in Tabelle 6 wiedergegeben (McGee [10]). Nach neueren Untersuchungen sind für Erwachsene die Gyrasehemmer eine erfolgversprechende Alternative (Pugsley [11]).

Literatur

1. Bolan G, Barza M (1985) Acute bacterial meningitis in children and adults. Med Clin N Amer 69: 231—241
2. Clark D, Cost K (1983) Use of suerm C-reactive protein in differentating septic from aseptic meningitis in children. J Pediatr 102: 718—728
3. Cherubin CE, Eng RHK, Norrby R et al. (1989) Penetration of newer cephalosporins into cerebrospinal fluid. Rev Inf Dis 11: 526—548
4. Feigin RD, Stechenberg BW, Chang MJ (1976) Prospective evaluation of treatment of Haemophilus influenzae meningitis. J Pediatr 88: 542—551
5. Kaiser AB, McGee ZA (1975) Aminoglycoside therapy of the gramnegative bacillary meningitis. N Engl J Med 293: 1215—1222
6. Kaplan SL, Feigin RD (1985) Clinical presentative, prognostic factors and diagnosis of bacterial meningitis. In: Sande MA, Smith AL, Root RK (eds) Bacterial meningitis. Churchill Livingstone, New York, pp 83—94
7. Lebel MH, Freiji BJ, Syrogiannopoulos GA et al. (1988) Desamethason therapy for bacterial meningitis. Results of two double blind, placebo-controlled trials. N Engl J Med 319: 964—971
8. Machka K, Braveny I, Dabernat H et al. (1988) Distribution and resistance patterns of Haemophilus influenzae: a european cooperative study. Eur J Clin Microbiol Infect Dis 7: 14—24
9. McCracken GH jr (1983) Pharmakokinetic and bacteriological correlations between antimicrobial therapy of experimental meningitis in rabbits and meningitis in humans: a review. J Antimicrobial Chemoth 12 [Suppl D]: 97—108
10. McGee ZA, Baringer JR (1990) Acute Meningitis. In: Mandell GL, Douglas RG, Bennett JE (eds) Principles and practice of infectious diseases. Churchill Livingstone, New York, pp 741—755
11. Pugsley MP, Dworzak DI, Horowitz EA et al. (1987) Efficacy of Ciprofloxacin in treatment of nasopharnygeal carriers of Neisseria meningitidis. J Inf Dis 156: 211—213
12. Rahal JJ (1985) Therapy of gramnegative bacillary meningitis in adults. In: Sande MA, Smith AL, Root RK (eds) Bacterial meningitis. Churchill Livingstone, New York, pp 193—201

13. Scheld WM (1985) Pathogenesis and pathophysiology of pneumococcal meningitis. In: Sande MA, Smith AL, Root RK (eds) Bacterial meningitis. Churchill Livingstone, New York, pp 37—69
14. Weinstein L (1985) Bacterial meningitis. Med Clin N Amer 69: 219—229

Korrespondenz: Dr. G. Diridl, Infektionsabteilung, Kaiser-Franz-Josef-Spital, Kundratstraße 3, A-1100 Wien, Österreich.

Intensivmedizinische Probleme in der Behandlung des Guillain-Barré-Syndromes

W. Druml, M. Lechner, G. Grimm, A. N. Laggner, K. Lenz und **B. Schneeweiß**

I. Medizinische Universitätsklinik, Wien, Österreich

Patienten mit einem Guillain-Barré-Syndrom werden üblicherweise wegen drohender bzw. schon bestehender Ateminsuffizienz an Intensivstationen aufgenommen. Die intensivmedizinischen Probleme, die sich bei diesen Patienten stellen, können jedoch weit über die heute als etabliertes intensivmedizinisches Behandlungsverfahren geltende Plasmapherese (in Form der Membranplasmaseparation) bzw. die Respiratortherapie hinausreichen. In der vorliegenden Übersicht sollen die über die Diagnostik und spezifische neurologische Therapiemaßnahmen hinausgehenden intensivmedizinischen Probleme bei Patienten mit Guillain-Barré-Syndrom besprochen werden [1, 2].

Pulmonale Probleme (Tabelle 1)

Die Patienten werden meist wegen drohender bzw. bestehender Ateminsuffizienz Intensivstationen zugewiesen. Tatsächlich beatmungsbedürftig werden etwa 5 bis 15% aller Fälle, das sind etwa 50% der

Tabelle 1. Pulmonale Komplikationen

Atelektasen
Infiltrationen (Bronchopneumonie)
Lobärpneumonie
ARDS
Pleuraempyem
Pneumothorax
Lungenembolie

intensivmedizinisch betreuten Patienten [3]. Kriterien für die Einleitung der Beatmung können der klinische Eindruck des Patienten bzw. objektive Parameter (Vitalkapazität < 12 ml/kg, Absinken des pO_2 < 65 mmHg, Anstieg des pCO_2 > 50 mmHg) bilden [4]. Die Häufigkeit der Aspiration und von pulmonalen Infektionen sollte zu einer eher großzügigen Indikationsstellung zur Intubation Anlaß geben. Die Beatmungsdauer betrug bei unseren Patienten bei akuten Verlaufsformen im Durchschnitt 6 Tage, bei allen chronischen mehr als 30 Tage (ein Patient befindet sich mehr als 250 Tage am Respirator).

Bronchopulmonale Infektionen

Auch bei nichtbeatmeten Patienten kommt es durch eine Verminderung der Vitalkapazität und dem gestörten Hustenreiz zur Atelektasenbildung und/oder durch Aspiration zu bronchopulmonalen Infektionen. Bei beatmeten Patienten kam es offensichtlich schon vor Intubation durch die erwähnte Störung der mucoziliären Clearance zur Keimbesiedlung des Respirationstraktes, sodaß es bei einem Großteil der beatmeten Patienten schon wenige Tage nach der Intubation auch trotz peinlich durchgeführter Bronchialtoilette zum Auftreten von pulmonalen Infiltraten im Sinne einer Bronchopneumonie kommt [4] (im eigenen Krankengut > 80%).

Alle langzeitbeatmeten Fälle (Beatmungsdauer über 30 Tage) in unserem Krankengut wiesen äußerst *therapieresistente* pulmonale Infektionen auf. In einem Fall kam es trotz nach Antibiogramm erfolgter antibiotischer Therapie zum Fortschreiten der Infektion über eine Lobärpneumonie schließlich zum ARDS, das nach 36tägiger Beatmungsdauer zum Tode des Patienten geführt hat. In einem weiteren Fall hat ein schon initial bestehendes Infiltrat die Durchführung der Plasmapheresetherapie verhindert, was möglicherweise zur Chronifizierung des Krankheitsverlaufes beigetragen hat.

Als verantwortliche Keime konnten bei unseren Patienten sowohl grampositive (St. aureus), gramnegative Bakterien (E. coli, Pseudomonas), als auch Pilze nachgewiesen werden.

Pneumothorax

Als Manifestation eines beatmungsbedingten Barotraumas wurde bei Patienten mit Polyradikulitis wiederholt über die Entstehung eines Pneumothorax berichtet. Bei einer von uns behandelten Patientin kam es bei niedrigen Beatmungsdrucken (Spitzendruck 23 mmHg) zu foudroyant entstehenden beidseitigen Spannungspneus, die zum Herz-Kreislaufstillstand führten. Autoptisch wurden bei der später verstorbenen Patientin multiple abszedierte Lungeninfarkte mit Perforation nachgewiesen.

Tracheotomie

Wenn auch moderne Endotrachealtuben mit Niederdruck-Cuffs eine komplikationsfreie Intubation über mehrere Wochen erlauben, so muß bei chronischen Fällen auch in Hinblick auf die Entwöhnungsphase eine Tracheotomie durchgeführt werden. Andererseits wurde eine beträchtliche Komplikationsrate für die Tracheotomie bei Polyradikulitis beschrieben [5, 6].

Entwöhnung vom Respirator

Entwöhnung und Extubation sind bei akut verlaufenden Fällen der Polyradikulitis meist problemlos. Dagegen ist die Entwöhnung bei chronischen Verlaufsformen wegen der sich nur allmählich bessernden Atemfunktion z. T. sehr problematisch. Wiederholte Reintubationen bei Schleimretention, Sedierung, bronchopulmonalen Infekten sind zu erwarten. Augmentierende Beatmungshilfen, wie druckunterstützte Beatmung, SIMV und CPAP-Verfahren erleichtern den Übergang auf die Spontanatmung. Die bei langzeitbeatmeten Patienten notwendige Tracheotomie erleichtert ganz wesentlich die Entwöhnung.

Autonome Störungen

Das Guillain-Barré-Syndrom ist mit einem breiten Spektrum an Störungen des autonomen Nervensystemes assoziiert (Tabelle 2), die auch wesentlich zur Letalität des Kranheitsbildes beitragen [7]. Intensivmedizinisch relevant sind vor allem die Störungen des Herzrhythmus

Tabelle 2. Autonome Störungen

Barorezeptoren: spontane RR-Schwankungen, Orthostase-Reaktion
Phasenhafte Bradykardie/Tachykardie
Gastrointestinale Motilität (Obstipation, Ileus)
Miktionsstörungen
Hyperhidrosis
Hyponatriämie (SIADH?)

(sowohl phasenhafte Bradykardien, als auch tachycardes Vorhofflimmern) und der Blutdruckregulation. Bisweilen krisenhafte Blutdrucksteigerungen werden von eher hypotensiven Phasen abgelöst. Eine anfallsartige Gesichtsrötung, Diaphorese, Tachycardie und Blutdrucksteigerung kann bei mit dem Krankheitsbild nicht vertrauten Ärzten eine beträchtliche differentialdiagnostische Konfusion auslösen.

Thromboembolische Komplikationen

In bis zu 15% der Fälle von Guillain-Barré-Syndrom wurde das Auftreten von Pulmonalembolien beobachtet [4, 8]. Thromboembolische Komplikationen sind als eine der Hauptursachen von Todesfällen anzusehen. Verantwortlich für die erhöhte Thrombosegefährdung ist zum einen die Immobilisierung, zum anderen aber auch die Störung der Muskelpumpe und der Gefäßmotorik. Auch die Einführung einer systematischen Thromboseprophylaxe konnte das Auftreten von Pulmonalembolien nicht vollständig verhindern [4]. Bei der erwähnten Patientin mit den abszendierten Lungeninfarkten hatten venöse und arterielle Thrombosen bestanden, die zur Amputation eines Beines geführt haben.

Störungen des Flüssigkeits- und Elektrolythaushaltes

Vereinzelt wurde über das Auftreten von Hyponatriämien im Rahmen eines Guillain-Barré-Syndrom berichtet [9, 10]. Auch im eigenen Krankengut findet sich ein Fall von ausgeprägter Hyponatriämie. Diese Elektrolytstörung wurde auf ein „syndrome of inappropriate ADH secretion, SIADH“ zurückgeführt [9]. Als Ursache wird jedoch nicht eine primär zentrale Mitbeteilung der Erkrankung, sondern ein sekundäres SIADH bei Störung der autonomen Innervation der Gefäße angesehen [10]. Dies führt über eine Fehlregulation der Volumen- bzw. Osmorezeptoren zu einer gesteigerten ADH-Sekretion.

Bedingt durch die Immobilisierung, kann es bei chronischen Ver-

Tabelle 3. Stoffwechselstörungen

Hyponatriämie
Hyperkalzämie
Eiweißkatabolismus

laufsformen zum Auftreten einer Hyperkalzämie kommen, die bei 3 von 4 unserer Patienten, die länger als 30 Tage beatmet wurden, beobachtet werden konnte [11].

Renale Störungen

Das Guillain-Barré-Syndrom wird heute als parainfektiös bedingte Autoimmunerkrankung angesehen. Bei vielen Fällen lassen sich zirkulierende Immunkomplexe nachweisen. Es ist daher nicht verwunderlich, daß in der Literatur vereinzelt Fälle einer renalen Beteiligung im Sinne einer membranösen Glomerulonephritis mitgeteilt wurden [12, 13]. Im eigenen Krankengut hat sich ebenfalls eine Patientin mit Nierenversagen bei akuter Polyneuritis befunden, bei der zirkulierende Immunkomplexe nachweisbar waren. Im Anschluß an die Plasmapheresetherapie kam es sowohl zur Besserung der neurologischen als auch renalen Symptomatik. Es entwickelte sich ein polyurisches Stadium der Niereninsuffizienz, das weitere Dialysenbehandlungen überflüssig machte.

Ein Nierenversagen kann auch im Rahmen von Komplikationen des Guillain-Barré-Syndrom aufreten. Bei einem Patienten mit Sepsis und ARDS, der schließlich im Multiorganversagen verstorben ist, war ein akutes Nierenversagen zu beobachten.

Tabelle 4. Komplikationen an Niere und ableitenden Harnwegen

Glomerulonephritis
Sekundäres akutes Nierenversagen
Miktionsstörungen
Harnwegsinfekte

Harnwegsinfekte

Störungen der Miktion und die Notwendigkeit der Anlegung von Harnkathetern führen bei einem Großteil der beatmeten Patienten mit Guillain-Barré-Syndrom zu Infektionen der ableitenden Harnwege. Infektionshäufigkeit und die Ausbildung von Urethra-Strikturen kann durch die Verwendung von suprapubischen Blasenkathetern vermindert werden, sodaß diese bei allen jüngeren Männern eingesetzt werden sollten.

Stoffwechsel und Ernährungstherapie

Patienten, die an einem Guillain-Barré-Syndrom leiden, weisen hohe Stickstoffverluste auf. Wie haben tägliche Harnstoffstickstoffausscheidungen bis zu 25 g/Tag beobachtet [1, 14]. Ursachen dieses massiven Eiweißkatabolismus sind neben der Immobilisierung die gestörte Muskelinnervation. Infektiöse Komplikationen verstärken den Eiweißabbau. Eine konsequent durchgeführte Ernährungstherapie kann den Verlust funktioneller Körpermasse vermindern und die Ausbildung einer Malnutrition vermeiden.

Bei fast allen intensivmedizinisch betreuten Fällen ist eine Schluckstörung zu beobachten, die eine künstliche Ernährung notwendig macht. Diese sollte in Form einer enteralen Ernährungstherapie über eine naso-gastrale Sonde erfolgen. Häufig findet sich jedoch beim Guillain-Barré-Syndrom als Folge der autonomen Neuropathie Motilitässtörungen des Gastrointestinaltraktes, die über eine Obstipation bis zum Ileus reichen können [7]. Eine kontinuierliche Sedierung/Analgesierung bei beatmeten Patienten fördert diese Symptome. Vielfach muß daher, zumindest vorübergehend, eine parenterale Ernährungstherapie erfolgen.

Prognose

Die Letalität von Patienten mit Guillain-Barré-Syndrom liegt unter 5% [3, 4, 6, 8]. In beatmungsbedürftigen Fällen wird die Letalität in der Literatur 5 bis 15% angegeben, wobei sich in den letzten Jahren durch die Verbesserung der intensivmedizinischen Überwachung und Betreuung, der Respiratortherapie und die Vermeidung beatmungsbedingter Komplikationen eine deutliche Verbesserung der Prognose ergeben hat [4]. Im eigenen Krankengut sind 2 von 20 Patienten verstorben, in einem Fall an einem Sepsis-bedingtem Multiorganversagen [1]. Eine Patientin verstarb an einer massiven Gerinnungsneigung unbekannter Ursache mit der Ausbildung von Pulmonalembolien und arteriellen Thrombosen.

Schlußbemerkung

Patienten, die an einem Guillain-Barré-Syndrom erkranken, können in bis zu 20% der Fälle eine intensivmedizinischen Betreuung bzw. Überwachung erfordern. Die Intensivtherapie reicht dabei weit über die Plasmapherese und die heute weitgehend perfektionierte Beatmungstherapie hinaus: die Behandlung dieser Patienten erfordert ein therapeutisches Gesamtkonzept, das die Vermeidung und Behandlung von infektiösen und thromboembolischen Komplikationen, Vertrautheit mit einem breiten Spektrum von bisweilen lebensbedrohlichen autonomen Störungen, die Beachtung von Störungen des Elektrolythaushaltes und der Nierenfunktion, eine gezielte Ernährungstherapie, physikalische Therapie und psychologische Betreuung umschließt. Nur eine ganzheitliche Sicht der Behandlung von Patienten mit einem Guillain-Barré-Syndrom wird die Prognose dieser noch immer mit einer signifikanten Letalität verbundenen Erkrankung weiter verbessern helfen.

Literatur

1. Druml W, Lechner M, Grimm G, Laggner AN, Lenz K, Schneeweiß B (1990) Intensivtherapie des Guillain-Barré-Syndrom (in Druck)
2. Moore P, James O (1981) Management of Guillain-Barré-syndrome: incidence, management and outcome of major complications. Crit Care Med 9: 549—555
3. Halls, Bredkjaer C, Friis ML (1988) Guillain-Barré syndrome: diagnostic criteria, clinical course and prognosis. Acta Neurol Scand 78: 118—122
4. Ropper AH, Kehne SM (1985) Guillain-Barré syndrome: management of respiratory failure. Neurology 35: 1662—1665
5. Newsum JK, Smith RM, Croker D (1979) Intubation for acute respiratory failure in Guillain-Barré syndrome. JAMA 242: 1650—1651
6. Gracey DR, McMichan JC, Divertie M, Howard FM (1982) Respiratory failure in Guillain-Barré syndrome: a 6 year experience. Mayo Clin Proc 75: 741—746
7. Lichtenfeld P (1971) Autonomic dysfunction in the Guillain-Barré syndrome. Am J Med 50: 772—780
8. Anderson T, Siden A (1982) A clinical study of the Guillain-Barré syndrome. Acta Neurol Scand 66: 316—327
9. Penney MD, Murphy D, Walters G (1979) Resetting of osmoreceptor response as cause of hyponatremia in acute idiopathic polyneuritis. Brit Med J 4: 1474—1476
10. Posner JB, Ertel NH, Kossmann RJ, Scheinberg LC (1967) Hyponatremia in acute polyneuropathy. Arch Neurol 17: 530—541
11. Ropper AH (1986) Severe acute Guillain-Barré syndrome. Neurology 36: 429—432
12. Froelich CJ, Searles RP, Davis LE, Goodwin JS (1980) A case of Guillain-Barré syndrome with immunologic abnormalities. Ann Int Med 93: 563—565
13. Talamo TS, Borochovitz D (1982) Memranous glomerulonephritis associated with Guillain-Barré syndrome. Am J Clin Pathol 78: 563—566
14. Druml W, Lechner M, Grimm G, Laggner AN, Lenz K, Schneeweiß B (1990) Nutritional therapy of Guillain-Barré syndrome (in press)

Korrespondenz: Doz. Dr. W. Druml, I. Medizinische Universitätsklinik, Lazarettgasse 14, A-1090 Wien, Österreich.

Treatment of the Guillain-Barré Syndrome

R. P. Kleyweg and **F. G. A. van der Meché**

Department of Neurology, University Hospital Rotterdam-Dijkzigt, Rotterdam, The Netherlands

Introduction

The Guillain-Barré syndrome (GBS) is an acute or subacute inflammatory polyneuropathy often occuring after an infection. The acute phase, with declining strength ranges from a few days to, arbitrarily, four weeks. After two weeks 70% of patients reach their maximal deficit, after three weeks 86%. With optimal supportive care about 80% of the patients recover completely; aproximately 15% have, sometimes quite serious, residual signs and symptoms; there is still a mortality of 2–5%. During the course of the disease 10% to 20% require artificial ventilation for some time [1]. These figures warrant a continuing search for effective therapeutics.

In the days of Landry (1859) and Guillain and Barré (1916) "chops and claret", chloroform and opium inhalations, electrical stimulation and vigorous antiseptic treatments with sodium salicilate, quinine and colloidal silver were all tried, with sometimes a "proven" efficicacy. Before discussing more modern therapies something has to be said about pathogenesis.

Pathogenesis

Already in 1877 inflammation of the peripheral nerves is reported in GBS. In 1949 Haymaker and Kernohan argued that local oedema of nerve roots preceded an infiltration of cells. The GBS is then considered to be an allergic reaction. In 1969 Ashbury et al. studied extensively the pathology of the GBS. They emphasized that the pathological hallmark of GBS is mononuclear cell infiltration and segmental demyelination. Both proximal nerve roots and peripheral nerves are involved. In some cases, where inflammation seems to be most intense, axonal degeneration takes place. These findings strongly resemble experimental allergic neuritis (EAN). EAN is therefore considered to be a suitable animal model for GBS. The pathogenesis of EAN is different in different animals. EAN is induced by immunizing the animal with whole peripheral nerve or peripheral nerve myelin. During EAN, both antibodies and cell mediated immunity against P 2, a basic protein present in peripheral nerve, develop. In the rat the principal antigen is P 2 and EAN is a cell mediated disorder. In rabbits, however, EAN is a predominantly humoral mediated disorder directed against galactocerebroside. In man there is evidence that both humoral and cellular immunological mechanisms play a role but evidence that either P 2 or galactocerebroside are involved as antigens are lacking (for review see [2]).

The exact pathogenesis, however, is not yet known. Moreover, there is evidence that several subtypes of GBS may exist. Van der Meché et al. demonstrated that there seem to be different pathophysiological subgroups with a group of patients with lesions scattered over the entire length of the nerve and patients with predominantly distal lesions often accompanied by sensory abnormalities [3].

Corticosteroids

In 1951, when Haymaker and Kernohan had just published a report that oedema of nerve roots was the initial event in the development of pathology, the GBS was considered to be an allergic reaction and corticosteroids were for the first time applied. Since then there are many reports with conflicting results and a constantly changing opinion about the effect of steroids on the GBS; a sceptic approach in the beginning, enthusiasm in the 1960's and again a very sceptic attitude in the 1970's. At least, two trials were performed. In one sixteen patients were randomized to either ACTH or placebo. No immediate improvement occurred in the ACTH treated group. Most patients received treatment after reaching maximal disability. No firm conclusions can be drawn from this study because of the small sample size. In a second trial, forty patients were randomized to either prednisolon or placebo. Again the sample size is small. No beneficial effect of prednisolon was observed; on the contrary, patients with prednisolon probably did less well. These studies settled for several years with corticosteroids (for review see [4]). At present, however, corticosteroid therapy again receives some interest and a clinical trial studying the effect of high dose methylprednisolon has just been set up in England.

Plasma exchange

The first attempt of plasma exchange in a GBS patient is reported by Bretle in 1978. There is a dramatic improvement of strength and functional abilities. Soon more reports followed with often, but not always, impressive improvement after plasma exchange.

In 1984, six years after the first report of Brettle, two small controlled randomised trials were published by Greenwood and Osterman respectively. Both trials have some methodological errors. The impression is that plasma exchange may be beneficial in GBS patients. In the next years two trials followed in which 245 and 220 patients respectively, were randomised to either plasma exchange or no specific treatment [5, 6]. In these studies 200–250 cc of plasma per kg body weight was exchanged in 7 to 14 days.

Important conclusions from these studies were that time to walk independently was shortened with 32 and 41 days respectively.

Mean time of artificial ventilation, if instituted after randomisation, was 9 days in the exchange group and 23 days in the conventional group ($p < 0.05$) in one study [5] whereas time to the beginning of weaning was 18 days in the exchange group whereas 31 days in the conservative group ($p < 0.005$) in the other study [6]. The effect of plasma exchange seems to be most pronounced in patients treated early in the course of their disease.

After these studies a general consensus has been achieved that in patients with a severe GBS plasma exchange is indicated, provided that it can be performed in a specialised centre.

Since routine application of plasma exchange, it has become clear that in about 10% of the patients, after an initial response, a secondary deterioration occurs which responds to a second course of plasma exchange [7]. The disease process in these patients is only temporarily suppressed and presumably lasts somewhat longer then generally assumed. These patients do not develop a chronic relapsing neuropathy. Such treatment related fluctuations are an additional evidence of the beneficial effect of plasma exchange. Plasma exchange, however, has some drawbacks. It is available, and should be performed, only in specialized centres thereby withholding treatment from patients who are not referred to such a centre. There are contraindications and complications (leading to a 10% drop out rate in the largest trial [5]). Furthermore it is a cumbersome procedure for the patient. For these reasons, probably a considerable number of GBS patients might not be treated at all.

High dose immunoglobulins

High dose immunoglobulins intravenously (IgIv) have presently been employed, with success, in a number of immune mediated disorders. The best known is acute idiopathic thrombocytopenic purpara. In chronic inflammatory demyelinating polyneuropathy (CIDP) the beneficial effect of IgIv has also been demonstrated [8, 9].

In a pilot study we treated 8 GBS patients with IgIv at a dose of 0.4 gm per kg body weight per day for five consequtive days [10]. 6 showed a clear response after IgIv. 2 others had widespread axonal damage precluding any response at all. In the end of 1986 we started a multicentre randomised Dutch Guillain Barré trial, comparing IgIv with plasma exchange in 200 GBS patients who are at least not able to walk independently and are randomized within two weeks after onset of their disease. Halfway this study, secondary deterioration after an initial response, occured in 12 out of 100 patients. 7 of them received IgIv and 5 plasma exchange. 2 of these 12 patients needed more then one retreatment and in only 1 the diagnosis had to be changed in CIDP. The observation that treatment related fluctuations also occur after IgIv adds support to our previous observation that IgIv might be beneficial to GBS patients [10]. The mode of action of IgIv is not known. In some disorders where IgIv is used, specific mechanisms such as an antiidiotypic function is present. In others more aspecific effects (blocking of macrophages, interaction with B and T cells) seem to be therapeutic.

Routine clinical application of IgIv should await the final results of the trial which will be available in the near future. IgIv has many practical advantages compared to plasma exchange. It is widely available, easy to adminiser and has proved to be safe especially with regard to possible transmission of HIV and hepatitis. Only allergic reactions to properly matched blood products and, for some preparations, IgA deficiency are contraindications. No serious complications have been described.

IgIv might be a safe and simple alternative for plasma exchange in the near future.

Literatur

1. Arnason BGW (1984) Acute inflammatory demyelinating polyneuropathies. In: Dyck PJ, Thomas PK, Lambert EH, Bunge R (eds) Peripheral neuropathy, 2nd edn. Saunders, Philadelphia, pp 2050—2100
2. Hughes RAC, Winer JB (1984) The Guillain-Barré syndrome. In: Matthews WB, Glaser G (eds) Recent advances in clinical neurology, vol 4. Churchill Livingstone, pp 19—49
3. van der Meché, Meulstee J, Vermeulen M, Kievit A (1988) Patterns of conduction failure in the The Guillain-Barré syndrome. Brain 111: 405—416
4. Hughes RAC, Kadlubowsky M, Hufschmidt A (1981) Treatment of acute inflammatory polyneuropathy. Ann Neurol 9 [Suppl]: 125—133
5. The Guillain-Barré syndrome Study Group (1985) Plasmapheresis and acute Guillain-Barré syndrome. Neurology 35: 1096—1104
6. French Cooperative Group on Plasma Exchange in Guillain-Barré syndrome (1987) Efficiency of plasma exchange in Guillain-Barré syndrome: role of replacement fluids. Ann Neurol 22: 753—761
7. Osterman PO, Fagius J, Safenberg J, Wikstrom B (1988) Early relapse of acute inflammatory polyradiculoneuropathy after successfull treatment with plasma exchange. Acta Neurol Scand 77: 273—277
8. van der Meché FGA, Vermeulen M, Busch HFM (1989) Chronic inflammatory demyelinating polyneuropathy: conduction failure before and during immunoglobulin or plasma therapy. Brain (in press)
9. Vermeulen M, van der Meché FGA, Speelman JD, Weber A, Busch HFM (1985) Plasma and Gamma-Globulin infusion in chronic inflammatory polyneuropathy. J Neurosci 70: 317—326
10. Kleyweg RP, van der Meché FGA, Meulstee J (1988) Treatment of Guillain-Barré syndrome with high-dose gammaglobulin. Neurology 38: 1639—1641

Korrespondenz: Dr. R. P. Kleyweg, Department of Neurology, Mervede Ziekenhuis Dordrecht, 3300 AH Dordrecht, The Netherlands.

Intensivbehandlung der Myasthenie: Erfolg und Komplikationen

A. N. Laggner[1], I. Göttfried[1], J. Zeitlhofer[2], K. Lenz[1], G. Grimm[1], B. Schneeweiß[1], N. Mayr[2] und E. M. Maida[2]

[1] I. Medizinische Universitätsklinik und [2] Neurologische Universitätsklinik, Wien, Österreich

Bei der Myasthenia gravis wird durch Schädigung der postsynaptischen Rezeptoren die motorische Endplatte blockiert. Damit wird die Depolarisation der Muskelfasern partiell verhindert. Dies manifestiert sich klinisch als Muskelschwäche und bei Belastung als vorzeitige Ermüdbarkeit. Die Krankheit betrifft vor allem an jene quergestreiften Muskelfasern, die viele motorische Endplatten aufweisen, wie z. B. der Augen- und Schlundmuskulatur. Die Schädigung der Rezeptoren erfolgt möglicherweise durch Autoantikörper, die sich gegen die Acetylcholin-Rezeptoren der motorischen Endplatte richten. Häufig assoziert ist mit dieser Erkrankung eine Hyperplasie der myoiden Thymuszellen, wobei die Zusammenhänge insgesamt nicht klar sind. Es steht allerdings fest, daß die Thymektomie in der Vielzahl der Fälle eine Besserung bewirkt [9, 10, 12].

Die Aufnahme von Patienten mit Myasthenia gravis auf die Intensivstation wird notwendig, wenn es infolge Streß, Infekt, Schwangerschaft oder Medikamenteneinnahme zu einer Verschlechterung der Myasthenie mit konsekutiver muskulärer respiratorischer Insuffizienz (myasthenische Krise) kommt bzw. wenn bei Überdosierung mit Parasympathikomimetika eine cholinerge Krise mit Hypersekretion und Muskellähmung auftritt. Weitere Gründe für die Aufnahme auf die Intensivstation sind die Nachbehandlung nach Thymektomie und, besonders bei älteren Menschen, die Einstellung auf Cortison [5, 6, 11].

In einer retrospektiven Analyse sollen die Behandlungsergebnisse der letzten 10 Jahre unserer Intensivstation bei Myasthenia gravis vorgestellt werden.

Patienten und Methoden

1980—1989 wurden insgesamt 25 Patienten mit Myasthenia gravis an der Intensivstation der I. Medizinischen Universitätsklinik in Wien 31mal stationär aufgenommen. Das Alter der Patienten (10 Männer, 15 Frauen) lag zwischen 18 und 86 Jahren. Die Dauer der Erkrankung, wann und ob bereits eine Thymektomie durchgeführt wurde und der Grund der Aufnahme sind in der Tabelle 1 angeführt.

Falls die Patienten eine respiratorische Insuffizienz (PaO_2 unter 50 torr oder $PaCO_2$ über 50 torr) bzw. klinisch Zyanose oder Hypoventilation aufwiesen, wurde oro- oder nasotracheal intubiert und mit der maschinellen Beatmung begonnen. Für die maschinelle Beatmung wurden die volumsgesteuerten Respiratoren (Servo 900 C, Servo 900 B von Siemens und UVI von Dräger) verwendet. Alle Patienten erhielten einen zentralvenösen Zugang (V, subclavia bzw. V. jugularis int. rechts) sowie eine blutige arterielle Blutdrucküberwachung über die A. Radialis bzw. A. Femoralis. Außerdem wurde ein kontinuierliches Monitoring der Herzfrequenz durchgeführt. Zur Analgosedierung erhielten die Patienten entweder Buprenorphin (Temgesic®) plus Flunitrazepam (Rohypnol®) bzw. Fentanyl® plus Midazolam (Dormicum®) bedarfsadaptiert verabreicht.

Bei erhöhtem ACh-Rezeptor-Antikörpertiter wurden Plasmapheresen durchgeführt. Die Plasmapheresebehandlung erfolgte mit pumpengetriebener (Pumpe NFG 05, Fa. Brady, Wien) Membranplasmaseparation mit veno-venösem, arterio-venösem Blutfluß. Für die Plasmaseparation wurden die Kapillarfilter Plasmaflo AP-05 H und OP-05, Fa. Ashai Medical verwendet. 1/3 der Filtratmenge wurde mit Frischplasma und 2/3 der Filtratmenge mit 5% Humanalbuminlösung substituiert. Die letzten drei Patienten (AA, MV, SO) erhielten eine Immunadsorptionsbehandlung. Dabei wurde wie bei der konventionellen Plasmapherese Plasma abfiltriert. Das Filtrat wurde steril und kontinuierlich mittels Pumpe über eine Absorptionssäule (Immunsorba TR 350, Asahi Medical LTD) geleitet und nach Durchfluß der Säule in den venösen Schenkel der Plasmaphereseeinheit rückinfudiert.

Die Bestimmung der ACh-Rezeptorantikörper erfolgte nach der Methode von Carter mit einem RIA, wobei die Methode insoferne modifiziert wurde, als an Stelle der Bindungshemmung mit Tubocurarin, Normalseren zur Bestimmung der unspezifischen Bindung verwendet wurden [2].

Ergebnisse

Grund für die Aufnahme auf die Intensivstation war 14mal eine akute respiratorische Insuffizienz, 9mal die Plasmapheresebehandlung, 7mal die Umstellung auf Cortison und 1mal die postoperative Überwachung (Tabelle 1). Die Behandlungsdauer betrug 2 bis 50 Tage (Tabelle 2).

Von den 14 Patienten, die wegen respiratorischer Insuffizienz aufgenommen wurden, mußten 11 maschinell beatmet werden, bei den

Tabelle 1. Nummer (Nr), Initialen (I) Alter (a), Geschlecht (s), Myasthenie-Dauer und Aufnahmegrund der 25 Patienten

Nr.	I	a	s	Myasthenie Dauer	Thymektomie vor	Grund der Aufnahme
1	A. A.	18	w	19 Monate	1 Jahr	Plasmapherese
2	B. E.	39	w	1 Jahr	6 Monaten	Cortisoneinstellung
3	B. M.	51	m	8 Monate	1 Woche	Cortisoneinstellung
4	B. Z.	24	w	3 Jahre	—	resp. Insuffizienz
5	D. E.	63	m	3 Monate	—	resp. Insuffizienz
6	F. J.	74	m	1 Jahr	—	resp. Insuffizienz
7	F. M.	78	w	1 Jahr	—	resp. Insuffizienz
8	F. R.	63	w	3 Monate	—	resp. Insuffizienz
9	G. K.	82	w	3 Jahre	—	resp. Insuffizienz
10	H. D.	33	w	8 Jahre	1 Woche	Cortisoneinstellung
11	H. M.	79	w	3 Jahre	—	resp. Insuffizienz
12	K. F.	72	m	2 Jahre	—	Cortisoneinstellung
13	K. M.	58	w	3 Jahre	4 Wochen	resp. Insuffizienz
14	K. M.	65	w	10 Jahre	6 Jahren	Plasmapherese
15	K. M.	65	w	10 Jahre	6 Jahren	Plasmapherese
16	K. M.	66	w	11 Jahre	7 Jahren	Plasmapherese
17	L. R.	80	m	2 Monate	—	Cortisoneinstellung
18	M. I.	32	w	13 Jahre	12 Jahren	resp. Insuffizienz
19	M. I.	32	w	13 Jahre	12 Jahren	resp. Insuffizienz
20	M. I.	38	w	19 Jahre	18 Jahren	resp. Insuffizienz
21	M. V.	85	m	1 Monat	—	Cortisoneinstellung
22	N. K.	68	m	6 Monate	—	resp. Insuffizienz
23	R. I.	68	m	2 Monate	—	Plasmapherese
24	R. I.	68	m	3 Monate	—	Plasmapherese
25	R. J.	62	m	3 Jahre	—	Plasmapherese
26	S. M.	72	w	2 Monate	—	resp. Insuffizienz
27	S. O.	70	m	3 Monate	—	Plasmapherese
28	S. R.	40	w	9 Jahre	—	postoperative Überwachung
29	T. A.	86	w	11 Jahre	—	Cortisoneinstellung
30	W. A.	76	w	2 Monate	—	resp. Insuffizienz
31	W. H.	64	w	2 Jahre	2 Monaten	Plasmapherese

Tabelle 2. Intensivbehandlung der 25 Patienten mit Myasthenia gravis

No.	I	ICU Dauer	MV Dauer	PPH Anzahl	Prednisolon mg	Azathioprin mg	Mestinon mg
1	A. A.	7 d	—	4 IA	50	—	6 × 120 po
2	B. E.	5 d	—	—	100/0	—	7 × 120 po
3	B. M.	5 d	—	—	100/0	—	7 × 120 po
4	B. Z.	8 d	3 h	3	100/0	100	14 iv
5	D. E.	22 d	6 d	4	100/0	100	29 iv
6	F. J.	2 d	—	—	—	—	5 × 60 po
7	F. M.	22 d	10 d	—	75/0	100	22 iv
8	F. R.	2 d	—	—	—	—	6 iv
9	G. K.	9 d	5 d	—	—	—	35 iv
10	H. D.	7 d	—	—	100/0	25	9 × 60 po
11	H. M.	14 d	12 dTT	—	—	100	5 × 120 po
12	K. F.	18 d	6 d	—	100/0	—	6 × 120 po
13	K. M.	12 d	5 d	3	100/0	100	4 × 60 po
14	K. M.	7 d	—	4	50	100	4 × 60 po
15	K. M.	8 d	—	2	25	100	4 × 60 po
16	K. M.	8 d	—	3	25	100	5 × 60 po
17	L. R.	50 d	39 dTT	3	100/0	100	36 iv
18	M. I.	7 d	7 d	3	150	—	35 iv
19	M. I.	11 d	—	—	75	—	10 × 90 po
20	M. I.	14 d	6 d	3	100/0	200	13 × 60 po
21	M. V.	15 d	6 d	3 IA	100/0	100	15 iv
22	N. K.	15 d	11 d	3	100/0	—	14 iv
23	R. I.	12 d	3 d	—	—	—	19 iv
24	R. I.	11 d	—	3	100/0	100	18 iv
25	R. J.	7 d	—	3	100/0	100	6 × 60 po
26	S. M.	10 d	5 d	4	100/0	—	13 po
27	S. O.	6 d	—	3 IA	100/0	100	9 × 60 po
28	S. R.	3 d	—	—	—	—	6 × 60 po
29	T. A.	29 d	13 d	—	100/0	—	14 iv
30	W. A.	26 d	14 dTT	4	75	100	36 iv
31	W. H.	7 d	—	3	100/0	50	5 × 30 po

ICU Intensivbehandlung, *MV* Maschinelle Beatmung, *TT* Tracheotomie, *PPH* Plasmapherese, *IA* Immunadsorption

Tabelle 3. Komplikationen während der Intensivbehandlung von 25 Patienten mit Myasthenia gravis

No.	I	
1	A. A.	—
2	B. E.	—
3	B. M.	—
4	B. Z.	—
5	D. E.	nosokomiale Pneumonie (Pseudomonas aeruginosa)
6	F. J.	—
7	F. M.	—
8	F. R.	—
9	G. K.	Sepsis (Acinetobacter)
10	H. D.	—
11	H. M.	verstorben, nosokomiale Pneumonie (Staph. aureus)
12	K. F.	resp. Insuff. bei Cortisoneinstellung, Reanimation, hypoxischer Hirnschaden, verstorben an Enterokokkensepsis
13	K. M.	—
14	K. M.	—
15	K. M.	—
16	K. M.	—
17	L. R.	resp. Insuff. bei Cortisoneinstellung, Sepsis und Pneumonie mit Pseudomonas aeruginosa
18	M. I.	—
19	M. I.	—
20	M. I.	Hämatom und Aneurysma nach A. Fem. Katheter — Op: Gefäßnaht
21	M. V.	resp. Insuff. bei Cortisoneinstellung
22	N. K.	—
23	R. I.	Ulcusblutung bei Aufnahme, konsekutiv resp. Insuff.
24	R. I.	—
25	R. J.	—
26	S. M.	—
27	S. O.	—
28	S. R.	—
29	T. A.	verstorben, Sepsis, resp. Insuff. bei Cortisoneinstellung
30	W. A.	cholinerge Krise
31	W. H.	—

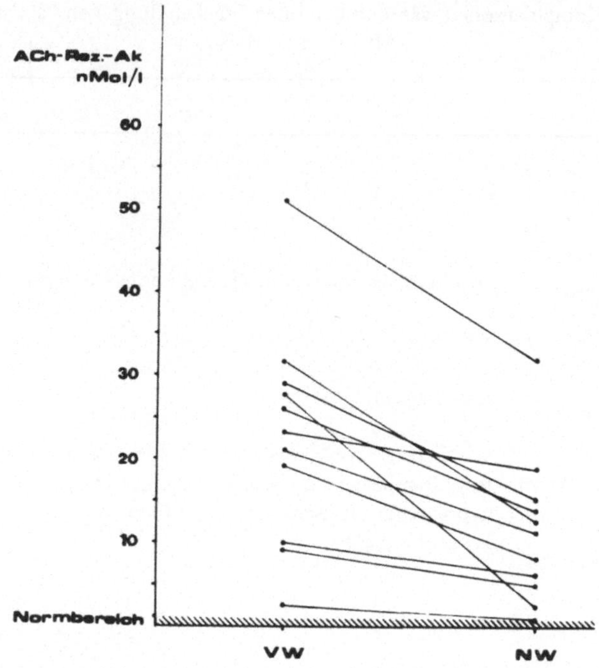

Abb. 1. Azetylcholin-Rezeptor-Antikörper (ACh-Rez.-Ak) vor (VW) und nach der Plasmapheresebehandlung bei 11 Patienten mit Myasthenia gravis (Normalwert bis 0,9 μMol/l)

drei anderen war keine Beatmung notwendig. Von 7 Patienten die zur Cortisoneinstellung aufgenommen wurden, wurden 4 respiratorisch insuffizient und mußten maschinell beatmet werden (Tabelle 3). Bei einem Patienten, der zur Plasmapheresebehandlung zugewiesen wurde, trat unmittelbar nach der Übernahme eine Blutung aus einem Ulcus duodeni auf. In der Folge wurde dieser Patient (RI) beatmungspflichtig. Insgesamt wurde in 16 Fällen (52%) maschinell beatmet. Die Beatmungsdauer betrug 3 Stunden bis 39 Tage. 3 Patienten wurden tracheotomiert.

In 15 Intensivbehandlungsphasen wurden insgesamt 48 Plasmapheresen (3,2 pro Aufenthalt, Austauschmenge jeden 2. Tag je 3 l) durchgeführt. Bei 3 Patienten wurden insgesamt 10 Immunadsorptionsbehandlungen vorgenommen. Dabei wurden jeweils 3 l Plasma über den Absorber geleitet. Der Verlauf der ACh-Rezeptorantikörper Titer vor und nach der Plasmapheresebehandlung wurde in Abb. 1 dargestellt.

In 25 Fällen (81%) wurde Prednisolon (Höchstdosis 100 mg/d i.v.), in allen Fällen Mestinon (Höchstdosis 36 mg/d i.v. bzw. 900 mg/d p.o.), in 17 Fällen (55%) wurde Azathioprin (Höchstdosis 100 mg/d i.v.) verabreicht.

Als Komplikationen der Intensivbehandlung traten in 3 Fällen eine Pneumonie, 4mal eine Sepsis, 1 mal ein Hämatom in der Leiste und 1mal ein Ulcusblutung auf. 1 Patient hatte eine cholinerge Krise. 3 Patienten (10%) sind während der Intensivbehandlung verstorben (Tabelle 3).

Diskussion

Die Patienten mit Myasthenia gravis, die auf die Intensivstation verlegt werden mußten, zeigten die krankheitstypische Geschlechtsverteilung. Auffallend ist jedoch das Alter der Patienten: 17 Patienten waren 65 Jahre oder älter. Unter diesem Aspekt ist auch der Erfolg der Intensivbehandlung zu sehen. Obwohl drei der Betagteren während der Intensivbehandlung verstorben sind, so haben doch 14 die Intensivstation nach erfolgreicher Behandlung verlassen. Insgesamt scheint also die Intensivbehandlung vor allem bei älteren Patienten absolut gerechtfertigt und erfolgversprechend.

Die Intensivbehandlung der Myasthenia gravis besteht heute in erster Linie in der maschinellen Beatmung, sobald Zeichen der respiratorischen Insuffizienz auftreten. Die Patienten werden volumsgesteuert beatmet und erhalten dazu eine bedarfsadaptierte Analgosedierung. Hierfür verwenden wir Opiode (Temgesic®, Fentanyl®) und Benzodiazepine (Rohypnol®, Dormicum®). Selbstverständlich werden diese Medikamente nur eingesetzt, wenn die Patienten bereits maschinell beatmet werden, da damit die ohnehin beeinträchtigte Spontanatmung noch weiter kompromitiert würde. Nachteile dieser Sedierungsstrategie — besonders in der Entwöhnungsphase — haben wir bislang nicht beobachtet. Unter einer Streßulcusprophylaxe mit Sucralfat wird mit Prednisolon (100/0) und Azathioprin (100 mg) begonnen. Zusätzlich werden vorhandene ACh-Rezeptor-AK mittels Plasmapherese oder Immunadsorption eliminiert [1, 7, 8]. In der Regel bringt der Austausch von 10 bis 12 l Plasma bzw. die Immunadsorption von 10 bis 12 l Plasma Erfolg. Ob die Immunadsorption der Plasmapherese überlegen ist, kann momentan noch nicht gesagt werden. Sicher ist, daß auch schon andere Zentren gute Erfahrungen mit der Immunadsorption gemacht haben und daß die Gefahren der Frischplasmatransfusion bei der Immunadsorption nicht gegeben sind [8]. Unsere Ergebnisse lassen keinen Schluß auf die Langzeitresultate nach Plasmapheresebehandlung zu [4]. Ebensowenig können Aussagen über die Wirksamkeit der bereits verschiedenenorts eingesetzten Immunglobulintherapie bei Myasthenia gravis getroffen werden [3].

In der Regel ist bei beatmungspflichtigen Myasthenie-Patienten eine Tracheotomie nicht erforderlich. Diese Maßnahme kann lediglich dann indiziert sein, wenn der Behandlungsverlauf durch pulmonale Infekte kompliziert ist und eine Langzeitbeatmung erforderlich wird. Wird ein Myasthenie-Patient maschinell beatmet, so führen wir heute eine bis zweitägige Pause in der Parasympatikomimetikatherapie durch, dies damit eine cholinerge Krise vermieden wird und sich die ACh-Rezeptoren erholen können [9].

Probleme traten während der Intensivbehandlung insbesondere während der Cortisoneinstellung von älteren Patienten auf, die ab 2. bis 5. Tag beatmet werden mußten. Es ist schon lange bekannt, das gerade in dieser Phase die Patienten wegen der drohenden respiratorischen Insuffizienz auf Intensivstationen überwacht werden müssen [9, 10, 12].

Zusammenfassend kann festgestellt werden, daß Patienten mit Myasthenia gravis, die wegen respiratorischer Insuffizienz, zur Plasmapheresebehandlung, zur Einstellung auf Cortison und zur postoperativen Überwachung auf eine Intensivstation aufgenommen werden, in rund 90% erfolgreich behandelt werden können. Die Intensivbehandlung ist vor allem auch bei Kranken höheren Lebensalters, insbesondere während der Cortisoneinstellung, indiziert und erfolgversprechend.

Literatur

1. Behan PO, Shakir RA, Simpson JA (1979) Plasma-exchange combined with immunosuppressive therapy in myasthenia gravis. Lancet 2: 438
2. Carter B, Harrison R, Lunt GG, Behan PO, Simpson JA (1980) Antiacetylcholine receptor antibody titres in the sera of myasthenia patients treated with plasma exchange combined with immunosuppressive therapy. J Neurol Neurosurg Psychiatry 3: 397
3. Devathasan G, Kueh YK, Chong PN (1984) High dose intravenous gammaglobulin for myasthenia gravis. Lancet 2: 809
4. Gajdos P, Simon N, Rohan-Chabot Pde, Raphael JC, Goulon M (1983) Long-term effects of plasma exchanges in myasthenia gravis. Presse Medicale 12: 939
5. Grabow L, Wilmsen W (1978) Zur Intensivbehandlung der myasthenischen Krise. Intensivmed 15: 255

6. Gracey DR, Divertie MB, Howard FM (1983) Mechanical ventilation for respiratory failure in myasthenia gravis. Mayo Clin Proc 58: 597
7. Kornfeld P, Ambinder EP, Paptestas AE, Bender AN, Genkins G (1979) Plasmapheresis in myasthenia gravis: controlled study. Lancet 2: 629
8. Krummenerl T, Berning, Glaser J, Paulus H, Grotemeyer KH (1986) Der Einsatz der Immunadsorption in der Behandlung der myasthenischen Krise. Intensivmed 23: 298
9. Levin KH (1985) Critical care of myasthenia gravis. In: Rippe JM, Irwin RS, Albert JS, Dalen (eds) Intensive care medicine. Little Brown, Boston Toronto, pp 1088
10. Oosterhuis HJGH (1984) Myasthenia gravis. Churchill Livingstone, London Edinburgh (Clinical neurology and neurosurgery monographs)
11. Sack W, Birnberger KL, Landauer B, Mack D (1982) Intensivmedizinische Therapie und Beobachtung von Patienten mit myasthenia gravis pseudoparalytika. Intensivmed 1982: 289
12. Swash M, Schwartz MS (1988) Neuromuscular diseases: a practical approach to diagnosis and management. Springer, Berlin Heidelberg New York Tokyo

Korrespondenz: Doz. Dr. A. N. Laggner, I. Medizinische Universitätsklinik, Lazarettgasse 14, A-1090 Wien, Österreich.

Tetanus

G. Herold und **W. Mochty**

Abteilung für Anaesthesiologie und Intensivpflege, Krankenhaus Mistelbach, Österreich

Historisches

Tetanus oder Wundstarrkrampf ist schon seit der Antike als schwere Wundinfektionskrankheit bekannt. Hippokrates schildert bereits einen typischen Fall und bezieht das Leiden auf eine 7 Tage vor dem Ausbruch der Krampfanfälle erfolgte Verletzung. Eingehend beschrieben wurde die Krankheit von Larrey, einem Militärchirurgen Napoleons.

1884 erbrachte Otto Nicolaier den Beweis ihrer infektiösen Natur. 5 Jahre später gelang Kitasato, einem Schüler Kochs, die Isolierung der Tetanusbazillen. 1890 gelang Faber der Toxinnachweis. Zusammen mit E. v. Behring ud Kitasato konnte er durch Immunisierung von Kaninchen und Pferden antitoxisches Tetanusserum gewinnen. Damit war die Grundlage für die passive Immunisierung geschaffen.

Epidemiologie

Nach Angaben der WHO sterben pro Jahr weltweit ca. 1 Million Menschen an Tetanus, davon mehr als 90% an neonatalem Tetanus. Besonders häufig tritt die Erkrankung in den subtropischen und tropischen Entwicklungsländern Afrikas und Asiens auf. Dort sterben vor allem Kinder und junge Menschen aus Mangel an Impfmöglichkeiten sowie auf Grund der hygienischen Verhältnisse.

In den entwickelten Ländern Nordamerikas und Europas hat sich durch die hohe Immunisierungsrate das Bild verschoben: Es erkranken zunehmend ältere Patienten, wobei auch der Anteil an schweren Tetanuserkrankungen ansteigt.

Tabelle 1. Zahl der Tetanuserkrankungen in Österreich 1980—1987

Jahr	1980	1981	1982	1983	1984	1985	1986	1987
Zahl	88	64	46	30	34	12	13	23

Quelle: Berichte über das Gesundheitswesen in Österreich 1980 bis 1987. Herausgegeben vom BKA in Zusammenarbeit mit dem Österreichischen Statischen Zentralamt

Bakteriologie

Der Tetanuserreger, das Clostritidum tetani, ist ein schlankes, 2—5 μm langes, grampositives Stäbchen, das durch seine große Zahl an Geißeln eine starke Beweglichkeit aufweist. Eine endständige Spore gibt ihm die typische Trommelschlägerform. Es wächst nur unter anaeroben Bedingungen. Die Sporen selbst sind sehr widerstandsfähig und können trockene Hitze von 150 Grad Celsius bis zu einer Stunde überdauern.

Das ubiquitäre Vorkommen von Clostridium tetani im Darm von Mensch, Haus- und Nutztieren läßt den Erreger mit den Fäces als Naturdünger in den Boden gelangen. Daher ist in Gebieten mit landwirtschaftlicher Düngung die Gefahr einer Tetanusinfektion besonders groß. Daneben spielen klimatische Verhältnisse, Jahreszeit und individuelle Disposition eine Rolle.

Von historischem Interesse ist das Einbringen des Erregers durch Catgut, welches aus Schafdärmen hergestellt und nicht ausreichend sterilisiert wurde.

Pathogenese und Pathophysiologie

Tetanus ist eine Wundinfektionskrankheit, die durch Toxine der vegetativen Formen von Clostridium tetani ausgelöst wird. Voraussetzung dafür ist eine Verletzung, bei der anaerobe Wundverhältnisse entstehen, welche dem Clostridium tetani Wachstum und Toxinproduktion ermöglichen. Als besonders gefährdet sind daher Wunden mit starker Verschmutzung oder später Versorgung — das heißt mehr als 12 Stunden nach Verletzung — anzusehen.

Quetsch-, Riß-, Schuß- und Fremdkörperverletzungen sind die häufigsten Ursachen des traumatischen Tetanus. Oft handelt es sich um kleine, oberflächliche, vom Patienten nicht beachtete Bagatellverletzungen, die bei Ausbruch der Krankheit bereits abgeheilt sind, weshalb in bis zu 30% der Fälle die Eintrittspforte nicht mehr festgestellt werden kann.

Beim Tetanus neonatorum, der vorwiegend in der 3. Welt vorkommt, erfolgt die Infektion über die Nabelschnurwunde bei oder nach Abnabelung unter unsterilen Verhältnissen, Säuglinge komplett immunisierter Mütter sind in den ersten 6 Monaten nach der Geburt vollkommen gegen Tetanus geschützt.

In der Bakterienzelle werden die Tetanustoxine gebildet und teils durch Sekretion, teils durch Autolyse der Zelle freigesetzt.

Die wichtigsten Exotoxine sind:

a) das Tetanospasmin, ein Polypeptid mit einem MG von ca. 140000, welches die tonisch-klonischen Krämpfe hervorruft;
b) ein nicht konvulsiv wirkendes Neurotoxin;
c) das hämolysierende, möglicherweise kardiotoxische Tetanolysin.

Diese Toxine binden sich an der Eintrittspforte an die Ganglioside von Nervenzellmembranen und wandern entlang der motorischen, sensiblen und auch vegetativen Nervenbahnen mit einer Geschwindigkeit von ca. 5 mm pro Stunde zu den Vorderhörnern des Rückenmarks.

Der krampfauslösende Mechanismus besteht in einer Unterbrechung des Erregungsablaufes zwischen motorischer Vorderhornzelle und inhibitorischen Zwischenneuronen, wie z. B. von Afferenzen aus Renshaw-Zellen, aus Fasern von Schmerzrezeptoren oder aus Muskelspindelrezeptoren des jeweiligen Antagonisten.

Die Unterbrechung an der inhibitorischen Synapse kommt durch eine Hemmung der Transmitterfreisetzung zustande. Durch den Ausfall dieser inhibitorischern Afferenzen kommt es zu einem pathologisch gesteigerten Exzitationszustand der Vorderhornzellen bei Eintreffen von Impulsen aus höhergelegenen Abschnitten des ZNS.

Das erklärt auch die charakteristische Übererregbarkeit auf verschiedenartigste, unspezifische Reize und die ebenfalls in Krämpfen sich äußernde ungehemmte Muskeltätigkeit bei willkürlicher Innervation.

Die toxinbedingte Aufhebung der Hemmung in vegetativen Reflexbahnen ist auch Ursache für die Überaktivität des sympathischen Nervensystems bei schweren Fällen von Tetanus, welche zu Hyperhydrose, Hyperthermie, Tachycardie, Arrhythmie, Hypertonie, ge-

Tabelle 2. Einteilung der Schweregrade (nach Eyrich, Haid und List)

Schweregrad	Inkub. Zeit	Onset time	Symptomatik
I leichter Tetanus	> 14 Tage	6 Tage	Muskelrigidität, bes. Trismus, Dysphagie, Opisthotonus
II mittelschwerer Tetanus	10—14 Tage	⩾ 3 Tage	Erhebliche Muskelrig. bis zur Ateminsuff., Spannung der Bauchmuskulatur, erhöhte Krampfneigung
III schwerer Tetanus	< 10 Tage	< 48 Stunden	Respirat. Insuffizienz, wiederholt anlaufende general. Krampfanfälle, die bei Fortschreiten in immer kürzeren Intervallen auftreten, sympathische Hyperaktivität

steigerter Bronchialsekretion und gatroinstestinalen Blutungen führen kann. Die Katecholaminplasmaspiegel sowie die renale Katecholaminausscheidung sind dabei erhöht.

Symptomatik

Die Inkubationszeit liegt bei Tetanus zwischen einer und drei Wochen. Dauert sie länger, spricht man von einem Spättetanus. Sie ist unter anderem abhängig von der Virulenz der Erreger, von der Verletzungsart und -stelle und vom Alter des Patienten. Eine kurze Inkubationszeit führt gewöhnlich zu schweren Symptomen dieser Erkrankung.

Ein weit besseres Bild von der Intensität der Intoxikation gibt allerdings die Anlaufzeit (Period of onset), die vom Auftreten erster Symptome bis zum voll ausgebildeten Krankheitsbild mit Krampfanfällen vergeht. Sie beträgt zwischen wenigen Stunden und 6 Tagen.

Frühsymptome der Erkrankung sind ein Spannungsgefühl im Gesicht, Nacken und Rücken und die Erschwerung des Schluckaktes. Sehr bald entwickelt sich eine Kiefersperre. Es folgt eine grinsende Verzerrung der Gesichtsmuskulatur (= Risus sardonicus). Die in Falten gelegte Stirn, sowie die stark ausgeprägten Nasolabialfalten ergänzen das Bild der Facies tetanica.

Im weiteren Verlauf kommt es zu tonischer Starre der Nacken- und Rückenmuskulatur (= Opisthotonus). Auch die Bauchmuskulatur ist angespannt und kann sich bretthart anfühlen.

Beim unbehandelten Patienten können vor allem durch äußere Reize wie z. B. Licht, Lärm und Berührung ca. 1—2 Minuten dauernde, klonische Anfälle ausgelöst werden. Behinderung der Atemmuskulatur und Laryngospasmus können zu schweren asphyktischen Zuständen mit bedrohlicher Hypoxämie führen.

Die oben beschriebenen Symptome der sympathischen Hyperaktivität setzen in schweren Fällen 2—10 Tage nach Beginn der motorischen Störung ein und können über 3—4 Wochen das Krankheitsbild zusätzlich verschlimmern.

Für die Einteilung in Schweregrade liegen verschiedene Klassifikationen vor, wobei heute im europäischen Raum vor allem die praktikable Einteilung in 3 Schweregrade von Manz (1968), Eyrich (1969) Haid (1975) und List (1978) in Gebrauch ist.

Diagnose und Differentialdiagnose

Die Diagnose des Tetanus muß sich im wesentlichen an der Anamnese, den klinischen Befunden und epidemiologischen Gegebenheiten orientieren. Insbesondere auf die Beschaffenheit der Wunde ist zu achten: kleine aber offensichtlich verschmutzte Wunden sind in erhöhtem Maße tetanusgefährdet, vor allem dann, wenn sich in der Wundhöhle noch Fremdkörper wie Holzspäne, Splitter und gedüngte Erde befinden. Ebenso wenn es sich um Wunden mit Knochenbeteiligung (offene Frakturen) oder Verbrennungswunden handelt.

Die Tetanusbazillen selbst können nur schwer und selten aus dem Gewebe nachgewiesen werden. Häufiger gelingt der Nachweis des Tetanustoxins im Tierversuch, wobei das Untersuchungsmaterial (Gewebestückchen oder Kulturflüssigkeit) Mäusen in der Nähe der Schwanzwurzel implantiert bzw. injiziert wird. Nach 1—3 Tagen nehmen die Tiere unter den typischen Erscheinungen des Tetanus die charakteristische Robbenstellung mit krampfartig nach hinten gestreckten Beinen ein.

Eine viel raschere Methode zur Bestimmung von spezifischen, antitoxischen Tetanusantikörpern aus der IgG-Klasse steht mit der Elisa-Technik, die im Institut für Spezifische Prophylaxe und Tropenmedizin in Wien durchgeführt wird, zur Verfügung. Durch die Bestimmung des Tetanusantikörperspiegels ist eine objektive Beurteilung des individuellen Immunstatus möglich. Der gemessene Wert erlaubt auch eine Aussage über das Vorhandensein eines aureichenden Impfschutzes.

Differentialdiagnostisch zu unterscheiden sind:

Die Meningoencephalitis, die keinen Trismus aufweist, normalerweise mit Bewußtseinsstörungen einhergeht und in der Liquoruntersuchung pathologische Veränderungen zeigt.

Tabelle 3. Bewertung und Konsequenzen der Tetanusantikörperbestimmung

Antikörpertiter	Bewertung	Konsequenzen
< 0,01 IE/ml	kein Schutz	Grundimmunisierung
0,01—0,1 IE/ml	geringer Schutz	Auffrischimpfung
> 0,1 IE/ml	guter Schutz	keine Impfung erforderlich

Quelle: Ambrosch F et al. (1984) Eine neue Mikro-ELISA-Methode zur Bestimmung der Tetanus-Antikörper. Zbl Bakt Hyg A 258: 173—182

Die Tollwut, welche Dysphagie und Dyspnoe aufweisen kann, allerdings mit einer schlaffen Lähmung einhergeht.

Die Tetanie, bei der normalerweise eine Hypokalgämie vorliegt.

Die Trigeminusneuralgie, bei der Trismus und Dysphagie fehlen.

Erkrankungen mit reflektorischer Kieferklemme wie Peritonsillitis und Retropharyngealabszeß.

Auch die Einnahme von Dopamin-Antagonisten (z. B. Metoclopramid) oder Neuroleptika (z. B. Fluphenazin) kann eine Tetanussymptomatik vortäuschen. Als Folge der Wirkung auf das extrapyramidal-motorische System kann es zu Dystonien vornehmlich im Schulter-Arm-Bereich, aber auch im Bereich der Schluckmuskulatur kommen (= sogenanntes Zungen-Schlundsyndrom). Diese Symptome sind durch Antiparkinsonmittel vom anticholinergen Typ (z. B. Biperiden) rasch und vollständig zu beheben.

Therapie

Die Therapie des Tetanus gliedert sich in die

1. Kausaltherapie und
2. Symptomatische Intensivtherapie.

1. Zu den Maßnahmen der Kausaltherapie gehören:

a) Die Vermeidung weiterer Toxinbildung durch Entfernung bzw. Abtötung der Erreger mittels chirurgischer Wundexcision bzw. Antibiose.

Wichtig ist die Entfernung nekrotischen Gewebes und die Excision der Eintrittspforte im Gesunden, um aerobe Wundverhältnisse zu schaffen. Hinsichtlich der Radikalität ist man heute zwecks Schonung funktionell wichtigen Gewebes zurückhaltender.

Die antibiotische Therapie mit Penicillin G, welches bei Erwachsenen üblicherweise in einer Dosierung von 2 × 10 Mill. IE pro Tag verabreicht wird, ist gegen die vegetativen Formen des Clostridium tetani und damit gegen die Toxinbildner wirksam.

b) Die Neutralisierung des Exotoxins durch Gabe von spezifischem Tetanusantitoxin (= TAT).

Im Gegensatz zur Tetanusprophylaxe durch aktive Immunisierung, die sicher vor dem Auftreten der Krankheit schützt, bietet die passive Immuntherapie zum Zeitpunkt der Diagnosestellung nur noch Aussicht auf mögliche Reduktion der Toxinmenge. Zu diesem Zeitpunkt ist eine bestimmte Menge des Tetanustoxins bereits fest an neuronale Strukturen gebunden und durch keine der obengenannten Maßnahmen mehr aus dieser Bindung zu lösen. Es kann nur noch ungebundenes bzw. eventuell noch neugebildetes Toxin neutralisiert werden.

So fand eine Grazer Arbeitsgruppe (List 1981) durch hochdosierte und intravenöse Gabe von TAT eine Senkung der Letalität sowie eine Verkürzung der Intensivtherapie beim schweren Tetanus.

Das immuntherapeutische Konzept sieht unmittelbar nach Diagnosestellung, noch vor chirurgischen Maßnahmen, die Antitoxinverabreichung vor. Dazu werden 2000 IE humanes (= phenolfreies) TAT intrathekal verabreicht. Die intravenöse Dosierung beträgt 10 000 IE pro Tag durch 4—6 Tage. Als Halbwertszeit wird für humanes TAT eine mittlere Dauer von 21 Tagen angegeben.

In der akuten Phase der Erkrankung kommt es zu einer deutlichen Immunsuppression, wobei das Ausmaß der Lymphozytopenie ein guter Indikator für den Schweregrad und den Verlauf der Erkrankung ist. Die Gabe von Toxoid zur aktiven Immunisierung ist daher in der akuten Phase nicht sinnvoll. Erst ca. 4 Wochen nach überstandener Infektion, die per se keinen Antikörperanstieg mit sich bringt, soll mit der aktiven Immunisierung begonnen werden.

2. Da noch immer keine Therapie zur Inaktivierung des fixierten Toxins bekannt ist, bleibt die Therapie des manifesten Tetanus nach den Sofortmaßnahmen wie passive Immunisierung, chirurgische Wundexzision und Antibiose fast ausschließlich symptomatisch.

Therapeutische Maxime ist die Lösung der muskulären Hypertonizität mit Unterdrückung von Krampfanfällen sowie die Sorge für eine ausreichende und sichere Atmung.

Auch wenn eine Gruppierung des Tetanuspatienten nach Schweregraden wie oben angeführt vorgenommen wird, ist von einer gruppenspezifisch starren Zuordnung der therapeutischen Maßnahmen abzuraten. Auch weniger schwere Fälle müssen kontinuierlich überwacht werden. Insbesondere bei älteren Patienten oder Kleinkindern wird öfter das plötzliche Auftreten von schwersten Krampfanfällen, die bis zum Tod durch Asphyxie führen könne, ohne jegliche Vorzeichen beobachtet — selbst wenn Inkubationszeit und onset time einem leichten Schweregrad zukommen.

Daher ist eine entsprechende Therapie nur unter kontinuierlicher Intubationsbereitschaft auf einer Intensivabteilung durchzuführen.

Die symptomatische Therapie beginnt mit der Sedierung des Patienten, die solange gesteigert wird, bis die Muskelrigidität nachläßt und keine Konvulsionen mehr auftreten. Wird dieses Ziel trotz tiefer Sedierung — die ohnehin durch die Depression der Atmung limitiert ist — nicht erreicht, besteht die Indikation zur Frühtracheotomie und Beatmung. Insbesondere dann, wenn es zum Auftreten des ersten schweren Krampfanfalles gekommen ist.

Unserer Erfahrung nach ist die Indikation zur Intensivtherapie mit Frühtracheotomie und Beatmung auch dann gegeben, wenn schwere cardiopulmonale und cerebrale Risikofaktoren bestehen, wie dies in gehäuften Maß bei älteren Patienten der Fall ist. Ziel dieser Therapie ist die Vermeidung schwerster Hypoxien und Verhinderung metabolischer Entgleisungen.

In schweren Fällen, das heißt beim Auftreten generalisierter Krämpfe kann nur tiefe Sedierung und kontinuierliche Muskelrelaxation mit kontrollierter Beatmung zum Ziel führen. Letztere erfolgt am besten über eine Tracheostomie.

Im Gegensatz zu anderen Intensivpatienten ist die Tracheostomie bei Tetanuspatienten besonders früh anzustreben, um nicht durch den oro- bzw. nasotrachealen Tubus noch zusätzliche Reize in einem äußerst vulnerablen Bereich zu setzen.

Sedierung

Die dafür bei Tetanuspatienten am häufigsten verwendeten Substanzen sind Benzodiazepinderivate. Sie zeichnen sich neben ausgeprägt sedierenden auch durch zentral muskelrelaxierende Eigenschaften aus, indem sie die durch den inhibitorischen Transmitter GABA vermittelten Hemmwirkungen im Gehirn und Rückenmark fördern. Die Dosierung orientiert sich an den klinischen Erfordernissen.

Muskelrelaxierung

Entsprechend den Fortschritten auf dem Gebiet der peripheren Muskelrelaxantien, werden heute solche eingesetzt, die nur minimale kardiovaskuläre Effekte zeigen und auch die glatte Muskulatur (z. B. des Darmes) nur geringgradig beeinflussen. In dieser Hinsicht haben sich Pancuronium bzw. Vecuronium als günstig erwiesen (Duvaldestin et al., 1979 bzw. Fassoulaki et al., 1988).

Blockade der sympathischen Überaktivität

Das Herz-Kreislaufsystem steht im Zeichen der sympathischen Überaktivität, die nach einer Studie von Hörtnagl et al. 2—10 Tage nach Beginn der motorischen Störung eingesetzt und so lange erhöhte Noradrenalinplasmaspiegel aufweist, als die Störungen des motorischen Nervensystems anhalten. Mit der empfohlenen Kombination eines adrenergen Ganglienblockers (z. B. Debrisoquin), der die Freisetzung von Noradrenalin hemmt mit einem nicht cardioselektiven Betablocker ohne ISA (z. B. Propranolol) konnten die stark erhöhten Katecholaminspiegel in einen Bereich normaler Aktivität gesenkt werden.

Auch kontinuierliche Infusion von Magnesiumsulfat supprimiert die Katecholaminfreisetzung. Es ist außerdem in der Lage, die Wirkung peripherer Muskelrelaxantien zu verstärken.

Unabhängig von den Einflüssen einer sympathischen Überaktivität wird auch eine direkte Toxinwirkung auf das Myocard diskutiert, wodurch die große Anzahl cardialer Komplikationen auf nicht asphyktischer Basis erklärt werden könnten.

Eine direkte Toxinwirkung soll auch in einer Hämolyse sowie einer Depression des Knochenmarks bestehen, weshalb regelmäßige Blutbildkontrollen notwendig sind.

Ernährung

Die oben angeführte Kombinationstherapie hat nicht nur einen günstigen Einfluß auf die durch langanhaltende Überaktivität des sympathischen Nervensystems hervorgerufenen cardiocirculatorischen Veränderungen sondern führt auch zur Unterdrückung eines sympathisch bedingten Hypermetabolismus, wodurch ein nahezu normokalorisches Ernährungsregime ermöglicht wird.

In der Anfangsphase der Behandlung kann eine Ernährungssonde einen Reizzustand darstellen, der durch Auslösung eines Krampfanfalles mit Hochpressen von Mageninhalt beim nicht intubierten Patienten zur Aspiration mit ihren bekannten Folgen führen kann. In diesem Fall ist der parenteralen Ernährung der Vorzug zu geben.

Thromboembolieprophylaxe

Der Gefahr der Thromboembolie kann neben einer medikamentösen Prophylaxe auch durch häufige und effiziente Physikotherapie begegnet werden. Zweistündlich ist ein Lagewechsel des Patienten mit passivem Durchbewegen der Extremitäten sowie Thoraxvibrationsmassage vorzusehen.

Flüssigkeitshaushalt

Hinsichtlich des Flüssigkeitshaushaltes ist der erhöhte Bedarf auf Grund einer Hyperthermie zu berücksichtigen. Einer Wasserretention kann durch Verabreichung von Aldosteronantagonisten in Kombination mit anderen Diuretika Rechnung getragen werden.

Behandlungsende

Genauso schwierig wie die Indikation zu den invasiven Maßnahmen der Intensivtherapie wegen des individuell so unterschiedlich vielfältigen Krankheitsablaufes ist es, den Zeitpunkt zur Entwöhnung des Tetanuspatienten nach einer längeren Beatmungszeit festzusetzen.

So erschwert zum Beispiel eine triviale Verwirrtheit mit Temor, wie sie beim älteren Patienten auf Grund einer Gefäßsklerose vorkommen kann, zusätzlich diese Entscheidung.

Es bleibt daher nichts anderes übrig, als den Versuch einer langsamen Reduktion der Muskelrelaxation zu unternehmen und dabei zu beobachten, welche Muskelgruppen von Konvulsionen frei bleiben. Die Muskulatur der Extremitäten und das Zwerchfell erlangen üblicherweise zuerst ihren normalen Tonus zurück.

Welche Hilfestellung in diesem Zusammenhang die Elektromyographie bzw. die Relaxometrie zur Beurteilung des Ausmaßes einer eventuell noch vorhandenen Krampfneigung leisten wird können, bleibt noch durchzuführenden Untersuchungen und deren Diskussion überlassen.

Tabelle 4. Impfplan für die Tetanusimpfung

Grundimmunisierung	Empfohlenes Intervall	Maximales Intervall
1. Impfung	4 Wochen	5 Jahre
2. Impfung	6—12 Monate	unbegrenzt
3. Impfung	5—10 Jahre	unbegrenzt
Auffrischimpfungen		
Im Zweifelsfall Antikörperbestimmung		

Quelle: ÖÄZ 37/10 (1982) 663

Tabelle 5. Tetanusprophylaxe bei Verletzungen

Impfstatus	Intervall zur letzten Impfung	Vorgehen
Vollständige Grundimmunisierung bzw. Auffrischungsimpfung	< 5 Jahre	0
	5 bis 10 Jahre	0,5 ml TAI
	> 10 Jahre	0,5 ml TAI + 250 IE TIG
Grundimmunisierung noch nicht abgeschlossen		
2 Impfungen im Abstand von 4 bis 12 Wochen	< 6 Monate	0
	6 bis 12 Monate	0,5 ml TAI
	> 1 Jahr	0,5 ml TAI + 250 IE TIG
1 Impfung	4 Wochen bis 5 Jahre	0,5 ml TAI + 250 IE TIG
	> 5 Jahre	Wiederholung der Grundimmunisierung + 250 IE TIG

TAI Tetanus-Adsorbat-Impfstoff
TIG Tetanus-Immunoglobulin
Quelle: ÖÄZ 37/10 (1982) 663, Dr. H. Kollaritsch und Doz. Dr. F. Ambrosch: Impfpläne und Impfempfehlungen

Prognose

Die Dauer der Erkrankung umfaßt in leichteren Fällen 1—3 Wochen, bei mittelschwerem Tetanus 3—4 Wochen und bei schweren Verlaufsformen bis zu 6 Wochen. Gelingt es, diese Zeitspanne zu überbrücken, so hat der Patient gute Überlebenschancen. Damit stellt der Tetanus gleichsam einen Prüfstein für die Intensivtherapie dar.

An der chirurgischen und allgemeinen Intensivstation des Krankenhauses Mistelbach wurden in den Jahren 1973 bis 1985 neun Tetanuspatienten (5 Männer und 4 Frauen) behandelt.

Davon wiesen 7 Patienten den Schweregrad III auf und mußten beatmet werden.

Das Alter lag zwischen 7 und 82, im Mittel bei 52 Jahren.

Die Behandlungsdauer betrug zwischen 10 und 41, im Mittel $24^1/_4$ Tage.

Ein 70jähriger Patient und eine 72jährige Patientin verstarben, wobei in beiden Fällen Herzstillstand die Todesursache war.

Aus dieser geringen Fallzahl kann sicherlich keine statistisch signifikante Aussage getroffen werden. Es bleibt lediglich festzustellen, daß wir mit unseren Daten im Bereich anderer österreichischer und deutscher Statistiken liegen.

Prophylaxe

Die wichtigste Maßnahme zur Senkung der Erkrankungshäufigkeit ist die Impfprophylaxe durch aktive Immunisierung mittels Toxoid-Adsorbat-Impfstoffes.

In Österreich wird die Grundimmunisierung im 4., 5. und 18. Lebensmonat durch Verabreichung von je 0,5 ml des Tetanusimpfstoffes empfohlen.

Von der aktiven Schutzimpfung des Gesunden zum Zeitpunkt der Wahl sind die Maßnahmen nach Verletzung zu unterscheiden.

Literatur

Ambrosch F, Wiedermann G, Müller H (1984) Eine neue Mikro-ELISA-Methode zur Bestimmung der Tetanusantikörper. Zbl Bakt Hyg 258: 173—182

Haid B (1975) 111 Tetanusfälle in 18 Jahren. Münch Med Wochensch 117: 1149—1158

Hörtnagl H, Hammerle AF, Hackl JM (1980) Hypermetabolismus bei Schädel-Hirn-Trauma und Tetanus. Infusionstherapie 6: 312—316

James MFM, Mason EDM (1985) The use of magnesium sulphate in the management of very severe tetanus. Intensive Care Med 11: 5—12

Kollaritsch H, Ambrosch F (1982) Impfpläne und Impfempfehlungen. Öst Ärzteztg 37/10: 663—668

Kucher R, Eisterer H (1971) Behandlung chirurgischer Infektionskrankheiten. In: Frey, Hügin, Mayrhofer (Hrsg) Lehrbuch der Anästhesie und Wiederbelebung. Springer, Berlin Heidelberg New York

Lackner FX (in Druck) Tetanus. In: Benzer, Doenicke (Hrsg) Lehrbuch der Anästhesiologie und Intensivmedizin. Springer, Berlin Heidelberg New York Tokyo

List WF (1984) Tetanus. In: Steinbereithner K, Bergmann H (Hrsg) Intensivstation, -pflege, -therapie. G Thieme, Stuttgart, S 649—657

List WF (1981) Sofortbehandlung des Tetanus mit hohen Dosen von humanem Tetanusantitoxin. Notfallmedizin 7: 731—733

Rügheimer E (1989) Tetanus. In: Lawin P (Hrsg) Praxis der Intensivbehandlung. G Thieme, Stuttgart

Korrespondenz: Prim. Dr. G. Herold, Abteilung für Anaesthesiologie und Intensivmedizin, Liechtensteinstraße 67, AÖ KH Mistelbach, A-2130 Mistelbach, Österreich.

Intensivbehandlung des Tetanus: Erfolg und Komplikationen

A. N. Laggner[1], K. Lenz[1], I. Göttfried[1], W. Base[1], M. Grasl[2], W. Druml[1], G. Grimm[1] und B. Schneeweiß[1]

[1] I. Medizinische Universitätsklinik und [2] I. Universitätsklinik für Hals-, Nasen- und Ohrenkrankheiten, Wien, Österreich

Das Krankheitsbild des Tetanus — erstmalig von Hippokrates beschrieben — sollte heute durch allgemeine Immunisierung und Prophylaxe bei offenen Wunden in entwickelten Ländern nicht mehr auftreten. In Entwicklungsländern, wo diese Maßnahmen nicht gesetzt werden und zudem die Hygiene mangelhaft ist, kommt Tetanus weit häufiger vor [2, 3, 6, 7].

Tetanus wird durch Clostridium tetani verursacht, dessen vegetative Form als Endotoxin das Tetanustoxin produziert. Während die vegetative Form dieses gramnegativen Bakteriums rasch durch Hitze und Desinfektionsmittel zerstört wird, ist seine Sporenform extrem resistent. Tetanussporen finden sich weltweit in der Erde und im Mist. Die Sporen kommen aus den Faeces der meisten Warmblütler und können auch zu 1 bis 3% in menschlichen Stuhlkulturen nachgewiesen werden [2].

Eintrittspforten der Sporen sind Hautabschürfungen, Schnitt- und Stichwunden, Decubitalulcera, Operationswunden, und nach Geburt oder Abort der Uterus. In 7% der Fälle kann keine Eintrittspforte nachgewiesen werden. Nach dem Eintritt proliferieren die Sporen unter anaeroben Bedingungen, die durch lokale Minderperfusion und Gewebsnekrose bedingt sind, zur vegetativen Form. Die Clostridien verursachen zwar keine lokale Gewebsreaktion, sie produzieren aber das Tetanustoxin, welches retrograd über die peripheren Nerven ins ZNS gelangt. Das Toxin bindet sich fest an die Ganglioside der motorischen Endplatte, des Rückenmarks, des Gehirns und des sympathischen Grenzstrangs. Im Rückenmark blockiert es die inhibitorischen Nervenbahnen, was zu Steifigkeit der Muskulatur und Spasmen führt, wie sie von der Strychninvergiftung bekannt sind (Trismus, Risus sardonicus, Opisthotonus). Konvulsionen werden durch Toxineinwirkung auf das ZNS, profuses Schwitzen, Blutdruckschwankungen und Arrhythmien durch Toxineinwirkung auf das sympathische Nervensystem ausgelöst [10].

Im folgenden sollen 2 Patienten mit schwerem Tetanus vorgestellt werden, deren Krankheitsverlauf Komplikationen und Erfolg der Intensivbehandlung des Tetanus beschreibt.

Kasuistik 1

Die an einer endogenen Depression leidende 51jährige Patientin S. B. wurde wegen Schluckbeschwerden, Atemnot und Kiefersperre an einer Unfallchirurgischen Klinik aufgenommen und unter der Verdachtsdiagnose Tetanus an unsere Intensivstation transferiert. Die Pat. war äußerlich verwahrlost und hatte sich 4 Wochen vor der Aufnahme bei einem Sturz oberflächliche Verletzungen an beiden Fersen und am Thorax zugezogen. Diese Läsionen wurden als Eintrittspforten in Erwägung gezogen.

Bei der Aufnahme war die Pat. ansprechbar und bot zusätzlich eine leichte Nackensteifigkeit; RR 140/70 mmHg 120/Min., sämtliche Laboratoriumsparameter lagen im Normbereich. Nach 17 Stunden trat eine respiratorische Globalinsuffizienz auf, weshalb die Pat. intubiert und beatmet wurde (PaO_2 57 mmHg, $PaCO_2$ 55,4 mmHg, pH 7,28, StBik 24,0 mVal, BE − 0,6 mVal). Als Therapie erhielt sie kontinuierlich Diazepam (15 mg/h), 3 × 10 Mio E Natrium-Penicillin/d und 5000 IE humanes Tetanusantitoxin (Tetavenin®) sowie eine parenterale Ernährung. Am 2. Behandlungstag wurde eine Tracheostomie in i.v. Anästhesie mit Etomidate, Fentanyl und Pancuronium angelegt. In der Form wurde die Pat. zusätzlich zur Dauersedierung bolusweise nach Bedarf mit Pancuronium relaxiert. 8 Stunden nach der Op. dislozierte die Pat. trotz dieser Therapie die Trachealkanüle und es entwickelte sich ein massives Hautemphysem am Hals. Kurz darauf trat ein Herz-Kreislaufstillstand auf, der trotz maximaler Therapie nicht zu beheben war. Autoptisch fand sich, wie bereits klinisch vermutet, ein beidseitiger Pneumothorax. Der Tierversuch zum Nachweis von Tetanustoxin im Serum verlief negativ.

Kasuistik 2

Die 81jährige und bis dato völlig gesunde Patientin N. H. wurde wegen Schluckstörungen und Halsschmerzen auf die Hals-Nasen-Ohren Univ.-Klinik gebracht. Da sie auch Nackensteifigkeit, Risus sardonicus und Streckkrämpfe aufwies, wurde unter der Verdachtsdiagnose Tetanus an unsere Intensivstation transferiert. Als Eintrittspforte wurden blande Hautabschürfungen angenommen, die sich die Pat. beim Reinigen des Hühnerstalls zugezogen hatte. Bei der Aufnahme bot sie Streckkrämpfe, war nicht ansprechbar und zyanotisch. Wegen respiratorischer Insuffizienz (PaO_2 45 mmHg) wurde sofort mit der maschinellen Beatmung begonnen. Die Respiratortherapie mußte wegen Krampfneigung, respiratorischer und kardiovaskulärer Instabilität bis zum 29. Behandlungstag durchgeführt werden. Zur Analgosedierung erhielt sie Flunitrazepam (Rohypnol® 0,5—2 mg/h, Gesamtdosis 277 Amp. à 2 mg) und Buprenorphin (Temgesic® 0,07—0,3 mg/h, Gesamtdosis 155 Amp. à 0,3 mg) kontinuierlich verabreicht. Zur Relaxierung erhielt sie bolusweise 1 bis 2 mg Pancuroniumbromid (Pavulon®, Gesamtdosis 254 Amp. à 4 mg). Antibiotisch wurden 3 × 10 Mio. Natrium Penicillin, 3 × 1 g Isoxazolylpenicillin und 3 × 40 mg Refobacin verabreicht. Außerdem erhielt sie an den ersten drei Tagen je 5000 E humanes Tetanusantitoxin (Tetavenin®). Blutdruckspitzen (bis 250 mmHg systolisch), supraventrikuläre Tachykardien und Extrasystolen traten insbesondere bei Pflege und geringsten Schmerzreizen auf und wurden mit Bolusgaben von 2—4 ml Labetalol (10—20 mg Trandate®), 5—10 mg Verapamil (Isoptin®). Die Pat. wurde parenteral ernährt, eine enterale Ernährung wurde nicht toleriert. Als Streßulcusprophylaxe erhielt sie 6 × 1 g Sucralfat. Der Nachweis von Tetanustoxin-AK und Tetanustoxin im Serum verlief negativ. Am 29. Behandlungstag konnte die Pat. über CPAP vom Respirator entwöhnt werden. 36 Stunden später war eine problemlose Extubation möglich. Danach waren Phonation und Respiration unauffällig. Nach 14tägiger Behandlung auf der Normalstation konnte die Pat. entlassen werden. Mittlerweile ist die Patientin 83 Jahre alt und erfreut sich guter Gesundheit.

Während der Intensivbehandlung traten folgende Komplikationen auf: Am 10. Behandlungstag wurden im Bronchialsekret Sproßpilze nachgewiesen, die in der Folge ohne spezifische Therapie verschwanden. Am 12. Behandlungstag wurde eine V. Subklavia-Katheterinfektion mit Enterokokken festgestellt, die mit Ampicillin behandelt wurde. Am 21. Behandlungstag trat ein Pneumothroax rechts nach V. Subklavia Stichversuch auf, der durch Saugdrainage durch 2 Tage behoben wurde. Radiologisch waren am 27. Behandlungstag in beiden Lungen Infiltrationsareale nachzuweisen. Die Pat. hatte zu diesem Zusammenhang Temperaturen bis 38 Grad C, eine Leukozytenzahl von 7900/mm^3 und kein Wachstum von Bakterien im Bronchialsekret, sodaß differentialdiagnostisch auch eine lokale Ödembildung bzw. Dystelektase in Betracht gezogen wurden. Auf Diuretikagabe, gewissenhafte Bronchialtoilette und eine antibiotische Therapie mit 2 × 1 g Zienam® besserten sich die radiologischen Lungenveränderungen.

Diskussion

Wie die beiden Fälle zeigen wird die Diagnose Tetanus rein klinisch gestellt. Da Tetanus selten vorkommt, ist es wichtig bei Trismus, Schluckstörungen und Opisthotonus daran zu denken. Differentialdiagnostisch sind die in der Tabelle 1 angegebenen Erkrankungen auszuschließen. Insbesondere ist toxikologisch eine Vergiftung mit Phenothiazinen oder Strychnin auszuschließen. Tetanustoxin kann im Tierversuch nachgewiesen werden. Diese Untersuchung dauert Wochen und ein negativer Befund schließt die Diagnose Tetanus nicht

Tabelle 1. Differentialdiagnose bei Trismus

A. Lokale Ursachen
1. Abszeß im Zahnbereich (Weisheitszahn)
2. Parotitis
3. Frakturen
4. Lymphknotenschwellung
5. Arthritis des Kiefergelenkes

B. Systemische Ursachen
1. Phenothiazin
2. Strychnin
3. Trichinose
4. Hypocalzämie
5. Tollwut

C. Andere
1. Zerebrale Durchblutungsstörung
2. Hysteriforme Zustände

aus. Der Nachweis von Tetanustoxin-AK ist für die Diagnosestellung nicht absolut erforderlich, kann sie aber erhärten [2].

Weltweit liegt die Mortalität des schweren Tetanus bei 50%, in Zentren mit entsprechender Erfahrung ist jedoch die Prognose weit besser [1, 2, 7, 8]. Todesursachen sind in erster Linie die respiratorische Insuffizienz, kardiales Versagen — insbesondere bei älteren Menschen mit präexistenten Herz-Kreislauferkrankungen, sowie Komplikationen während der Behandlung [7, 8]. Die respiratorische Insuffizienz wird mit maschineller Beatmung behandelt. Zur Durchführung der Beatmung wird eine frühzeitige Tracheostomie (innerhalb 48 Stunden) empfohlen [9]. Wir haben dies beim Fall 1 veranlaßt und die Pat. ist letztlich an einer Komplikation dieser Maßnahme verstorben, wobei festgehalten werden muß, daß die Dislokation des Trachealtubus eine durchaus geläufige Komplikation bei Tetanuspatienten darstellt. Bei Fall 2 wurde in Anbetracht des Alters mit der Tracheostomie zugewartet und wie das Langzeitergebnis zeigt, dies ohne Nachteil für die Patientin. Bei der Verwendung eines modernen Tubus mit high volume low pressure cuff, wie dies bei Fall 2 erfolgte, scheint daher die frühzeitige Tracheostomie nicht mehr erforderlich.

Damit die maschinelle Beatmung toleriert und die Krämpfe behoben werden ist eine ausreichende Analgosedierung und Muskelre-

Tabelle 2. Intensivbehandlung des Tetanus

Maschinelle Beatmung	
Analgosedierung	Temgesic® (0,05—0,3 mg/h und Bolus) Rohypnol® (0,5—2 mg/h und Bolus) Magnesiumsulfat (Bolus 70 mg/kg und kontinuierliche Zufuhr damit MG-Spiegel 2,5 bis 4 mmol/l
Relaxation	Pavulon® (4—8 mg Bolus)
Antibiotika	NaPenicillin 3 × 10 Mio E 5 d, später nach Klinik und Antibiogramm
Humanes Antitoxin	Tetavenin®, 5000 E 1—3 × i.m. oder i.v.; evtl. 250 E intrathecal
RR-Spitzen, ES, Tachykardie	Isopitin® (Bolus 5 bis 10 mg) Trandate® (Bolus 20 bis 40 mg)
Monitoring (mindestens: EKG, art. Blutdruck, Beatmungsgerät)	
Intensivpflege (Wassermatraze)	

laxation erforderlich. Bei Fall 1 dürfte diese verabreichte Medikamentenmenge zu gering gewesen sein, da sie den Trachealtubus dislozieren konnte. Bei Patientin 2 wurde mit Medikamenten nicht gespart: Sie erhielt im Schnitt pro Tag 10 Amp. Rohypnol®, 5 Amp. Temgesic® und 9 Amp. Pavulon®. diese Dosis ist beträchtlich und in Anbetracht des Alters der Patientin (81 Jahre) erwähnenswert. In der Literatur [3] wird zur Sedierung Magnesium-Sulfat empfohlen (Bolus 70 mg/kg und kontinuierliche Zufuhr damit ein Magnesiumspiegel von 2,5 bis 4 mmol/l erreicht wird). Magnesium-Sulfat unterdrückt auch das extrem aktivierte sympathische Nervensystem [5]. Unter einer ausreichenden Sedierung ist die früher angewandte Verdunkelung des Krankenzimmers nicht mehr erforderlich [9].

Die kardio-vaskulären Probleme (Blutdruckspitzen bis 250 mmHg systolisch, ventrikuläre Extrasystolen) wurden mit dem Calciumantagonisten Verapamil und mit dem alpha und beta Blocker Labetalol bei unserem Fall 2 erfolgreich behandelt. In großen Berichten stellen derartige Probleme — insbesondere der plötzliche Herz-Kreislaufstillstand — die häufigste Todesursache während der Intensivtherapie dar [1, 7, 8]. Die intensivtherapeutischen Maßnahmen sind in der Tabelle 2 zusammengefaßt [2, 4, 6].

Die Dislokation des Trachealtubus, nosokomiale Infektion und Sepsis sind geläufige tödliche Komplikationen während der Intensivbehandlung von Tetanuspatienten [7, 8]. Durch eine ausreichende

Sedierung und Relaxierung, durch strenge mikrobiologische Überwachung, strenge hygienische Kautelen bei der Pflege, insbesondere bei der Bronchialtoilette und eine adequate antibiotische Therapie sind derartige Komplikationen niedrig zu halten. Insgesamt trägt die Erfahrung einer Abteilung zur Besserung der Prognose von Tetanuspatienten bei [7, 8].

Literatur

1. Edmondson RS, Flowers MW (1979) Intensive care in tetanus: management complications and mortality in 100 cases. Br Med J: 1401
2. Gantz NM (1985) Tetanus. In: Intensive Care Medicine (eds) Westcott Dunning, New York, pp 716—718
3. James MFM, Mason EDM (1985) The use of magnesium sulfate infusions on the management of very severe tetanus. Intensive Care Med 11:5
4. Kerr JH (1979) Current topics in tetanus. Intensive Care Med 5: 105
5. Lipman J, James FM, Erskine J et al. (1987) Autonomic dysfunction in severe tetanus: magnesium sulfate as an adjunct to deep sedation. Crit Care Med 15: 987—988
6. Rothstein RJ, Baker FJ (1979) Tetanus: prevention and treatment. JAMA 240: 675
7. Trujillo MH, Castillo A, Espana JV et al. (1980) Tetanus in the adult. Intensive care and management experience with 233 cases. Crit Care Med 8: 419
8. Trujillo MH, Castillo A, Espana JV et al. (1987) Impact of intensive care management on the prognosis of tetanus. Analysis of 641 cases. Chest 92: 63
9. Trujillo MH (1987) Persönliche Mitteilung
10. Wellhoner H (1982) Tetanus neurotoxin. Rev Physiol Biochem 93: 1

Korrespondenz: Doz. Dr. A. N. Laggner, I. Medizinische Universitätsklinik, Lazarettgasse 14, A-1090 Wien, Österreich.

Botulismus

K. Lenz

Intensivstation, I. Medizinische Universitätsklinik, Wien, Österreich

Botulismus wird verursacht durch Toxine des Anaerobier Clostridium botulinum, einem ubiquitär im Erdbereich und gelegentlich in tierischen Faeces vorkommenden Keim. Das Toxin gilt als das potenteste vorkommende Gift — minimale lethale intraperitoneale Dosis der Maus 0.03 µg/kg, die letale Dosis beim Menschen wird mit ca. 0.06 µg angegeben [4]. Besonderes Merkmal des Toxins ist seine Thermolabilität. Eine 100% Denaturierung für natürlich vorkommendes Toxin wird bei 100 °C nach 30 Minuten angegeben — für die Sporen allerdings erst durch zwei- bis dreistündige Einwirkung von 100 °C [5]. Es werden insgesamt 7 immunologisch unterschiedliche Toxine (A—G) voneinander unterschieden, wobei 3 Typen A, B, E hauptsächlich für die humanen Intoxikationen verantwortlich zeigen. In der geographischen Verteilung finden sich Vergiftungen mit dem Toxin A hauptsächlich in Nordamerika außer Alaska, mit dem Typ B in Europa und dem Typ E in Alaska [6].

Pathophysiologie

Der Botulismus ist eine Nahrungsmittelvergiftung, die nach Genuß nicht ausreichend erhitzter Konserven oder gepökeltem Fleisch mit zu geringem Pökelsalzanteil auftritt. Es werden hierbei in den Nahrungsmitteln unter mindestens einige Tage andauernden anaeroben Bedingungen Toxine gebildet, die für die Vergiftungssymptomatik verantwortlich sind. Für die Ausbildung eines Botulismus ist daher nicht das Verschlucken der Sporen ausreichend, es müssen auch die Toxine mitgegessen werden [1]. Als Ausnahme gilt der kindliche Botulismus, bei dem die Toxine innerhalb des Darmes gebildet werden

[1]. Eine weitere Möglichkeit ist die Resorption von Toxinen über Wunden — Wundbotulismus [1]. Beim klassischen Botulismus erfolgt die Resorption der Toxine vorwiegend im oberen Dünndarm. Die Toxine binden sich in der Folge irreversibel an Synapsen und hemmen die Freisetzung des Acetylcholins an neuromuskulären, parasympathischen und sympathischen Nervenendigungen [3]. Es dürfte hierbei eine unterschiedliche Affinität der verschiedenen Toxine existieren, wodurch sich auch ein differentes klinisches Bild ergibt. Weitere Unterschiede im Schweregrad des klinischen Bild ergeben sich daraus, daß Proteasen im Darm die Toxine inakivieren können. Es gelten jedoch auch nicht alle Toxine des Clostridium botulinum für den Menschen als gefährlich, da der menschliche Darm die Toxine C und D nicht resorbieren kann, wodurch diese als atoxisch eingestuft werden.

Durch die irreversible Bindung geht die Erholung recht langsam vor sich, sie erfolgt durch Neubildung der motorischen Endplatte am postsynaptischen Muskel.

Klinik

Die Vergiftungssymptome mit dem in unseren Breiten vorherrschenden Toxintyp B beginnen etwa 8—24 Stunden nach der Nahrungsaufnahme mit einer unspezifischen gastrointestinalen Symptomatik einhergehend mit Übelkeit, Erbrechen, Völlegefühl und Durchfällen. Diese gastrointestinale Symptomatik dauert etwa 1—2 Tage. Nach etwa 4 Tagen treten Akkomodationsstörungen auf, die sich in den folgenden Tagen verstärken und über 6—8 Wochen im Durchschnitt anhalten (Tabelle 1). Insgesamt kann man einen Befall der Hirnnerven II, VI, IX, X und XI finden. Zur selben Zeit tritt dann auch eine Mundtrockenheit auf, die ebenfalls dann mehrere Wochen anhält. Es treten in der Folge eine Dyshagie und ev. auch ein bitterer Mundgeschmack auf. Eine bilaterale absteigende symmetrische Schwäche kann in der Folge dann zu einer respiratorischen Insuffizienz führen. Die kritische Phase mit respiratorischer Insuffizienz tritt in der Regel zwischen dem 5. und 8. Tag nach der Nahrungsmittelaufnahme ein. Eine respiratorpflichtige respiratorische Insuffizienz ist dann für etwa 5—12 Tage zu erwarten. Fieber, Bewußtseinsstörungen, Reflexabnormitäten sind nicht im Rahmen des Botulismus zu erwarten, können jedoch im Rahmen von Komplikationen eintreten.

Bei Vergiftungen mit dem in unseren Breiten sehr seltenen Typ A ist der Verlauf in der Regel foudroyanter. Die respiratorische In-

Tabelle 1. Latenzzeit, Dauer und Häufigkeit von Symptomen bei 48 Patienten mit Botulismus (nach [5])

Symptome	Latenz	Dauer	Häufigkeit
Erbrechen	1 Tag	1—2 Tage	21%
Blähungen, Bauchschmerzen	2 Tage	1—2 Tage	50%
Akkomodationsstörungen	4 Tage	7 Wochen	96%
Mundtrockenheit	4 Tage	6 Wochen	100%
Dysphagie	4 Tage	6 Wochen	19%
bitterer Geschmack	4 Tage	6 Wochen	27%
Obstipation	5 Tage	4 Wochen	81%
Miktionsstörungen	12 Tage	15 Tage	25%

suffizienz kann hier bereits am 2. Tag eintreten [4], die Letalität liegt hier jedoch mit 5—6% ähnlich wie bei Vergiftungen mit dem Typ B [4].

Diagnose

Die Diagnose kann durch Nachweis des Toxins aus dem Patientenblut und dem verdächtigen Nahrungsmittel mittels Tierversuch gestellt werden. Die Toxine konnten aus dem Blut hierbei bis zu 20 Tage nachgewiesen werden [3]. Klinisch kann der Verdacht aus dem typischen Verlauf gestellt werden, wobei differentialdiagnostisch v. a. die absteigende Form eines Guillain Barré in Frage kommt. Bei letzterem ist jedoch die gastrointestinale Vorsymptomatik eher sehr untypisch, diese kann allerdings auch in ganz wenigen Fällen beim Botulismus fehlen. In der apparativen Diagnostik findet sich beim Botulismus bei der repetitiven Stimulation das Bild einer präsynaptischen Störung der neuromuskulären Impulsübertragung, ähnlich dem Lambert Eaton Syndrom [3]. Bei letzterem sind jedoch Ophthalmoplegie und respiratorische Insuffizienz eher selten. Weiters kommen differentialdiagnostisch zum Botulismus in Frage: Entzündliche Prozesse der Hirnbasis, Gefäßprozesse im Stromgebiet der A. basilaris, Tumoren der Schädelbasis und des Hirnstammes. Zum Ausschluß dieser Erkrankungen sind die Durchführung eines kranialen Computertomogramms und die Liquoruntersuchung, ev. auch eine Doppler Sonographie der Hirngefäße notwendig [4].

Therapie

Die Behandlung des Botulismus ist hauptsächlich supportiv. Falls die Einnahme noch rezent ist (innerhalb 24 Stunden) sollte noch eine Magen-Darmspülung mit Installation von Tierkohle durchgeführt werden.

Eine spezifische Therapie ist die Verabreichung von Antiserum, das jedoch bislang vorwiegend tierischen Ursprungs war [5]. Durch die Verwendung von humanem Botulismus Antitoxin, allerdings nur in der Schweiz vom Seruminstitut in Bern erhältlich sind die Risiken gegenüber den Seren tierischen Ursprungs geringer. Allerdings können auch damit nur frei zirkulierende Toxine gebunden werden, da die Bindung am Wirkort irreversibel ist. Eine akute Besserung der Symptomatik ist daher mit dem Einsatz des Antitoxin nicht verbunden, jedoch die weitere Verschlechterung des klinischen Zustandes, sodaß der Einsatz dieser Substanzen nur frühzeitig, d. h. innerhalb der ersten 3—4 Tage sinnvoll ist. Weitere Therapieversuche umfassen vor allem den Einsatz von Guanidin-hydrochlorid [2]. Dieser Substanz wird eine begünstigende Wirkung auf die Freisetzung von Azetylcholin an den präsynaptischen Nervenendigungen zugesprochen. Positive Effekte auf die Muskelkraft konnte in einigen Fällen nachgewiesen werden [2]. Die Wirkung auf die parasympathischen Störungen scheint jedoch nicht gegeben zu sein. Die allgemein empfohlene Dosierung für Guanidinhydrochlorid beträgt 25 mg/kg/die per os.

Bezüglich der Mundtrockenheit und Darmparalyse hat sich die Gabe des direkten Parasympathikomimetikums Pilocarpin (Pilocarpin Tropfen 1—2% 1—2 stündlich 10—10 gtt p.o.) bewährt.

Der Hauptteil der Therapie ist jedoch rein supportiv mit Gewährleistung einer ausreichenden Ventilation und Verhinderung des Auftretens von Komplikationen. Diese Komplikationen umfassen neben Störungen des Wasser- und Elektrolythaushaltes als Folge der gastrointestinalen Störung, v. a. die Aspirationspneumonie, die meist bereits bei Krankenhausaufnahme besteht. Weiters wurde über lebensbedrohliche Herzrhytmusstörungen berichtet, die jedoch möglicherweise als Komplikation einer Antitoxintherapie auftraten [4].

Literatur

1. Bradley WG (1980) Weekly clinicopathological exercises. Case 48-1980. N Engl J Med 303: 1347—1355
2. Cherington M, Schultz D (1977) Effect of Guanidin, Germin, and steroids in a case of botulism. Clin Toxicol 11: 19—25

3. Flügel KA, Druschky KF (1978) Botulismus — Diagnostik und Intensivtherapie. Akt Probl Intensivmed [Suppl 2] 2: 243—248
4. Henze Th, Prange HW (1983) Botulismus mit besonder schwerer Verlaufsform durch Toxintyp A. Dtsch Med Wschr 108: 185—187
5. Kauf C, Lorent PJ, Mosimann J, Schlatter I, Somaini B, Velvart J (1974) Botuslismusepidemie vom Typ B. Schweiz Med Wschr 104: 677—685
6. (1979) Botulism — United States, 1978 MMWR 28: 73—75

Korrespondenz: Doz. Dr. K. Lenz, I. Medizinische Universitätsklinik, Lazarettgasse 14, A-1090 Wien, Österreich.

Hitzschlag: Diagnose und Intensivtherapie

A. N. Laggner, K. Lenz, H. Bognar, W. Druml, B. Schneeweiß und **G. Grimm**

I. Medizinische Universitätsklinik, Wien

Der Hitzschlag ist ein lebensbedrohlicher Zustand, bei dem es durch die erhöhte Körpertemperatur bis zum Multiorganversagen kommen kann. Hitzschlag wird durch Versagen der Thermoregulation oder durch gestörten Wärmeaustausch mit der Umgebung ausgelöst. Besonders disponiert sind Mekkapilger, Personen mit präexistenter Herz-Kreislauferkrankung, Marathonläufer und Soldaten, deren Montur an heißen, schwülen Tagen die Abgabe von Hitze und Schweiß verhindert [1, 2, 3, 4].

Der Mechanismus, der zum Hitzeschlag führt, ist ungeklärt. Die Schweißabgabe kann, muß aber nicht gestört sein. Durch mangelhafte Temperaturabgabe steigt die Körpertemperatur bis in die Höhe von 41 bis 42°C, in der die Mitochondrienaktivität und lebenswichtige Enzymaktivitäten erlöschen und die Integrität biologischer Membranen gestört wird. In der Folge dieser Läsionen kommt es zum klinisch faßbaren Multiorganversagen [1].

Muskeldegeneration und Muskelnekrosen treten früh als direkte Folge der Hyperthermie auf. Die Rhabdomyolyse manifestiert sich in einer mäßigen bis ausgeprägten Erhöhung der CPK. Wegen der hohen metabolischen Anforderungen der Hyperthermie, der systemischen Vasodilation und des niedrigen Füllungsvolumens (Dehydration) ist das Herzminutenvolumen erheblich gesteigert. Herzrhythmusstörungen und Kontraktilitätsverlust der Herzmuskulatur — insbesondere des rechten Ventrikels — wurden auch bei Patienten ohne kardiale Vorschädigung beobachtet [7]. Die Hyperthermie führt in ZNS und im Rückenmark direkt zum Zelluntergang, Hirnödem und lokalen

Blutungen. Diese Veränderungen sind für Sprachstörung, Bewußtseinstrübung, Kopfschmerzen und Krampfbereitschaft verantwortlich. Dehydration, Blutdruckabfall und Rhabdomyolyse lösen ein prärenales Nierenversagen aus und bewirken letztlich eine akute Tubulusnekrose. Niedrige Harnosmolarität, mäßige Proteinurie und ein maschinenölartiger Harn sind typische Zeichen für die Nierenschädigung im Rahmen des Hitzschlags. Die Kombination aus direkter Hitzeschädigung und Minderperfusion bewirkt im Magen-Darmtrakt ischämische Ulcera, die leicht bluten. Störungen der Darmfunktion (Durchfälle) und ein pralles, gespanntes Abdomen können ebenfalls auftreten. Die Leber ist besonders thermolabil, weshalb Leberzellnekrosen typisch für Hitzschlag sind. Sie erreichen am 2. bis 3. Tag ihr Maximum. Die Blutgerinnung ist durch verschiedene Mechanismen beeinträchtigt: Thrombozyten und Gerinnungsfaktoren werden durch die Hitzeeinwirkung inaktiviert; die geschädigte Leber produziert keine Gerinnungsfaktoren mehr und es tritt eine Verbrauchskoagulopathie (DIC) — ausgelöst durch Endothelruptur — auf. Die DIC bewirkt eine Störung der Mikrozirkulation und verstärkt damit die Läsionen in allen parenchymatösen Organen. Die Hyperthermie schädigt auch das pulmonale Gefäßdothel, was wiederum die Permeabilität der pulmonalen Endstrombahn steigert und konsekutiv zum Lungenödem führt [1, 4].

Im Folgenden sollen zwei Patienten vorgestellt werden, bei denen die Diagnose Hitzschlag klinisch als gesichert gelten kann. Einen definitiven Beweis für diese Diagnose gibt es aber nicht.

Kasuistik 1

Der 19jährige Grundwehrdiener R. L. wurde wegen Hyperthermie (Rektaltemperatur 40,5 °C), epileptiformen Krämpfen, und Leukozytose von 20 000/mm^3 mit der Verdachtsdiagnose Meningitis an unsere Intensivstation transferiert. Anamnestisch war beim Pat. seit einem Jahre eine labile Hypertonie bekannt, die kurzzeitig auch medikamentös behandelt worden war. Eine Woche vor dem Akutereignis suchte der adipöse (180 cm groß, 90 kg schwer), frisch eingezogene Grundwehrdiener wegen Kollapsgefühl den Truppenarzt auf, der normale Blutdruckwerte erhob. In der Folge war er beschwerdefrei bis eine Woche später, an einem mäßig warmen schwülen Julitag (Außentemperatur 26 °C, Luftfeuchtigkeit 76%), im Rahmen einer Gefechtsübung akut Kollaps, Sprachstörungen, Bewußtseinstrübung und Krämpfe auftraten. Nach Erstversorgung im Heeresspital (Puls 120, RR 170/100 mmHg, 20 mg Lasix®) erfolge die Überweisung.

Bei der Übernahme — ca. 4 Stunden nach dem Akutereignis — war der Pat. nicht ansprechbar, zyanotisch und hyperventilierend. Er hatte ein gespanntes Ab-

Tabelle 1. Laboratoriumswerte von Pat. R. L. (Kasuistik 1)

	Tag 1	Tag 2	Tag 3	Tag 4	Tag 5	Tag 6
CPK U/l	607	9630	21800	24200	20620	27760
CK-MB %	2	1	—	—	—	—
LDH U/l	1353	1744	12640	5126	4550	5000
GOT U/l	76	430	4340	1903	1670	1200
GPT U/l	89	476	5020	1606	900	640
Alk. Phase U/l	144	169	354	349	682	347
Bilir. g. mg/dl	1,0	4,7	10,9	11,4	16,4	19,7
KOD mmHg	37,5	20,1	19,6	20,4	18,4	13,1
Osmol mosmol/l	304	311	304	323	341	362
BUN mg/dl	19	20	21	22	17	12
Creatinin mg/dl	2,1	1,7	2,9	5,5	4,9	4,6
Natrium mmol/l	149	147	144	153	156	152
Kalium mmol/l	4,0	3,2	4,4	6,4	4,9	6,9
Harnsäure mg/dl	12,3	11,3	11,4	12,0	10,2	7,9
Leuko $\times 10^9$/l	36,3	23,0	11,7	17,7	8,8	16,3
Ery $\times 10^{12}$/l	6,2	4,6	4,5	3,2	4,3	3,7
Thrombo $\times 10^9$	209	45	34	18	48	34
NT %	45	18	<5	<5	19	5
Tz s	16	30	>120	45	25	29
Fgen mg/dl	252	110	106	84	104	54
ET	—	++	—	—	—	—
Laktat mmol/l	3,3	6,4	7,5	21,4	23,2	40,0
pH	7,47	7,38	7,35	7,32	7,24	7,14

Tabelle 2. Hämodynamik und Gasaustausch von Pat. R. L. (Kasuistik 1)

	Tag 1	Tag 2	Tag 3	Tag 4	Tag 5	Tag 6
Herzfrequenz/Min	120	107	113	114	105	173
Art. Druck m. mmHg	59	72	57	58	54	37
Pulm. Druck m. mmHg	16	19	15	24	27	31
PCWP mmHg	6	10	9	18	22	21
ZVD mmHg	3	6	6	7	12	15
HZV l/Min	5,5	9,8	6,9	11,7	10,5	4,5
PaO_2/FiO_2 mmHg	335	330	324	224	252	125
$AaDO_2/FiO_2$ mmHg	276	288	206	413	392	546
Qs/Qt %	12	17	31	26	31	24

domen, übelriechenden Durchfall sowie eine zentrale Körpertemperatur von 40,5 °C. Die Haut war extrem trocken. An den Lippen fand sich ein in Abheilung begriffener Herpes labialis, ansonsten war der Status unauffällig. Die blutchemischen Befunde sind in der Tabelle 1 angeführt. Neurologisch wurde kein Herdhinweis, wohl aber eine diffuse Enzephalopathie gefunden. Der opthalmologische Befund, der Liquor und der Ultraschall des Abdomens waren unauffällig. Die hämodynamischen Meßwerte und die Lungenfunktionsparameter sind in der Tabelle 2 angeführt. Sämtliche bakteriologische (Blut, Stuhl, Bronchialsekret) und virologisch-serologische Untersuchungen, die während des Verlaufs erhoben wurden, waren negativ.

Therapeutisch wurde sofort mit dem Auflegen von Eiswasserbeuteln und der Zufuhr kristalloider Flüssigkeit begonnen (Flüssigkeitsbilanz in den ersten 18 Stunden + 7,3 l). Trotz dieser Therapie trat in der Folge ein hypodynamer Schockzustand auf, der mit erheblichen Dosen von Dopamin, Dobutamin und Adrenalin behandelt werden mußte. Am 2. Behandlungstag setzte eine Verbrauchskoagulopathie ein, weshalb kontinuierlich 250 E Heparin pro Stunde verabreicht wurden. Am 3. Behandlungstag nahm die Rhabdomyolyse massiv zu und es kam zum Nieren- und Leberversagen. Trotz hochdosierter Cortisonbehandlung, Plasmaaustausch, Blutaustausch, Hämofiltration und Dialyse war der Zustand nicht zu beherrschen und der Pat. verstarb am 6. Behandlungstag am Multiorganversagen. Die Autopsie bestätigte die klinischen Diagnosen und lieferte keine zusätzlichen Erkentnisse.

Kasuistik 2

Beim 27jährigen Heeresangehörigen H. G. traten im Rahmen einer Übung an einem heißen Julitag (28 °C) allgemeine Schwäche, Halluzinationen und schließlich Bewußtseinsverlust auf, was zur Notaufnahme mit dem Rettungshubschrauber in einem auswärtigen Spital führte. Bei der Aufnahme war der Pat. comatös und hypertherm (Rektaltemperatur 40,5 °C). Im EKG fand sich eine supraventrikuläre Tachykardie. Der Liquorbefund, der CT-Befund des Schädels und der ophthalmologische Befund waren negativ. Wegen drohender respiratorischer Insuffizienz wurde er intubiert und maschinell beatmet. Die erhobenen Laborwerte sind in der Tabelle 3 angeführt. Als Therapie erhielt er kolloidale und kristalloide Infusionslösungen, 1 g Solu-Dacortin® sowie 3 × 5000 E Depot Heparin. Als am 2. Behandlungstag multiple Hämatome an den Extremitäten und am Stamm auftraten, wurde er an unsere Intensivstation überstellt.

Bei der Übernahme (2. Tag) war der 170 cm große und 63 kg schwere Pat. bereits fieberfrei (36.6 °C). Er war aber noch stuporös und hatte eine gerichtete Schmerzreaktion. Im EKG fand sich ein Sinusrhythmus, Kammerfrequenz 76/Min, eine 2 mm ST-Hebung in V 3 sowie negative T-Zacken in V 3 bis V 6. Laborchemisch fand sich neben der Thrombopenie eine massive Rhabdomyolyse (Tabelle 3). Zur Behandlung des bereits vorhandenen Nierenversagens wurden kristalloide Infusionslösungen, Na-Bikarbonat, Lasix® und lowdose Dopamin eingesetzt (Flüssigkeitsbilanz in den ersten 20 Stunden — 590 ml). Außerdem wurden ein Thrombozytenkonzentrat und 2 g Solu-Dacortin® verabreicht. Die auswärts begonnene Beatmungstherapie wurde fortgeführt.

Am nächsten Tag (3. Tag) hatte sich die cerebrale Situation weiter gebessert und der Pat. konnte, nachdem die Blutgase zufriedenstellend und das Thoraxröntgen

Tabelle 3. Laboratoriumsbefunde von Pat. H. G. (Kasuistik 2), die Befunde am Tag 1 wurden im auswärtigen Krankenhaus erhoben)

	Tag 1	Tag 2	Tag 3	Tag 4	Tag 5	Tag 6
CPK U/l	3 358	34 720	19 240	20 000	19 060	8 530
CK-MB %		1	1	4	—	—
LDH U/l	1 843	1 710	780	1 800	1 700	1 505
GOT U/l	898	1 120	1 020	1 200	1 440	1 624
GPT U/l	157	212	280	385	480	716
Alk. Phase U/l		67	64	73	87	102
Bilir. g. mg/dl	2,3	2,9	2,1	2,5	2,6	2,0
KOD mmHg		31,6	27,8	20,6	24,4	23,6
Osmol mosmol/l	280	305	304	307	301	300
BUN mg/dl	76	31	33	25	22	18
Creatinin mg/dl	1,5	1,8	1,5	1,3	1,3	1,3
Natrium mmol/l	140	139	141	139	145	139
Kalium mmol/l	3,1	3,9	3,8	3,9	4,3	3,4
Harnsäure mg/dl		7,6	8,5	6,8	7,3	7,4
Leuko $\times 10^9$/l	7,1	10,8	12,0	13,0	9,3	7,5
Ery $\times 10^{12}$/l	3,6	3,9	3,7	3,2	3,1	3,5
Thrombo $\times 10^9$/l	8	11	45	67	92	122
NT %	48	40	52	56	90	135
Tz s	18	35	12	13	13	16
Fgen mg/dl	259	320	289	225	330	440
ET		—	—	—	—	—
Laktat mmol/l		1,8	3,4	2,2		
pH		7,54	7,35	7,49		
PaO_2/FiO_2 mmHg		353	448	486		

unauffällig waren, problemlos extubiert werden. Die Zufuhr kristalloider Flüssigkeit wurde fortgesetzt (Bilanz + 2,6 l). Ab dem 4. Tag aß und trank der Pat. bereits selbst, weshalb auf eine weitere intravenöse Therapie verzichtet werden konnte. Der neurologische Befund ergab nur mehr diskrete Hinweise für ein organisches Psychosyndrom. Der Pat. klagte allerdings über beträchtliche Muskelschmerzen. Da sich in der Folge alle Befunde deutlich besserten, war bereits am 6. Tag der Rücktransfer ins Aufnahmekrankenhaus möglich, von wo er nach einer weiteren Woche beschwerdefrei entlassen werden konnte. Sämtliche bakteriologischen und virologisch-serologischen Untersuchungen, die während des Verlaufs erhoben wurden waren negativ.

Diskussion

Die Diagnose Hitzschlag muß vermutet werden, wenn bei Hitzeexposition und zusätzliche körperlicher Belastung Schwäche, Kollaps,

Kopfschmerzen, Halluzination, Bewußtseinseintrübung, Sprachstörungen oder Krämpfe auftreten. Beträgt dabei die Rektaltemperatur über 40 °C und finden sich im Labor Zeichen der Rhabdomyolyse, so gilt die Diagnose als gesichert [1, 4].

Beide vorgestellten Patienten hatten Symptome, die die Diagnose Hitzschlag sehr wahrscheinlich machen. In keinem Fall wurde aber die Diagnose am Notfallort gestellt, wodurch sicher wertvolle Zeit verloren ging. Die Notfalltherapie des Hitzschlags erfordert heroische Sofortmaßnahmen. Zeit ist der wichtigste Faktor. Der Patient soll in kühler, gut belüfteter Umgebung möglichst entkleidet gelagert werden. Da die Wärmeabgabe gestört ist, muß sie durch physikalische Maßnahmen (kalte feuchte Tücher, Eisbeutel, Eisbad) erzwungen werden. Massage der Haut und Extremitäten begünstigt die Vermischung des gekühlten peripheren Blutes mit dem zentralen erhitzten Blut. Die Kühlung kann beendet werden, wenn die Rektaltemperatur unter 38.3 °C fällt. Sie sollte jedoch bei neuerlichem Temperaturanstieg wieder aufgenommen werden. Hypotone kristalloide Flüssigkeiten müssen in ausreichenden Mengen intravenös verabreicht werden. Unter dieser Akuttherapie muß der Patient auf eine Intensivstation gebracht werden, wo die Flüssigkeitstherapie unter Kontrolle der Hämodynamik erfolgen kann (Pulmonaliskatheter) und gegebenenfalls auch andere intensivtherapeutische Verfahren zur Verfügung stehen. Selten sind zur Kühlung eine Dialyse mit kalter Dialysatflüssigkeit oder die Herz-Lungenmaschine erforderlich. Der Einsatz medikamentöser Maßnahmen (hochdosiertes Cortison, Dantrolene, prophylaktische Antibiotika) und die Magenspülung mit Eiswasser führt auf Grund der vorliegenden Literatur zu keiner Besserung der Prognose der Hitzschlagpatienten [1, 4, 5].

Beim Pat. 1 setzte die richtige Akuttherapie erst auf der Intensivstation und offenbar zu spät ein. Als Folge der bereits stattgehabten kardialen Schädigung war er bereits am ersten Behandlungstag in einer hypodynamen, katecholaminpflichtigen Kreislaufsituation. Maßgeblich für diese rasch eintretende kardiale Insuffizienz könnte die vorbestehende labile Hypertonie, die Adipostas und möglicherweise auch ein interkurrenter Infekt (St. p. Herpes labialis, Diarrhoe) gewesen sein. Als am 2. Tag die Verbrauchskoagulopathie hinzukam, war das konsekutive Multiorganversagen nicht mehr zu verhindern.

Bei Pat. 2 hingegen ist — zwar ohne Diagnosestellung — die richtige Akuttherapie durchgeführt worden. Er war aber sicher auch von seiner Konstitution her nicht so wie Pat. 1 gefährdet. Das Ausmaß der Rhabdomyolyse und der Gerinnungsstörung war am Beginn bei beiden Patienten durchaus vergleichbar; Pat. 2 hatte initial sogar deutlich weniger Thrombozyten. Warum Pat. 1 trotz maximaler Intensivtherapie verstorben und Pat. 2 bei eher mäßigem therapeutischen Aufwand überlebt hat, kann daher wohl nur auf die erwähnten konstitutionellen Unterschiede und den Zeitfaktor bis zum Einsetzen der Notfalltherapie zurückgeführt werden.

Die Diagnose Hitzschlag wird klinisch gestellt und sie ist besonders bei den Risikogruppen, unter entsprechender Exposition Hyperthermie, Bewußtseinstrübung, Sprachstörungen und Krämpfe auftreten, zu vermuten. Rasch einsetzende Abkühlungsmaßnahmen sind die einzige kausale Therapie. Da der Zeitfaktor für die Prognose entscheidend ist, darf die Akuttherapie durch diagnostische (Schädel-CT, Lumbalpunktion, usw.) und organisatorische (Transfer) Maßnahmen keinesfalls verzögert oder unterbrochen werden.

Literatur

1. Curley FJ, Irwin RS (1985) Disorder of temperature regulation: hypothermia, heatstroke, and malignant hyperthermia. In: Rippe JM, Irwin RS, Alpert JS, Dalen JE (eds) Intensive Care Medicine. Little, Brown and Co, Boston Toronto, p 543
2. Clowes GHA, O'Donnel TF jr (1974) Current concepts: heat stroke. New Engl J Med 291: 564
3. El-Kassimi FA, Al-Mashhadani S, Abdullah AK, Akhtar J (1986) Adult respiratory distress syndrome and disseminated intravascular coagulation complicating heat stroke. Chest 90: 571
4. Petersdorf RG, Root RK (1987) Disturbances of heat regulation. In: Braunwald E, Isselbacher KJ, Petersdorf RG et al. (eds) Harrison's Principles of Internal Medicine, 11th ed. McGraw-Hill, New York, p 46
5. White JD, Riccobene E, Nucci R, Johnson C, Butterfield AB, Kamath R (1987) Evaporation versus iced gastric lavage treatment of heatstroke: comparative efficacy in a canine model. Crit Care Med 15: 748
6. Wyndham CH (1977) Heat stroke and hyperthermie in marathon runners. Ann NY Acad Sci 301: 128
7. Zahger D, Moses A, Weiss AT (1989) Evidence of prolonged myocardial dysfunction in heat stroke. Chest 95: 1089

Korrespondenz: Doz. Dr. A. N. Laggner, I. Medizinische Universitätsklinik, Lazarettgasse 14, A-1090 Wien, Österreich.

Hirntod-Diagnostik: EEG, evozierte Potentiale, Angiographie, Sonographie

J. Zeitlhofer

Neurologische Universitätsklinik, Wien, Österreich

Der Hirntod ist als irreversibler Ausfall der Großhirn- und Hirnstammfunktion definiert. Darüber hinaus muß die Irreversibilität dieses Funktionsausfalles nachgewiesen sein [11]. Durch zunehmende Möglichkeiten der Intensivmedizin wie künstliche Beatmung und Stabilisierung des Herzkreislaufsystems können die wichtigsten basalen Vitalfunktionen auch noch aufrechterhalten werden, wenn bereits ein irreversibler Funktionsausfall des Gehirns angenommen werden muß (dissoziierter Hirntod).

Die Feststellung des Hirntodes ist eine sehr schwerwiegende Diagnose, weswegen auch die verschiedenen Kriterien in den einzelnen Ländern festgelegt und vereinheitlicht wurden [3, 4, 5, 6, 7, 8].

Das Hauptgewicht liegt auf der klinisch-neurologischen und intensivmedizinischen Beurteilung (Ausfall der integrativen Groß- und Stammhirnfunktionen, Irreversibilität dieses Ausfalls); außerdem müssen bestimmte Voraussetzungen erfüllt und auch eine angemessene Beobachtungszeit gegeben sein: die Mindestzeitdauer der klinischen Beobachtung beträgt in Deutschland [7] bei Erwachsenen und älteren Kindern nach primärer Hirnschädigung mindestens 12 Stunden, nach sekundärer Hirnschädigung 72 Stunden; bei Säuglingen und Kleinkindern soll auch bei primärer Hirnschädigung mindestens 24 Stunden Beobachtungszeit vorliegen.

In Österreich ist eine Beobachtungszeit von mindestens 6 Stunden (mit EEG-Registrierung) gefordert [6].

Neben den klinischen Symptomen des Ausfalls der Hirnfunktion werden ergänzende Untersuchungen zur Unterstützung und Sicherung der Diagnose sowie zur Abkürzung der Beobachtungszeit herangezogen:

a) EEG-Untersuchung

Das isoelektrische EEG („Null-Linien-EEG") ist eine Voraussetzung für die Diagnose „Hirntod", ist aber diesem nicht gleichzusetzen. Es unterstützt die Hirntoddiagnose, wenn durch die klinisch-neurologische Untersuchung ein Ausfall der Kortex- und Hirnstammfunktion nachgewiesen ist und eine bestimmte Beobachtungsdauer vorliegt; außerdem müssen Intoxikationen und eine primäre Hypothermie ausgeschlossen sein.

Die EEG-Registrierung muß einen bestimmten technischen Standard aufweisen, wobei sich die Empfehlungen der nationalen EEG-Gesellschaften nur geringfügig unterscheiden. Diese Ableitungskriterien beinhalten:

— Mindestanzahl von 8 Skalp-Elektroden.
— Widerstand zwischen den Elektroden zwischen 100 ohm und 10 kohm; Elektrodenwiderstand unter 10 kohm.
— Elektrodenabstand mindestens 10 cm.
— Maximale Verstärkung (2 μV/mm).
— Zeitkonstante 0.3 sec; Hochpassfilter mind. 70 Hz.
— Gleichzeitige EKG-Ableitung.
— Technisch einwandfreie Ableitung (Überprüfung des EEG-Gerätes, Artefaktidentifizierung, erfahrenes EEG-Personal).

Die Ableitdauer und Beobachtungszeit ist national unterschiedlich festgelegt, die Richtlinien der Deutschen EEG-Gesellschaft fordern während einer kontinuierlichen Ableitung über mindestens 30 Minuten eine hirnelektrische Stille (Null-Linien-EEG). Es kann dann — außer bei Säuglingen und Kleinkindern — der Hirntod ohne weitere Beobachtungszeit festgestellt werden. Bei Säuglingen und Kleinkindern bis zum 2. Lebensjahr muß die EEG-Registrierung nach 24 Stunden wiederholt werden.

In Österreich ist eine EEG-Registrierung nach Feststellung der klinischen Symptome des Hirntodes über 6 Stunden vorgesehen; wobei mindestens 20 Minuten kontinuierlich abgeleitet und die Ableitung alle 3 Stunden wiederholt wird [8]. Bei Vorliegen eines Null-Linien-EEGs in dieser Beobachtungszeit wird der Hirntod nach nochmaliger klinisch-neurologischer Untersuchung definitiv festgestellt.

b) Multimodal evozierte Potentiale

Die evozierten Potentiale sind als ergänzende Untersuchung zulässig, wenn sie von einem in dieser Technik erfahrenen Arzt abgeleitet und einwandfrei dokumentiert werden [7]. Die Messung ist einfach und rasch durchführbar, es werden die frühen akustisch evozierten Potentiale (FAEP) sowie somatosensiblen evozierten Potentiale (SEP) eingesetzt; die visuell evozierten Potentiale haben für die Hirntoddiagnostik keine Bedeutung [10].

Zur Bewertung der FAEP muß die Intaktheit des peripheren akustischen Rezeptors durch Verlaufsuntersuchung gesichert sein, im Falle der somatosensiblen evozierten Potentiale nach Medianusstimulation ist ein schrittweises Erlöschen zu beobachten, es müssen primär infratentorielle Läsionen sowie Verletzungen des Halsmarkes ausgeschlossen sein.

Sowohl die FAEP als auch die frühen Komponenten der SEP sind stabil gegen medikamentöse Einflüsse (z. B. Thiopental), sie sind daher auch in der Vorfelddiagnostik und beim Ausschluß des Hirntodes bei toxischen und metabolischen Hirnschädigungen hilfreich [10].

Die evozierten Potentiale sind vor allem zum Nachweis des Ausfalls der Hirnstammfunktion geeignet. Durch den bilateralen Ausfall der Wellen III bis VII der *FAEP* ist der Funktionsausfall des Hirnstamms objektiviert, es können aber auch beim Hirntod noch Komponenten I und II [9, 12] vorhanden sein (Abb. 1); Verlaufsuntersuchungen zeigen allerdings ein Erlöschen der Komponente II bald nach dem Eintritt des Hirntodes.

Einschränkend gilt, daß bei primären Hirnstammerkrankungen (Pons-Blutung, Basilaris-Thrombose) auch bei bilateralem Ausfall der Komponenten III bis V noch eine EEG Ableitung zum Nachweis des Ausfalls der Großhirnfunktion notwendig ist und daß ein primärer bilateraler Ausfall (z. B. bei Schwerhörigkeit) ausgeschlossen sein muß. Die *SEP* können die Hirntoddiagnose stützen, wenn ein bilateraler Ausfall aller im Großhirn (kortikaler Primärkomplex N 20/P 25) generierten SEP-Komponenten nachgewiesen werden kann; spinale Komponenten (N 13) können noch vorhanden sein [1, 10, 12]. Für die SEP ist ebenfalls die Verlaufsbeobachtung wichtig — bei allmählichem Erlöschen der kortikalen und später auch der spinalen Komponenten können auch Halsmarkläsionen ausgeschlossen werden; fehlen hingegen schon bei der ersten dokumentierten Ableitung spinale

Evozierte Potentiale beim Hirntod

Hirnstammpotentiale (FAEP)

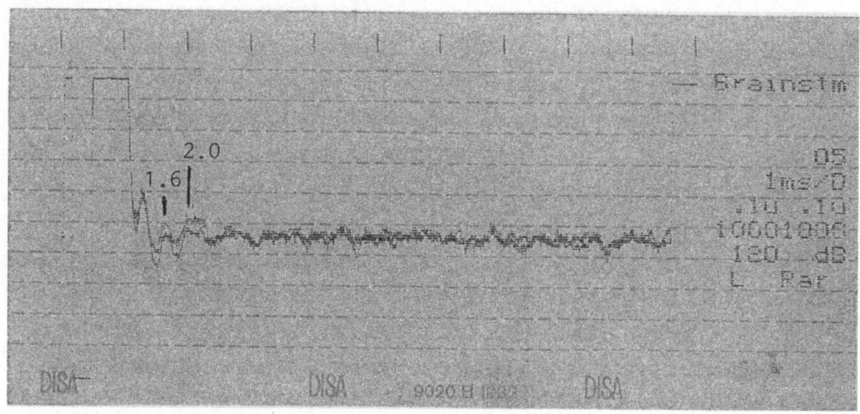

a

FAEP: Cochleäre Mikrofonpotentiale und Komponente I noch erhalten

SEP bei Medianusstimulation

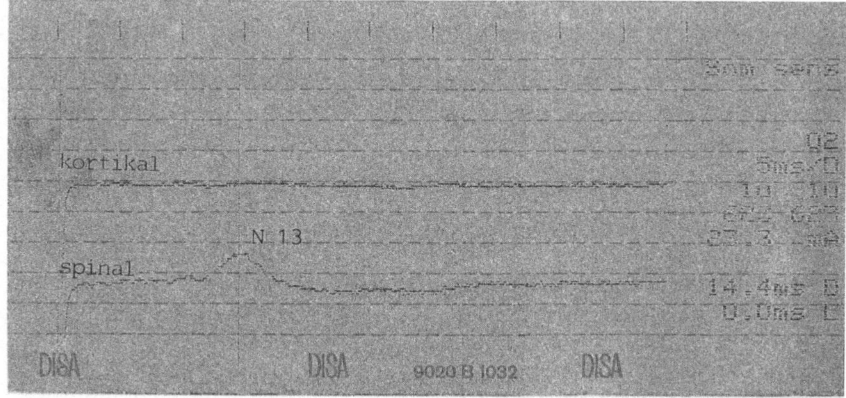

b

SEP: Spinale Komponente N 13 noch erhalten (Latenz 14,4 ms, Amplitude 0,96 μV)

Abb. 1. Evozierte Potentiale beim Hirntod. **a** Frühe akustisch evozierte Potentiale (FAEP = Hirnstammpotentiale): Nur mehr cochleäre Mikrofonpotentiale und deformierte Komponente I erhalten. **b** Somatosensorisch evozierte Potentiale (nach Medianusstimulation): Spinale Komponente N 13 noch erhalten (Latenz 14,4 msec, Amplitude 0,96 μV)

und kortikale Komponenten, so kann es sich auch um eine primäre Halsmarkläsion handeln. Fehlt schon bei der ersten dokumentierten Ableitung der kortikale Primärkomplex beidseits, so kommt differentialdiagnostisch auch ein bilateraler Thalamusprozeß in Frage.

Der Ausfall bzw. die Amplitudenabnahme der Komponente N 13 spricht für ein Fortschreiten des zentralnervösen Funktionsausfalls bis in kaudale Halssegmente [11].

c) Serienangiographie

Die Serienangiographie dient — wie auch die sonographischen Methoden — dem Nachweis des intracerebralen Zirkulationsstillstandes. Es wird eine Vier-Gefäß-Angiographie (A. carotis interna bds., A. vertebralis bds.) gefordert [11], wobei bei intraarterieller Katheterlage ein Abbruch der Kontrastmittelsäule an der Schädelbasis in allen 4 Gefäßen nachgewiesen sein muß, um die sofortige Diagnose des Hirntodes zu bestätigen. Ein Systemblutdruck über 80 mmHg systolisch ist Voraussetzung, eine digitale Subtraktionsangiographie wird als nicht hinreichend zuverlässig angesehen [7].

Wegen einer möglichen Gefährdung des — noch nicht mit Sicherheit hirntoten — Patienten durch die Angiographie selbst oder durch den Transport in eine entsprechend ausgerüstete Röntgenabteilung wird diese Methode an vielen Zentren nur dann eingesetzt, wenn die am Bette des Patienten durchführbaren ergänzenden Untersuchungen (EEG, evozierte Potentiale) nicht möglich sind.

d) Sonographie der hirnversorgenden Gefäße

Der charakteristische Befund beim Hirntod ist der sogenannte „Pendelfluß", d. h. es kommt zu einer hochgradig verminderten systolischen Vorwärtsströmung in Richtung Schädelbasis und einer kurzen frühdiastolischen herzwärts gerichteten Rückstromphase [2]. Ein „Pendelfluß" kann auch bei einem Verschluß einer A. carotis interna knapp nach der Bifurkation vorkommen. Es muß daher der Befund eines „Pendelflusses" an der A. carotis interna beidseits am Hals sowie an der A. vertebralis beidseits erhoben werden. Für diese Untersuchung ist eine ausreichende Erfahrung Voraussetzung. Im Kindesalter ist die Methode nicht genügend beweiskräftig, da die intrakranielle Druckentwicklung nach Hirnschädigung anders verläuft als im Erwachsenenalter. Der zerebrale Kreislaufstillstand führt zwar zu eindeutigen dopplersonographischen Befunden an den extrakraniellen Arterien, eine ausreichende Erfahrung des Untersuchers ist aber unerläßlich. Die Dopplersonographie ersetzt derzeit bei geplanter Organtransplantation kaum eine Angiographie.

Zusammenfassung

Der Tod eines Menschen kann — außer nach Aufhören von Atmung und Herzschlag — auch dann festgestellt werden, wenn das Vorliegen der Kriterien des Hirntodes in klinischer Symptomatologie, während angemessener Beobachtungszeit und gegebenenfalls mit apparativer Zusatzdiagnostik nachgewiesen ist [7]. Die Befunde müssen durch erfahrene, vom Transplantations-Team unabhängige Ärzte erstellt werden; Entscheidungshilfen zur Feststellung des Hirntodes sind in den einzelnen Ländern [3, 4, 6, 7, 8] festgelegt und weisen bezüglich der apperativen Zusatzdiagnostik sowie im praktischen Diagnose-Ablauf geringe Unterschiede auf.

Literatur

1. Buchner H, Ferbert A, Hacke W (1988) Serial recording of median nerve stimulated subcortical somatosensory evoked potentials (SEPs) in developing brain death. Electroencephalogr Clin Neurophysiol 69: 14—23
2. Büdingen HJ, von Reutern GM, Freund HJ (1982) Doppler-Sonographie der extrakraniellen Hirnarterien. Thieme, Stuttgart New York
3. Frowein RA, Gänshirt H, Richard KE, Hamel E, Haupt WF (1987) Kriterien des Hirntodes: 3. Generation. Erläuterungen zur Fortschreibung der von der Bundesärztekammer gegebenen Entscheidungshilfen zur Feststellung des Hirntodes. Anästh Intensivther Notfallmed 22: 17—20
4. Guidelines for the determination of death (1981) Report of the medical consultants on the diagnosis of death to the President's commission for the study of ethical problems in medicine and biomedical and behavioral research. Special communication. JAMA 246: 2184—2186
5. Guidelines for the determination of brain death in children (1987) Task Force for the Determination of Brain Death in Children. Arch Neurol 44: 551–554
6. Holczabek W, Kopetzki Ch (1986) Rechtsgrundlagen von Organtransplantationen. Wien Klin Wschr 98: 417—420
7. Kriterien des Hirntodes (1986) Entscheidungshilfen zur Feststellung des Hirntodes. Dtsch Ärtztebl 43: 2940—2946
8. Krösl W, Scherzer E (1973) Die Bestimmung des Todeszeitpunktes. Maudrich Verlag, Wien
9. Stöhr M, Riffel B, Trost E, Baumgärtner H (1987) Akustisch und somatosensorisch evozierte Potentiale im Hirntod. Nervenarzt 58: 658—664

10. Stöhr M, Dickgans J, Diener HC, Büttner UW (1989) Evozierte Potentiale, 2. Aufl. Springer, Berlin Heidelberg New York Tokyo
11. Walker AE (1985) Cerebral death, 3rd edn. Urban & Schwarzenberg, Baltimore Munich
12. Zeitlhofer J, Steiner M, Zadrobilek E, Häusl E, Sporn P, Asenbaum S, Oder W, Baumgartner CH, Deecke L (1989) Evozierte Potentiale zur Verlaufs- und Prognosebeurteilung von Schädel-Hirn-Trauma-Patienten. Anaesthesist 38: 10—15

Korrespondenz: Doz. DDr. J. Zeitlhofer, Neurologische Universitätsklinik, Lazarettgasse 14, A-1090 Wien, Österreich.

Intensivtherapie von Patienten mit Hirnödem

M. Zimpfer und **A. Aloy**

Klinik für Anaesthesie und Allgemeine Intensivmedizin,
Universität Wien, Österreich

1. Einleitung

Die Intensivtherapie von Patienten mit Hirnödem ist eine Applikation der zentralnervösen, vorwiegend intrakraniellen Effekte physiologischer und pharmakologischer Maßnahmen bei gegebener Pathologie des Zentralnervensystems und somit ein Konglomerat neurologischer, chirurgischer und anaesthesiologischer Gesichtspunkte. Da die Folgen aller Organversagen negative Effekte auf das Zentralnervensystem entfalten können und andererseits primär neurologische Erkrankungen häufig mit Funktionsstörungen anderer Organe assoziiert sind, bezweckt auch die Intensivtherapie des Hirnödems zunächst eine zielsetzungsorientierte Überwachung und Sicherung der extrakraniellen Organfunktionen. Während im vorliegenden Beitrag auf die spezifisch pathophysiologischen Gesichtspunkte des Hirnödems im Detail nicht eingegangen werden kann, sei darauf hingewiesen, daß die Therapie darauf abzielen muß, die sekundären Nervenschäden als Resultat von Hypoxie und Ischämie, die als Folge arterieller Hypotension, eines erhöhten Hirndruckes oder durch Kompression intrakranieller Gefäße durch Verlagerung von Hirnanteilen bei expandierender Raumforderung mit Einklemmungsmechanismen bedingt sein können, zu eliminieren.

2. Intensivmedizinische Grundlagen

Während sich aus dem oben Gesagten ergibt, daß viele intensivmedizinische Routineabläufe mit denen der Intensivtherapie eines allgemeinchirurgischen Krankengutes ident sind, lassen sich die mehr spezifischen neurointensivmedizinischen Grundlagen und Basismaßnahmen der Therapie den Hirnödems, unabhängig von dessen Genese, wie folgt zusammenfassen: von größter Wichtigkeit sind zunächst Kenntnisse der Neuroanatomie und der pathophysiologischen Konsequenzen der gegebenen Erkrankung mit gedanklicher Verarbeitung der oft foudroyanten Entwicklungen bei Vorliegen nur diskreter klinischer Hinweise („tickende Bombe"). Dies impliziert eine repetitive, sorgfältige neurologische Examination zur frühzeitigen Erkennung einer sich entwickelnden intrakraniellen Raumforderung und Ableitung therapeutischer Konsequenzen unter Einbeziehung elektrophysiologischer und radiologischer Befunde. Neben der allgemein intensivmedizinischen Dokumentation der Vitalfunktion (Kreislauf, Atmung, Leber, Niere, Gerinnung, Stoffwechsel) kommt der Abschätzung des zerebralen Perfusionsdruckes und der intrakraniellen Dynamik zur Erfassung sowie physiologischen und pharmakologischen Beeinflussung der Beziehung von intrakraniellem Blutvolumen, intrakraniellem Druck und intrakranieller Perfusion eine besondere Bedeutung zu. Schließlich sei hervorgehoben, daß auch die allgemein intensivmedizinischen ärztlichen und Pflegemaßnahmen durch möglichst geübtes Personal durchgeführt werden müssen, da Interventionen wie Lagerung, Intubation, Beatmung, Bronchialtoilette, Manipulation des Flüssigkeits- und Elektrolythaushaltes, der Patiententemperatur oder extrakorporale Blutreinigungsverfahren maßgebliche Rückwirkungen auf die intrakranielle Druckdynamik entfalten können.

3. Pathophysiologie der intrakraniellen Dynamik

Das grundlegende Konzept der intrakraniellen Dynamik läßt sich auf die anatomische Gegebenheit zurückführen, daß das Neurokranium eine feste, größtenteils geschlossene Hülle darstellt, die drei nicht kompressible Materialien, nämlich Nervengewebe, Liquor cerebrospinalis und Blut enthält (Monroe-Kelly-Doktrin), sodaß bei einer Raumforderung nur wenig Kompensationsmöglichkeiten gegeben sind. Die Absorption von *Liquor* kann nach Subarachnoidalblutung, Aquäduktstenose, basaler Narbenbildung nach Meningitis oder Behinderung der Liquorzirkulation durch Tumoren verzögert oder aufgehoben sein. Das *zerebrale Blutvolumen* das über autoregulatorische Mechanismen unter physiologischen Bedingungen weitgehend konstant gehalten wird, ist eine Funktion des zerebralen Blutflusses, des intrakraniellen Gefäßquerschnittes und der venösen Drainage. Bei Vorliegen einer entsprechenden Pathologie können jedoch Schwankungen des zerebralen Perfusionsdruckes unmittelbar Änderungen des Blutvolumens und damit des Hirndruckes verursachen. Das *Hirngewebe* selbst besteht aus Ganglienzellen mit den dazugehörigen Neuronen, der Neuroglia und der extrazellulären Flüssigkeit. Unter Normalbedingungen sind diese Volumina ziemlich konstant; die wichtigste Störung ist das Hirnödem als extra- (vasogen) oder intrazelluläre (zytotoxisch) Zunahme des Wassergehaltes [7].

4. Kontrolle des erhöhten intrakraniellen Druckes

4.1. Determination und Elimination struktureller und physiologischer Ursachen

Wenn der intrakranielle Druck einen Wert von 20—25 mmHg erreicht und daher eine Therapie indiziert ist, sind systematisch drei Schritte einzuleiten:

1. Es ist zu prüfen, ob der gemessene Hirndruckanstieg tatsächlich besteht; dies impliziert eine Beurteilung der Kurvenform, einen Nullpunktsabgleich und eine neuerliche Kalibration der Meßgeräte.
2. Die Ursachen für den ICP-Anstieg sind festzustellen.
3. Gleichzeitig ist die Behandlungsform — wenn möglich der Ursache entsprechend — zu wählen.

Eine Hirndruckerhöhung kann sowohl strukturelle als auch physiologische Gründe haben. *Strukturelle Ursachen* wie z. B. intraventrikuläre oder intrazerebrale Blutungen, Hydrocephalus oder Hirnödem können computertomographisch ausgeschlossen werden. Bei jedem Patienten mit ursprünglich normalen Hirndruck sollten wiederholt CT-Untersuchungen vorgenommen werden, um das Vorliegen einer der genannten Ursachen festzustellen und eine kausale chirurgische Therapie zu ermöglichen. Gerade das Hirnödem kann jedoch nicht sofort kausal behandelt werden, da im Falle eines vasogenen Ödems der Wiederaufbau der Blut-Hirn-Schranke erst etwa 15 bis 24 Stunden nach der Verletzung einsetzt [3] und die Rückbildung des Ödems einige Tage in Anspruch nimmt [12]. — Vor Beginn einer unspezifischen Therapie sind *physiologische Ursachen* wie Hyperkarbie, Hypoxie, Hyponatriämie, Hypothermie, Agitation und Anfälle zu festzustellen oder mittels geeigneter Tests auszuschließen. Eine Temperaturüberwachung ist erforderlich, da eine Temperaturerhöhung den Sauerstoffbedarf und folglich auch den zerebralen Blutfluß steigert. Die Bewußtseinslage des Patienten ist aufmerksam zu verfolgen, um eine schlechte Adaptation an den Respirator zu vermeiden, die über einen erhöhten intrathorakalen Druck den venösen Rückstrom vom Kopf beeinträchtigen würde [18, 19].

4.2. Unspezifische Therapie

1. Lagerung

Der Patient wird mit um ca. 30 Grad angehobenen Kopf gelagert, um den venösen Abfluß vom Gehirn zu verbessern. Es ist darauf zu achten, daß der Kopf nicht zur Seite gedreht wird, d. h. der Patient sollte geradeaus schauen.

2. Hyperventilation

Zunächst wird der Patient sorgfältig an den Respirator adaptiert, anschließend die arterielle CO_2-Spannung auf etwa 25—30 mmHg abgesenkt. Dies kann besonders dann von Vorteil sein, wenn das Hirnödem als Folge einer hyperämischen Reaktion auf eine Hirnverletzung auftritt [13]. Hypokarbie reduziert den Blutfluß generell [11]. Während mäßiger Hypokarbie kann das Blut von normalen zu ischämischen Arealen umgeleitet werden [10]. Bei längerdauernder Hyperventilation stellen sich jedoch wieder die ursprünglichen Werte von zerebralem Blutfluß und intrakraniellem Druck ein, da es innerhalb des Liquor cerebrospinalis zu einer neuerlichen Äquilibration der Wasserstoff- und Bikarbonatkonzentrationen kommt. Aus diesem Grund eignet sich das Verfahren der Hyperventilation vor allem für die Behandlung kurzdauernder Hirndruckanstiege.

3. Superponierte Hochfrequenzbeatmung

Die der konventionellen zyklischen Beatmung superponierte Hochfrequenzbeatmung (8—12 Hz) kann den intrakraniellen Druck aufgrund des erhöhten venösen Rückstroms infolge des erniedrigten intrathorakalen Druckes reduzieren.

4. Ventrikeldrainage

Bei richtig angebrachten Ventrikelkatheter werden die Ventrikel des Patienten dekomprimiert und bis zu einem Druck, von ca. 15 mmHg entleert. Bei Vorliegen eines schweren Hirnödems ist es jedoch zumeist unmöglich, Katheter in das Ventrikelsystem einzubringen, da die Seitenventrikel durch Aufbrauch der intrakraniellen Reserveräume schlitzförmig verengt sind.

5. Hypertone Lösungen

Hypertone Lösungen wie Mannitol, Sorbitol und Glycerol reduzieren den Hirnwassergehalt über Bildung eines osmotischen Gradienten zwischen dem vaskulären Kompartment und dem Hirnparenchym bei Vorliegen einer intakten Blut-Hirn-Schranke [15]. Die Dauer der Hirndrucksenkung nach Verabreichung dieser Agentien wird jedoch kontroversiell beurteilt und alle Substanzen dieser Kategorie besitzen prinzipiell die Fähigkeit, ein Rebound-Phänomen zu induzieren, wodurch der intrakranielle Druck nach der Behandlung höher sein kann als vor der Therapie. Ursächlich dafür kommt eine Überwindung der Blut-Hirn-Schranke in Frage, was letztlich aufgrund der Umkehr des osmotischen Gradienten eine Verschiebung von Wasser aus dem intravaskulären Kompartment in das Hirnparenchym bedingt. Die wichtigsten toxischen Effekte von Glycerol, die durch sorgfältige, langsame Verabreichung vermieden werden können, sind Hämolyse, Hämoglobinurie und Nierenversagen [17]. Auch über Oxalsäurevergiftungen nach intravenöser Gabe wurde berichtet [9]. Zur Verstärkung des Effektes von Mannitol kann auch Furosemid hinzugefügt werden.

6. Steroide

Obwohl Steroide in der Therapie des Tumorödems hochwirksam sind [5], fehlt trotz ihres weitverbreiteten Einsatzes der Beweis ihres nutzbringenden Effektes beim traumatischen Ödem.

7. Barbiturate

Die Effektivität von Barbituraten in der Prävention und Therapie fokaler oder generalisierter zerebraler Ischämie wurde aufwendig untersucht. Auch konnte eine Herabsetzung des intrakraniellen Druckes nachgewiesen werden [14]. Diese Wirkungskomponente kann — zumindest teilweise — auf eine Herabsetzung des zerebralen Sauerstoffbedarfes durch Unterdrückung der elektrischen Gehirnaktivität zurückgeführt werden. So bedingen Barbiturate auch eine Gefäßkonstriktion im normalen Hirngewebe und eine sekundäre Blutumverteilung zum ischämischen Gewebe [1, 4]. Eine Stabilisation lysosomaler Membranen, eine Unterdrückung der Ödembildungsrate, eine Herabsetzung der Freisetzung freier Fettsäuren und freier Radikale, eine verminderte Freisetzung von Neurotransmittern während Ischämie, eine Herabsetzung des intrazellulären Kalziums im ischämischen Gewebe und schließlich die eigentlich anaesthetischen Effekte könnten andere, für den Themenkreis „zerebrale Protektion" relevante Wirkungsprinzipien der Barbiturate ausmachen (siehe [6]).

8. Lidocain

Lidocain, dessen Verabreichung vor Beginn der Bronchialtoilette empfohlen wurde [2], unterdrückt die synaptische Übertragung und verhindert den Metabolismus in normalem Gewebe. Durch Verminderung der Membranpermeabilität wird die Leitfähigkeit für Natrium und Kalium im ischämischen Gehirngewebe herabgesetzt, was die Ionenpumpen von einem Teil ihrer Last befreit und somit den Energiebedarf senkt [1].

9. Säure-Basen-Pufferung

Das Prinzip der zerebralen Protektion von Ischämie und Hypoxie mittels Verabreichung des Puffers THAM (Tris-hydroxy-methyl-aminomethan: Tromethamin) basiert auf seinen inrazellulär alkalinisierenden Eigenschaften, seiner Blut-Hirn-Schranken-Permeabilität und seiner Fähigkeit, die einem ischämischen/hypoxischen Insult folgenden schädlichen Effekte einer Gewebsazidose aufzuheben [16]. Sein alkalinisierender Effekt auf das Gewebe ist ähnlich demjenigen der Hypokarbie, jedoch ohne Reduktion des regionalen zerebralen Blutflusses, Gefährdung der aeroben Glykolyse und Akkumulation saurer Stoffwechselprodukte.

10. Substratmanipulation

Während Glukose die wichtigste Rolle im Hirnstoffwechsel spielt, können exzessive Mengen für ischämisches und hypoxisches Hirngewebe schädlich sein, das das anaerobe metabolische Endprodukt Laktat die Gewebsazidose in einem solchen Ausmaß erhöhen kann, daß die zelluläre Integrität nicht mehr gewährleistet ist. So verstärkt auch eine glukokortikoidinduzierte Hyperglykämie eine ischämische Hirnschädigung [8]. Eine Hirnschädigung kann auch auftreten, wenn der Glukosespiegel im Blut zu niedrig ist, eine Situation, die häufig bei komatösen Patienten nach Insulin-Überdosierung zu beobachten ist.

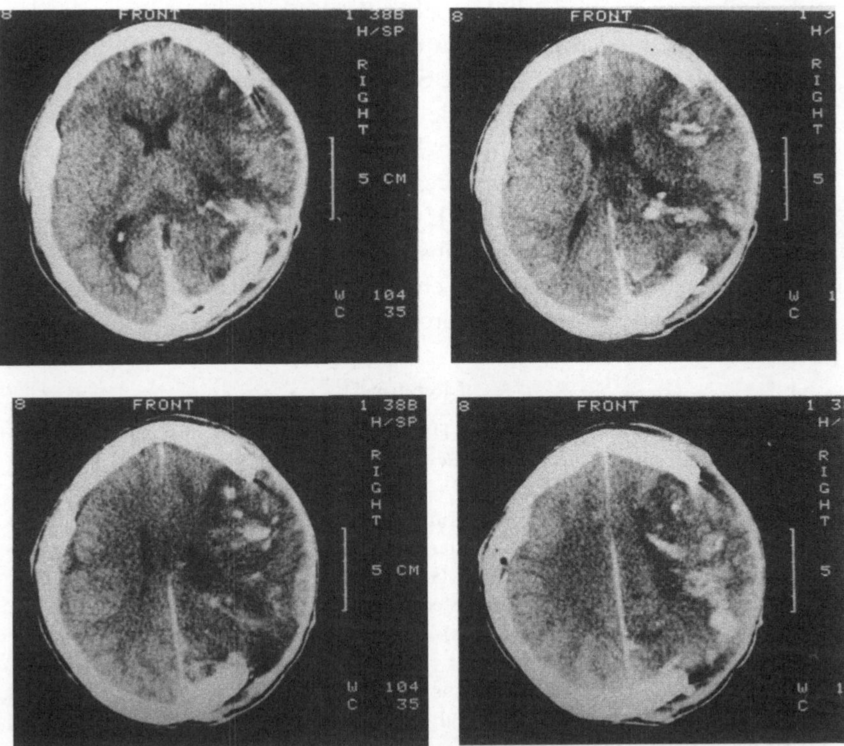

Abb. 1. Computertomographie eines 18jährigen Patienten nach Moped-Unfall und osteoklastischer Trepanation zur Entleerung extracerebraler Haematome rechts parietal und occipital. Massive Contusionsherde mit perifokalem Ödem und einem Hirnprolaps kommen zur Darstellung. Nach 4wöchiger aufwendiger Intensivtherapie kann mit der neurologischen Rehabilitation begonnen werden, wobei der Patient zwei Monate nach dem Unfall selbständig gehen kann. Innerhalb eines weiteren Jahres legt der Patient die Reifeprüfung ab und inskribiert nach kompetitivem Ausleseverfahren als Student einer Wirtschaftsuniversität

5. Zusammenfassung

Die Intensivtherapie von Patienten mit Hirnödem ist ein Konglomerat allgemeiner und mehr spezifisch neurointensivmedizinischer Maßnahmen und impliziert die Wahrnehmung der interdisziplinären Aufgabenstellung unter Einbeziehung der Kollegen verschiedener Fachdisziplinen. So hat das Verständnis und die Möglichkeit einer Abschätzung der intrakraniellen Dynamik zusammen mit neuen elektrophysiologischen und neuroradiologischen Techniken die Intensivtherapie von Patienten mit Erkrankungen des Zentralnervensystems grundlegend geändert. Anderseits ist die Sicherung der neuronalen Integrität durch Vermeidung von Ischämie und Hypoxie ein multifaktorielles Problem, das nicht durch Entwicklung intensivmedizinischer Panacea gelöst werden kann. Es kann aber davon ausgegangen werden, daß die Schäden durch Ischämie und Hypoxie des Nervengewebes spontan durch die Krankheitsabläufe selbst oder durch eine Reihe von therapeutischen Interventionen mit einer weiten Varietät von Wirkungsprinzipien günstig beeinflußt werden können (Abb. 1).

Literatur

1. Astrup J, Sorensen PM, Sorensen HR (1981) Inhibition of cerebral oxygen and glucose consumption in the dog by hypothermia, pentobarbital, and lidocaine. Anesthesiology 55: 263—268
2. Bedford RF, Persing JA, Pobereskin L et al. (1980) Lidocaine or thiopental for rapid control of intracranial hypertension. Anesth Analg 49: 435
3. Bruce DA, Ter Weeme C, Kaiser G, Ghostine S (1976) Mechanisms and time course for clearance of vasogenic cerebral edema. In: Popp AJ, Bourke RS, Nelson LR, Kimbelberg HK (eds) Neural trauma. Grune and Stratton, New York, pp 155 ff
4. Feustel PJ, Ingvar MC, Severinghaus JW (1981) Cerebral oxygen availability and blood flow during middle cerebral artery occlusion: effects of pentobarbital. Stroke 12: 858—863
5. Galicich JH, French LA (1961) The use of dexamethasone in the treatment of cerebral edema resulting from brain tumors and brain surgery. Am Pract 12: 169—174
6. Hoff JT (1986) Cerebral protection. J Neurosurg 65: 579—591
7. Klatzo I (1967) Neuropathological aspects of brain edema. J Neuropathol Exp Neurol 26: 1
8. Koide T, Wieloch J, Siesjö BK (1986) Chronic dexamethasone pretreatment aggravates ischemic brain damage by inducing hyperglycemia. J Cereb Blood Metab 5 [Suppl 1]: 251—252
9. Krauz T, Sellzer M, Abrouryl I (1977) Renocerebral oxalosis after intravenous glycerol infusion. Lancet 2: 89—90
10. Lassen NA, Palvölgyi R (1968) Cerebral steal during hypercapnia and the inverse reaction during hypercapnia observed by the 133 Xenon technique in man. Scand J Clin Lab Invest [Suppl 102]: XIII D
11. Lundberg N, Kjällquist A, Bien C (1959) Reduction of increased intracranial pressure by hyperventilation. A therapeutic aid in neurological surgery. Acta Psychiatr Scand 34 [Suppl]: 139
12. Marmarou A, Shulman K, Shapiro K, Poll W (1976) The time course of brain tissue pressure and local CBF in vasogenic edema. In: Pappius HM, Feindel W (eds) Dynamics of brain edema. Springer, Wien New York, pp 112 ff

13. Obrist W, Langfitt TW, Jaggi JL, Cruz J, Gennarelli TA (1984) Cerebral blood flow and metabolism in comatose patients with acute head injury. J Neurosurg 61: 241—253
14. Piatt JH Jr, Schiff SF (1984) High dose barbiturate therapy in neurosurgery and intensive care. Neurosurgery 15: 427—444
15. Reed DJ, Woodbury DM (1962) Effects of hypertonic area on cerebrospinal fluid pressure and brain volume. J Physiol 164: 252—264
16. Rosner MJ, Becker DP (1984) Experimental brain injury: successful therapy with the weak base, tromethamine, with an overview of CNS acidosis. J Neurosurg 60: 961—971
17. Tourtellotte WW, Reinglass JL, Newkirk TA (1972) Cerebral dehydration action of glycerol. Clin Pharmacol Ther 13: 159—171
18. Ward JD, Becker DP, Mickell J, Keenan R (1981) Neurosurgery—intracranial pressure, head injuries, subarachnoid hemorrhage, nonsurgical coma and brain tumors. In: Shoemaker WC, Thompson WL (eds) Critical care—state of the art, vol 2. Society of Critical Care Medicine, Fullerton II (R): 1—II (R): 26
19. Ward JD, Gadisseux P, Wood CO, Young HF (1987) Intensive care of the head-injured patient. In: Landolt AM (ed) Intensive care and monitoring of the neurosurgical patient. Karger, Basel (Progress in neurological surgery, vol 12, pp 15—52)

Korrespondenz: Prof. Dr. M. Zimpfer, Klinik für Anaesthesie und Allgemeine Intensivmedizin, Universität Wien, Spitalgasse 23, A-1090 Wien, Österreich.

Konservative Therapie in der Akutphase des schweren Schädelhirntraumas (SHT)

F. Aichner

Universitätsklinik für Neurologie, Innsbruck

Die Abhandlung dieses Themas in Form eines Kurzreferates gliedert sich in den Bereich der Pharmakotherapie, der Beatmung und Kreislaufstabilisation sowie in allgemeine Pflege und Überwachungsmaßnahmen. Die Morbidität und Mortalität des SHT hat sich trotz verbesserter Intensivmedizin in den letzten Jahren nicht wesentlich verbessert. Primäre Substanzschäden des Gehirns nach einem Trauma sind irreversible und mit keiner Therapie zu beeinflussen. Sekundäre Ereignisse wie Hypoxie, Hyperkapnie, Hypotension und erhöhter intracranieller Druck sind hingegen durch richtiges und rechtzeitiges Handeln vermeidbar.

1. Pharmakotherapie

Klinisch bedeutsame Fortschritte einer spezifischen Pharmakotherapie des SHT sind bis heute noch nicht erbracht worden. Für die Schmerzbekämpfung, Sedierung und Relaxation kommen anaesthesierelevante Substanzen sowie einige Stoffgruppen wie Barbiturate, Kortikoide, Osmo- und Onkotherapeutika, Kalziumantagonisten zur Anwendung.

1.1. Analgo-Sedierung

Die Analgo-Sedierung dient in der präklinischen Phase der psychomotorischen Ruhigstellung, der Abschirmung externer Reize und der Verminderung der durch Schmerzen induzierter Blutdruck und Hirndruckanstiege.

Hier kommen Barbiturate und Benzodiazepine für die psychomotorische Ruhigstellung sowie stark wirksame Analgetika wie Fentanyl zur Anwendung (Thiopental 1 mg/kg in Repetitionsdosen, Dauertropf Fentanyl 0,002—0,004 mg/kg). Dabei ist die Intubation als auch die klinisch neurologische Kontrolle gewährleistet [8].

Die hochdosierte Barbituratttherapie hat in der präklinischen Phase keine Indikation, ihr Einsatz in der Intensivtherapie des SHT ist derzeit nicht gerechtfertigt. Die hemmende Wirkung auf $CMRO_2$ führt zwar zu einer Verminderung des intracraniellen Blutvolumens und des Druckes, die Prognose der Patienten mit schweren SHT konnte nicht verbessert werden [7].

1.2. Muskelrelaxantien

Für eine relativ problemlose Intubation gewährleistet die Relaxierung keinen wesentlichen zusätzlichen Anstieg von Blutdruck und intracraniellen Druck durch Husten, Würgen oder Pressen. Allerdings ist ein klinisch neurologisches Monitoring durch den Einsatz langwirkender Muskelrelaxantien nicht mehr möglich. Insgesamt sollten in der Akutphase äußerst zurückhaltend Relaxantien angewendet werden.

1.3. Osmotherapeutika

Die Gabe von Osmotherapeutika (Mannit, Sorbit, Glycerin) beim schweren SHT muß individuell indiziert sein. Gefährlich können Osmodiuretika in der Akutphase sein, da oft noch keine Hirnschwellung besteht und Schocktherapie vor Entwässerung geht. Zudem kann sich eine intracranielle Blutung durch eine osmodiuretisch induzierte Verringerung des Hirnvolumens vergrößern. Die Substanzen haben unter Notfallbedingungen ihre Indikation bei akuter Verschlechterung der neurologischen Symptomatik. Neurologischer Befund, CT und kontinuierliches Hirndruckmonitoring unterstützen Indikation und Überwachung der Osmotherapie. (Mannit 0,25—1,5 g kg/KG, Osm. 320—340 m Osm/l, leicht negative Bilanz.) Die Wirksamkeit von Furosemid beim SHT ist umstritten [6].

1.4. Kortikosteroide

Jenen Untersuchungen, die einen positiven Effekt einer Kortikoidtherapie beim SHT belegen, stehen ebenso viele Studien gegenüber, die den Wert in Frage stellen. In der Tat scheinen Kortikoide keinen akuten Effekt auf den intracraniellen Druck beim traumatischen Hirnödem zu besitzen. Derzeit wird Cortison nur mehr am Unfallsort hochdosiert gegeben.

1.5. Kalziumantagonisten

Kalziumantagonisten werden zur Zeit hinsichtlich ihrer zerebroprotektiven Wirkung beim SHT geprüft. Bisherige, mehr europäische Meinungen reichen von indiziert bis kontraindiziert.

2. Beatmung — kontrollierte Hyperventilation

In 14% der Fälle mit einem schweren SHT ist die Aspiration unmittelbare Todesursache, bei weiteren 24% stellt die Aspiration eine wesentliche konkomitierende Todesursache dar. Deshalb sollte die Indikation zur Intubation so früh wie möglich gestellt werden [3]. Auf die rechtzeitige Erhebung eines klinisch-neurologischen Befundes wird hingewiesen.

Eine gezielte mäßige Hyperventilation mit Werten PCO_2 25—35 mmHg ist ein Grundelement in der Behandlung der Hirnschwellung. Bei chronisch hyperkapnischen Patienten ist ein höherer PCO_2 Wert anzustreben. Ein durch Hyperventilation gesenkter intracranieller Druck steigt nach Stunden bis Tagen wieder an. Eine routinemäßige kontrollierte Beatmung mit einem FiO_2 von 0,4—0,5 ist besonders bei SHT mit Polytrauma indiziert, denn Hypoxie, Hyperkapnie und Hypotonie sind die wesentlichen Faktoren der sekundären Hirnschädigung. Beatmung mit PEEP ist prinzipiell möglich, wenn Blutgase, Blutdruck, Hirndruck, neurologischer Status sorgfältig kontrolliert werden [4].

3. Kreislaufstabilisierung

Der cerebrale Perfusionsdruck (CPP) ergibt sich aus der Differenz von arteriellem Mitteldruck (BD) und intracraniellem Druck (CPP = MD − ICP). Der untere kritische Wert liegt bei 60 mmHg, d. h. daß in der Regel ein MD von 80 mmHg notwendig sein wird. Überschießende Volumensgaben müssen ebenso vermieden werden wie ein allzu restriktives Infusionsregime. Kreislaufstabilisierung nach den allgemeinen Prinzipien ist für den Polytraumatisierten mit SHT ein weiteres Grundelement der Behandlung des SHT [3].

4. Lagerungsmaßnahmen

Die Oberkörperlagerung (30°) dient der Senkung des ICP, das dadurch der venöse Blutabstrom aus zerebralen Gefäßgebieten erleichtert wird.

Auch PEEP induzierte ICP Anstiege können damit kompensiert werden. Der Kopf soll sich in indifferenter Mittellage befinden, da Rotation oder Flexion den venösen Rückstrom erschweren.

5. Ernährung

Der Kalorienbedarf eines SHT beträgt 30—50 kcal/kg/KG/d. Der tägliche Stickstoffverlust kann bis zu 20 g betragen. Totale parenterale Ernährung mit Aminosäureinfusion verbessern die negative Stickstoffbilanz. Fettemulsionen sollen in den ersten Tagen nach SHT nicht gegeben werden. Der enterale Ernährungsbeginn ist schrittweise zu setzen, wenn keine Magen-Darmatonie mehr vorliegt. Der früheste Termin für einen enteralen Ernährungsbeginn liegt meist um den 5. oder 6. posttraumatischen Tag.

6. Monitoring und Pflege

Die Überwachung und Pflege eines Patienten mit SHT gilt als äußerst aufwendig und schwierig. Das wertvollste Monitoring ist die klinisch neurologische Untersuchung inkl. Comaskalen [1]. Relaxierung und Sedierung macht diese Möglichkeit zu nichte. Umso mehr muß apparative Überwachung in punktueller Form (z. B. CT) oder kontinuierliches Monitoring (z. B. Hirndruckmessung) garantiert sein [5]. Während EEG-Untersuchungen medikamentöser Beeinflussung unterliegen, sind die evoziierten Potentiale auch unter Relaxierung und Sedierung in Ihrer Aussagekraft unbeeinflußt [2]. Intensive Pflege und frühe Physikotherapie haben ohne Zeifel einen großen Einfluß auf das Behandlungsresultat.

Literatur

1. Gerstenbrand F, Rumpl E (1985) Das klinische Bild schwerer Schädel- und Hirntraumen in der Akutphase. Intensivbehandlung 10: 85—91
2. Hacke W (1985) Neuromonitoring, J Neurol 232: 125—133
3. Koller H, Hackl JM (1985) Konservative Behandlung des schweren Schädelhirntraumas. Intensivbehandlung 10: 104—107
4. Lawin P (1989) Praxis der Intensivbehandlung. Thieme, Stuttgart New York
5. Miller JD, Teasdale GM, Rowan JO, Galbraith SL, Mendelow AD (1986) Intracranial pressure VI. Springer, Berlin Heidelberg New York Tokyo
6. Nemes C, Niemer M, Noack G (1985) Datenbuch Anaesthesiologie. Fischer, Stuttgart New York

7. Pitts KH, Kaktis J (1980) Effect of megadose steroids on ICP in traumatic coma. In: Shulman K, Morrmaron A, Miller JD, Becker DP, Hockwald GM, Brock M (eds) Intracranial pressure, vol IV. Springer, Berlin Heidelberg New York, p 638
8. Singbartl G, Cunitz G (1987) Pathophysiologische Grundlagen, notfallmedizinische Aspekte und anaesthesiologische Maßnahmen beim schweren Schädel-Hirn-Trauma. Anaesthesist 36: 327—332

Korrespondenz: Dr. F. Aichner, Universitätsklinik für Neurologie, Anichstraße 35, A-6020 Innsbruck, Österreich.

Cytidindiphosphocholin bei hypoxisch-ischämischer Enzephalopathie

G. Grimm, Ch. Madl, W. Druml, A. N. Laggner, K. Lenz und **B. Schneeweiß**

I. Medizinische Universitätsklinik, Wien, Österreich

Im Rahmen hypoxisch-ischämischer Enzephalopathien werden Störungen des membrangebundenen Phospholipidmetabolismus beobachtet [1, 2]. Die therapeutische Gabe von Cytidindiphosphocholin (CDP-Cholin) bewirkt eine Substitution der Cholin-Komponente mit konsekutiver Erhöhung der Biosyntheserate von Phospholipiden [2, 3]. Bei Patienten mit akutem Hirninfarkt wurde nach Behandlung mit CDP-Cholin klinisch eine Besserung der Bewußtseinslage beobachtet [4]. Dieser nootrope Effekt könnte durch eine verbesserte Membranregeneration erklärt werden.

Somatosensorisch evozierte Potentiale ermöglichen eine objektive Beurteilung der Hirnfunktion sowie die Erfassung von Patienten mit hochgradigem zerebralen Defizit und infauster Prognose [5]. Um die nootrope Wirkung von CDP-Cholin auch bei diffusen Hirnfunktionsstörungen zu untersuchen, wurden im Rahmen einer Pilot-Studie Patienten mit hypoxisch-ischämischer Enzephalopathie nach komplizierten herzchirurgischen Eingriffen und Herz-Kreislaufversagen mit CDP-Cholin behandelt. Die Quantifizierung der Hirnfunktionsstörung erfolgte durch somatosensorisch evozierte Potentiale, „Glasgow Coma Scale" [6] und „Mini-Mental State" [7], einem bedside Standardtest zur Erfassung der kognitiv-mnestischen Hirnleistung.

Patienten und Methoden

10 Patienten (8 Männer, 2 Frauen, Alter 45 bis 74 Jahre), die 5 bis 18 Tage nach einem elektiven herzchirurgischen Eingriff (n = 6) oder Herz-Kreislaufversagen (n = 4) klinisch eine deutliche kognitiv-mnestische Hirnfunktionsstörung boten („Mini-Men-

tal State" ⩽ 28), wurden mit CDP-Cholin (Startonyl®, Cyanamid Lederle Arzneimittel, 3 × 1000 mg intravenös, Dauer 5 bis 7 Tage) behandelt. Patienten mit zerebral infauster Prognose wurden ausgeschlossen. 5 der 6 herzchirurgischen Patienten waren postoperativ vorübergehend kardio-respiratorisch instabil und benötigten zum Teil wiederholt eine maschinelle Beatmung und/oder Katecholamine. 7 Patienten waren deutlich verwirrt, 4 Patienten waren bewußtseinseingetrübt, 1 Patient hatte einen neurologischen Herdbefund mit Aphasie. Sedativa wurden vor Beginn der Studie abgesetzt und während der Studie weitgehend vermieden. Die statistische Auswertung erfolgte mit dem Rangsummentest für gepaarte Daten.

Somatosensorisch evozierte Potentiale

Somatosensorisch evozierte Potentiale wurden zervikal (CII, 4 cm unter dem Inion) und über dem kontralateralen Skalp (3 cm hinter C 3 oder C 4, internationales 10/20 System) nach Stimulation des Nervus medianus am Handgelenk (elektrische Rechtsecksimpulse 3—8 mA, 0,2 ms) abgeleitet. Die Untersuchung erfolgte mit dem Gerät CA 2000, Nicolet Biomedical Instruments, Madison, WI, USA, nach einem Standardverfahren [8]. Innerhalb von 200 ms nach dem Stimulus gelangen, abhängig von dem zerebralen Funktionszustand, 3 negative und 3 positive kortikale Peaks zur Darstellung, die sequentiell mit N 1, P 1, N 2, P 2, N 3 und P 3 benannt werden. Die Peak-Latenzzeiten von N 1, N 3, P 3 und die Interpeak-Latenzzeiten von N 1—N 3 wurden ausgewertet. Als Funktionsparameter der zentralen somatosensorischen Leitungsbahn wurde weiters die zervikokortikale Überleitungszeit (Zeitintervall zwischen dem zervikalen Signal CII und dem ersten kortikalen Signal N 1) bestimmt.

Ergebnis

Die vor und nach Behandlung mit CDP-Cholin erhobenen elektrophysiologischen, neurologischen und psychometrischen Daten sind in den Tabellen 1 und 2 dargestellt. Die Peak-Latenzzeiten von N 3 und P 3 sowie die Interpeak-Latenzzeit N 1—N 3 besserten sich unter der Behandlung mit CDP-Cholin ($p < 0,05$). Ebenfalls signifikant war die Besserung im „Mini-Mental State" ($p < 0,05$). Die zervikokortikale Überleitungszeit (CCT) der somatosensorisch evozierten Potentiale (vigilanzunabhängig) und die Beurteilung nach der „Glasgow Coma Scale" blieben unverändert. 8 Patienten überlebten den Aufenthalt auf der Intensivstation, 2 verstarben nach Beendigung der Studie aus nichtzerebraler Ursache. Substanzspezifische Nebenwirkungen von CDP-Cholin wurden nicht beobachtet.

Tabelle 1. Somatosensorisch evozierte Potentiale, Glasgow Coma Scale und Mini-Mental State bei Patienten mit hypoxisch-ischämischer Enzephalopathie vor und nach CDP-Cholin

	vor CDP-Cholin (n=10)	nach CDP-Cholin (n=10)	Kontrollen (n=40)
SEP			
CCT	6,1±1,2	6,0±0,7	5,5±0,5
N 1	20,9±1,2	20,4±0,7	19,2±1,1
N 3	101,0±19,1*	79,3±11,4	69,5±9,8
P 3	153,6±32,7*	121,7±30,8	95,2±10,1
N 1—N 3	82,5±16,1*	62,2±9,1	48,9±10,6
GCS	13,4±2,5	14,7±0,7	15
MMS	19,5±4,4*	27,1±3,0	28—30

Mittelwert ± SD; * p<0,05 vor versus nach CDP-Cholin; *SEP* Somatosensorisch evozierte Potentiale (*CCT* zervikokortikale Überleitungszeit; *N 1, N 3, P 3* Peak-Latenzzeiten; *N 1—N 3* Interpeak-Latenzzeit; ms; abnorm: x>Mittelwert +2,5 SD), **Beurteilung:** signifikante Abnahme (Besserung) der Peak-Latenzzeiten der vigilanzabhängigen Komponenten N 3 und P 3 und der N 1—N 3 Interpeak-Latenzzeit, CCT und N 1 waren im Normbereich; *GCS* Glasgow Coma Scale; *MMS* Mini-Mental State

Tabelle 2. Klinisch und elektrophysiologisch abnorme Befunde bei Patienten mit hypoxisch-ischämischer Enzephalopathie

	vor CDP-Cholin (n=10)	nach CDP-Cholin (n=10)
SEP		
N 3	8	1
P 3	9	6
GCS	4	2
MMS	9	5

SEP Somatosensorisch evozierte Potentiale (*N 3, P 3* Peak-Latenzzeiten, abnorm: x>Mittelwert + 2,5 SD); *GCS* Glasgow Coma Scale; *MMS* Mini-Mental State; n = abnorm

Diskussion

Bei Patienten mit diffuser, hypoxisch-ischämischer Enzephalopathie infolge eines herzchirurgischen Eingriffes oder Herz-Kreislaufversagens konnte nach Behandlung mit CDP-Cholin eine signifikante Besserung der kognitiv-mnestischen Hirnfunktion nachgewiesen werden. Die Besserung der Hirnfunktion wurde durch einen quantifizierbaren psychometrischen Test („Mini-Mental State") verifiziert und durch eine Abnahme der Peak-Latenzzeiten N 3 und P 3 der kortikalen somatosensorisch evozierten Potentiale bestätigt. Das Fehlen einer völligen Normalisierung dieser Peak-Latenzzeiten weist darauf hin, daß auch nach der Behandlung mit CDP-Cholin eine geringergradige Hirnfunktionsstörung nachzuweisen war. Da die vorliegenden Ergebnisse im Rahmen einer nicht-Plazebo-kontrollierten Studie gewonnen wurden, ist der Beitrag des Spontanverlaufes zur beobachteten Besserung der Hirnfunktion unbekannt. Zur Klärung dieser Frage wurde in der Zwischenzeit mit einer Placebo-kontrollierten Doppelblindstudie begonnen.

Literatur

1. Kogure K, Hossmann KA, Siesjö BK et al. (1985) Molecular mechanisms of ischemic brain damage. Elsevier, Amsterdam New York Oxford (Progress in brain research, vol 63)
2. Zappia V, Kennedy EP, Nilsson BI et al. (1984) Novel biochemical, pharmacological and clinical aspects of cytidinediphosphocholine. Elsevier, Amsterdam New York Oxford
3. Vecchini A, Binaglia L, Floridi A et al. (1983) Uptake and utilization of CDP-choline in primary brain cell cultures from fetal brain. Neurochem Res 8: 333
4. Tazaki Y, Sakai F, Otomo E et al. (1988) Treatment of acute cerebral infarction with a choline precursor in a multicenter double-blind placebo-controlled study. Stroke 19: 211
5. Brunko E, Zegers de Beyl D (1987) Prognostic value of early cortical somatosensory evoked potentials after resuscitation from cardiac arrest. Electroencephalogr Clin Neurophysiol 66: 15
6. Teasdale G, Jennett B (1974) Assessment of coma and impaired consciousness: a practical scale. Lancet 2: 81
7. Folstein MF, Folstein Se, McHugh PR (1975) "Mini-Mental State". A practical method for grading the cognitive state of patients for the clinician. J Psychiat Res 12: 189
8. Maurer K, Lowitzsch K, Stöhr M (1988) Evozierte Potentiale. AEP-VEP-SEP. Enke, Stuttgart

Korrespondenz: DDr. G. Grimm, I. Medizinische Universitätsklinik, Lazarettgasse 14, A-1090 Wien, Österreich.

Cardiopulmonale cerebrale Reanimation*

F. Sterz, P. Safar, Y. Leonov, K. Oku und **S. Tisherman**

International Resuscitation Research Center (IRRC),
University of Pittsburgh, USA

Die Erfolgsraten nach einer „Herz-Lungen-Wiederbelebung" (HLW) sind trotz wesentlicher Verbesserungen der Notfallmedizin im organisatorischen Bereich noch immer mäßig. Auch der enorme Aufwand der „HLW-Aktionen" (= Ausbildung von Laien in Herz-Lungen-Wiederbelebung) hat die klinische und epidemiologische Situation nicht wesentlich ändern können [1, 2]. Der limitierende Faktor ist nach wie vor die Vulnerabilität des Zentralnervensystems. Deshalb wurde 1970 der Begriff der „Cardio-Pulmonalen-Reanimation" (CPR) auf „Cardio-Pulmonale-*Cerebrale*-Reanimation" (CPCR) erweitert [1].

In den Vereinigten Staaten von Amerika sterben jährlich ungefähr 500 000 Menschen an einem frühzeitigen unnatürlichen Tod. Die meisten dieser 1500 Todesfälle pro Tag spielen sich ohne Eingriff des Gesundheitswesen, d. h. bevor je ein Krankenhaus oder ein Arzt erreicht wurde ab. Die Opfer dieser frühzeitigen Todesfälle sind meistens gesunde oder junge Menschen, die von akuten heilbaren Krankheiten oder Unfällen überrascht werden. Nur 10% der Patienten bei denen eine cardiopulmonale Reanimation eingeleitet wurde, konnten ein Krankenhaus wieder verlassen. Unter optimalen notfallmedizinischen Bedingungen, d. h. Laien-Erste-Hilfe-Maßnahmen innerhalb von 5 min und Frühdefibrillation innerhalb von 10 min, konnte diese Zahl auf 40% erhöht werden (Eisenberg & Cummins, [2]). Jedoch 10% bis 40% dieser Überlebenden bleiben nach einer cardiopulmonalen-cerebralen Reanimation neurologisch geschädigt [1—3].

Um die Situation zu verbessern hat Safar daher schon vor 30 Jahren vorgeschlagen: 1. die Organisation der Notfallmedizin zu verbessern,

* Derzeitige Forschungen am IRRC Pittsburg/USA.

damit die Zeit bis zum Einsatz von Erste-Hilfe-Maßnahmen verkürzt wird; und 2. die Erforschung der Pathophysiologie des „Post-Resuscitation-Syndrom" [4] für neue therapeutische Ansätze zu intensivieren, damit die Periode des noch reversiblen totalen oder partiellen Blutflußstillstandes besser überbrückt werden kann.

Letzteres hat zum Aufbau des Internationalen Wiederbelebungsforschungszentrum (International Resuscitation Research Center = IRRC) an der Universität von Pittsburg geführt. Hier sollen die *Grenzen*, neue *therapeutische Möglichkeiten* und *prognostische Parameter* der Wiederbelebungsmedizin erforscht werden [2]. Das IRRC führt derzeit vier Forschungsprogramme durch: 1. Laboratoriumsstudien im Bereich des Herzkreislaufstillstandes, 2. die erste internationale klinische Studie über CPCR, 3. Laboratoriumsstudien im Bereich des traumatisch bedingten hämorrhagischen Schock und 4. klinische Studien der Traumatologie (vorwiegend Katastrophenmedizinprojekte). Diese Arbeit beschreibt die jüngsten Ergebnisse des Programm 1.

Wiederbelebung bzw. die Wiederbelebungsforschung beschäftigt sich vorwiegend mit der Pathophysiologie und Reversibilität von akuten terminalen Krankheiten bzw. mit dem Erscheinungsbild des klinischen Todes. *Wiederbelebung* ist nicht gleichzusetzen mit einer Behandlung vor (*präventiv*) oder einer Behandlung während (*präservativ*) des Herzkreislaufstillstandes.

Ein *Herzkreislaufstillstand* wird als temporäre komplette globale Ischämie des gesamten Organismus bezeichnet (no flow). Dies entspricht dem klinischen Bild der Atem-, Puls- und Bewußtlosigkeit. Dieses todesähnliche Krankheitsbild hat den Patienten meistens unerwartet überrascht [1]. Als *klinisch tot* wird nur derjenige bezeichnet, der nach einem länger dauernden Herzkreislaufstillstand nach wie vor erfolgreich wiederbelebbar ist [5]. Sowohl Pathophysiologie und therapeutische Strategien für den Herzkreislaufstillstand unterscheiden sich vom Schlaganfall (permanente inkomplette fokale Ischämie) und vom Schock (temporäre inkomplette globale Ischämie) als auch vom Schädelhirntrauma. Man unterscheidet die Pathophysiologie des Herzkreislaufstillstandes (no flow) auch von dem der Herzlungenwiederbelebung (low flow).

Die Ursache eines Herzkreislaufstillstandes ist am häufigsten *Kammerflimmern* ausgelöst durch coronare Herzkrankheit. Auch durch die Verlegung der oberen Atemwege bei Bewußtlosigkeitszuständen jeder Art kann zu einem Herzkreislaufstillstand führen (*Asphyxie*). Auch ein übermäßiger *Blutverlust*, wie im Rahmen eines Unfalls kann die Ursache für einen Herzkreislaufstillstand sein [1, 2, 4, 5]. Es bestehen berechtigte Chancen, die sogenannte „5-Minuten-Grenze" der Wiederbelebung zu durchbrechen (Hossman). Dies ist jedoch nur dann möglich, wenn es gelingt die 4 Probleme des „Post-Resuscitation-Syndrom" zu überwinden [2, 4]:

1. *Durchblutungsstörungen* sowohl cerebral als auch den Gesamtorganismus betreffend.
2. *Pathologische biochemische Reaktionen* ausgelöst durch Reoxygenation mit freien Sauerstoffradikalen, die bis zur Zellnekrose führen.
3. *Auto-Intoxikation* durch Substanzen, die während der Wiederbelebung von ischemischen Organen freigesetzt werden.
4. *Dysfunktion der Blutbestandteile* nach Stase, ausgelöst durch Interaktionen mit dem Endothelium der Gefäßwand.

Tierexperimentmodell des Herzkreislaufstillstandes durch Kammerflimmern (Emergency Cardiopulmonary Bypass)

Seit 1958 beschäftigten sich Safar und Mitarbeiter mit Modellen des Herzkreislaufstillstandes an verschiedenen Tierspezies — mit Kammerflimmern, Asphyxie und Verblutung. Daraus hat sich 1987 ein standardisiertes und reproduzierbares Grundmodell für die Wiederbelebungsforschung (d. h. Ischämie des gesamten Organismus) entwickelt. Das Grundprinzip besteht darin, der alltäglichen medizinischen Situation ohne wesentliche Variabilitäten, die das Endresultat beeinflussen könnten, am nächsten zu kommen. Das heißt 4 Tage nach einem Herzkreislaufstillstand und intensivmedizinischer Überwachung, sowie Behandlung wird das Endresultat allgemein (*OPC = Overall Performance Categories*) (Abb. 1), neurologisch (*ND = Neurologic Deficit*) und morphologisch-histopathologisch (*HD = Histopathologic Deficit*) beurteilt [6]. Die Bestimmung der Enzyme im Liquor dient als ein weiteres Beurteilungskriterium [7]. Dieses Modell hat alle folgenden Voraussetzungen [6, 8]:

1. Alle Tiere sind von derselben Rasse, vom selben Geschlecht und im Alter und Gewicht ähnlich.
2. Die Zeit des Herzkreislaufstillstands ist einerseits so kurz, daß es möglich ist mit therapeutischen Maßnahmen (z. B.: preventive Kühlung, Abb. 2) ein gutes Endergebnis zu erwarten und andererseits so

		1 NORMAL	2 MODERATE DISABILITY	3 SEVERE DISABILITY	4 COMA, VEG.STATE	5 BRAIN DEATH
		Conscious			Unconscious	
AWARENESS	Fully aware	+	(+)			
	Aware		+			
	Unaware			+	+	+
MOTION	Walks	+				
	Stands	+				
	Sits	+	+			
	Rights itself	+	+			
TONUS & CLONUS	Normal	+	+	+		
	Running movements			(+)	(+)	
	Hyperventilation				(+)	
	Seizures			(+)	(+)	
	Opisthotonus				(+)	(+)
NOISE	Reaction	+	+			
	Reflex			+	(+)	
PAIN	Reaction	+	+	+		
	Reflex			(+)	(+)	(+)
FOOD	Feeds self	+	+			
	Reflex			+		
VISCAL	Reaction (looks)	+	(+)			
	Reflex (menace)	+	(+)	(+)		
Pupil light reflex		+	+	+	+	

+ : must be present
(+): may be present

Abb. 1. Overall Performance Categorization (OPC)-Dog

BEST OPC 24 - 96h	CARDIAC ARREST TIME 15min		CARDIAC ARREST TIME 10 - 12.5min	
	CONTROL 37.5°C	PREARREST COOLING 34-36°C	*CONTROL* 37.5°C	POSTARREST COOLING 34°C
5 BRAIN DEATH				
4 COMA			● ● ●	
3 SEVERE DISABILITY	● ● ● ● ● ● ● ●		● ● ● ● ● ● ●	■
2 MODERATE DISABILITY	●	▲ ▲	● ●	■ ■ ■ ■
1 NORMAL		▲ ▲ ▲		■ ■ ■ ■ ■
	p<0.01		p<0.01	

Abb. 2. Best Overall Performance Categories in dogs after cardiac arrest and mild hypothermia

lang, daß es ohne spezielle Therapie in allen Tieren der Kontrollgruppe zum Überleben von mindestens 4 Tagen mit schwerer neurologischer Schädigung kommt.

3. Der Herzkreislaufstillstand wird mit standardisierten Techniken wiederbelebt, sodaß es zu keinem zusätzlichen Schaden durch eine Instabilität des Herzkreislaufes (niedriger Blutdruck, etc.) kommt.

4. Gleichzeitig mit einer Serie von Experimenten laufen immer randomisierte Kontrollexperimente.

5. Die Wiederbelebungstechniken und intensivmedizinischen Maßnahmen sind standardisiert, werden von ein und demselben Team durchgeführt und werden unter strenger Kontrolle aller Details, die das Endresultat beeinflussen könnten durchgeführt.

6. In allen Experimenten wird die Temperatur des Gehirns oder Herzens exakt kontrolliert (± 0,5 °C) sowohl vor, während und nach

Entwicklung zum Normalen benötigt ausreichend Zeit um sich zu entwickeln.

8. Alle Standard- bzw. Kontrolltiere überleben mindestens 72 h und haben schwere neurologische Schäden.

9. Tiere die vor dieser Zeit bedingt durch extracerebrale Komplikationen sterben, werden von der endgültigen neurologischen und allgemeinen Beurteilung ausgeschlossen. Stirbt ein Tier jedoch primär am Hirntod, dann wird dieses Experiment in die Serie inkludiert.

10. Um Vorurteilen des Forschungsteams gegenüber der Behandlung vorzubeugen, werden Placebo-Kontrollexperimente durchgeführt, sowie das Team über die Behandlung nicht informiert (meistens nur möglich beim Testen von Medikamenten).

11. Endergebnisse in Form von Mortalitätsraten werden nicht anerkannt.

In diesem Modell wird nach einem Stillstand von 10, 12, 15, 17 oder 20 min der Herzkreislauf mit einer zentrifugalen Pumpe und einem Membranoxygenator (*Emergency Cardiopulmonary Bypass* — *CPB*), über einen veno-arteriellen Zugang ohne Thorakotomie künstlich reanimiert [9]. Damit kann der Kreislauf übernommen werden (kontrolliert) oder Spontanzirkulation unterstützt werden (assisted). Blutdruck, Blutfluß, Blutzusammenfassung und Temperatur sind während des gesamten Reanimationsvorgang dadurch kontrollierbar. Diese engmaschige und strenge Überwachung, sowie die gute Kontrolle über den Reperfusionsvorgang waren mit der herkömmlichen Technik (Herzmassage) nicht möglich. Daher konnten wesentliche Faktoren, die die Reanimationsergebnisse beeinflussen können, ausgeschlossen werden [9]. Die Ergebnisse von 10 Projekten seit 1982 mit über 250 Experimenten bewiesen die größere Effektivität des Emergency Cardiopulmonary Bypass (CPB) im Vergleich zum derzeitigen Standard [9]. Die Resultate der CPB-Experimente waren besser untereinander vergleichbar. Auch war es erstamls möglich erfolgreiche Wiederbelebungen nach Herzkreislaufstillständen von über 20 Minuten durchzuführen.

Mit Kammerflimmern (no flow) für 12,5—20 min und einem standardisierten Protokoll war unser Experimentmodell erfolgreich reproduzierbar. In 28 von 29 aktuell durchgeführten CPB-Experimenten überlebten die Tiere 96 Stunden. Alle 28 überlebenden Tiere hatten schwere allgemeine und neurologische Schäden mit OPCs 3 und 4 (ND 21—55% und HD 122—178). Nur ein Tier in der Gruppe mit einer Herzkreislaufstillstandzeit von 12,5 min hatte ein OPC von 2 (mäßige allgemeine Schädigung) und ein ND von 26%. Eine Normalisierung der neurologischen (ND) und allgemeinen (OPC) Scores konnte durch therapeutische milde preventive [4] oder resuscitative [8] Kühlung erreicht werden.

Weiters wird an einem tragbaren für den präklinischen Einsatz brauchbaren CPB-Gerät gearbeitet. Dieser *tragbare CPB* wird vielleicht später in der dritten Phase (1989—1994) der klinischen Studie über CPCR (IRRC Programm 2) verwendet werden. Während der letzten 10 Jahre wurde das *Brain Resuscitation Clinical Trial* (BRCT) in 20 Krankenhäusern von 8 Ländern in der ganzen Welt initiiert und geleitet [3].

Hypothermie-Studien

Verschiedene Grade der Kühlung müssen definiert werden: Normothermie = 37,5 °C; milde Hypothermie = 34—36 °C; mäßige Hypothermie = 28—32 °C und tiefe Hypothermie unter 25 °C (ohne Spontankreislauf). Es ist bekannt, daß eine mäßige Kühlung (30 °C) des Gehirns vor und während des Herzkreislaufstillstands einen protektiven Effekt hat und daher eine ischemische Schädigung des Gehirns verhindern kann. Es ist auch bekannt, daß durch mäßige oder tiefe Kühlung im Rahmen des Herzkreislaufstillstandes (Ertrinken im kalten Wasser, Lawinenverunglückte, etc.) die Chancen auf eine erfolgreiche Wiederbelebung über 5 min noch gegeben sind. Dies ist jedoch eine Kühlung des Gehirns vor dem Herzkreislaufstillstand und daher mit der Reanimation nicht zu verwechseln.

Nicht bekannt war, daß für einen protektiven Effekt auch nur milde (34 °C) Kühlung genügt. In einer retrospektiven Analyse von Experimenten am IRRC, konnte festgestellt werden, daß zwischen einer milden Hypothermie zu Beginn des Herzkreislaufstillstandes und einem guten Endresultat (OPC 1 oder 2) eine Korrelation bestand (Abb. 2) [2, 9]. Daher lag es nahe diese Therapieform zur Behandlung des „Post-Resuscitation-Syndrom" auch nach dem Herzkreislaufstillstand zur Anwendung zu bringen [7, 19]. 1983 und 1987 wurden daher die ersten Studien mit mäßiger Kühlung nach dem Insult durchgeführt [10, 11]. Die Ergebnisse dieser Studie gaben jedoch nur eine Andeutung auf einen positiven Effekt.

Da die negativen Effekte mäßiger Kühlung auf die Mikrozirkulation ihren vorteilhaften Effekten auf die Neuronen entgegenwirken könnten [2] initierten wir eine Studie mit milder Kühlung nach dem Herzkreislaufstillstand zusammen mit blutflußfördernden Therapien (Hypertonie mit Vasopressoren und normovolämische Hämodilution) [8]. In dieser Studie wurde schon während des Herzkreislaufstillstandes mit der Kühlung des Kopfes begonnen. Tatsächlich konnte diese Behandlung eine signifikante Verbesserung der Resultate gegenüber der Kontrollgruppe zeigen — mit oder ohne Hypertonie und Hämodilution (Abb. 2) [8]. Derzeit wird milde Hypothermie — mit oder ohne Kühlung des Kopfes während CPR — in einem klinisch relevanten Szenarium nochmals getestet. Die vorläufigen Ergebnisse zeigen ähnlich vielversprechende Resultate. Bevor sich diese Behandlungsstrategie jedoch im klinischen Alltag bewähren wird können, gilt es in weiterer diffiziler Forschungsarbeit die optimale Temperatur, das späteste noch wirksame Einsetzen der Therapie und die optimale Methode der schnellen Kühlung zu erarbeiten.

Ein weiteres Projekt in dem der CPB und tiefe Hypothermie derzeit zum Einsatz kommen, ist der *„kontrollierte elektive Herzkreislaufstillstand"* (suspended animation) im Status terminalis (letaler traumatischer Schock) um blutlose Reanimationschirurgie zu ermöglichen [18]. Während Schock und Verblutung wird mit Hilfe des CPB hemodilutiert (Hämatokrit unter 10%) und gekühlt (Hirntemperatur unter 15 °C). Dann wird CPB für den Zeitraum von einer Stunde unterbrochen, so das der Chirurg im blutleeren Raum operieren kann. Bisher konnten zehn Tiere mit diesem Protokoll erfolgreich und ohne neurologische Dysfunktion reanimiert werden.

Gehirndurchblutung- und Stoffwechselmessungen (lCBF-XeCT)

Um das ernste Problem des „Post-Resuscitation-Syndrom" zu erforschen, wurde das erste Mal im Tierexperimentmodell (am Hund) des Herzkreislaufstillstandes die nicht invasive Messung der multifokalen (lokalen) Gehirndurchblutung (lCBF) mit dem CT und nicht radioaktivem stabilem Xenon angewandt. Diese Methode wurde von Gur, Drayer, Yonas und Wolfson in Pittsburgh entwickelt. Dies ermöglichte serielle Messungen über längere Zeit. Hiermit ist es erstmals nicht nur möglich die globale Hirndurchblutung (gCBF) von Hirnabschnitten zu messen, sondern auch regionale Durchblutungsmessungen (lCBF) durchzuführen, sowie Regionen mit bestimmten lCBF-Werten zu bestimmen. Das Auflösungsvermögen dieser Methode ist für ca. 5 mm weite Foci in 5 mm dicken Schnitten. Das Computerprogramm gibt individuelle Werte für 1 mm Voxels. In einer Serie von Experimenten wurde nach einem durch Kammerflimmern induzierten Stillstand von 10 oder 12,5 min mittels externer (n = 6) [12] und offener Herzmassage (n = 4) bzw. CPB (n = 21) reanimiert [13]. Blutdruck, Blutgaswerte, Hämatokrit und Temperatur unterlagen einer engmaschigen Überwachung und Kontrolle. Zur Erforschung der Stoffwechselsituation (cerebral und systemisch) wurden zusätzlich (n = 14) Sauerstoff-, Glucose- und Lactatmessungen vorgenommen. Dazu wurde der sagittale Sinus zur Abnahme von cerebral-venösen Blut sondiert [14, 15].

Die Methode wurde zuerst auf ihre Verläßlichkeit überprüft — Reproduzierbarkeit der Werte über 6 Stunden und Reaktivität auf Blutdruck- und CO_2-Änderungen geprüft. Auch wurde gezeigt, daß ein kurzzeitiger (30 sec) Herzkreislaufstillstand gefolgt von CPB (5 Min) die Hirndurchblutung nicht änderten. Die normalen gCBF-Werte lagen bie 40 ml/100 g/min. Die lCBF-Werte zeigen eine normale heterogene Verteilung. Diese Heterogenität war nach dem Insult verstärkt.

Nach Herzkreislaufstillständen und unter normotensiven standardisierten Reperfusionsbedingungen (MAP höher als 90 mmHg) zeigte sich sowohl in der Gruppe mit offener Herzmassage (OCCPR) als auch in der Gruppe mit CPB eine initiale Hyperämie von 10—20 min, der eine Hypoperfusion über 6 Stunden folgte. In der Gruppe mit OCCPR (n = 4) konnte nach 30 min Reperfusion bereits eine 9%ige Verminderung des gCBF und von der ersten bis zur vierten Stunde eine 53%ige Verminderung des gCBF, verglichen zu den Ausgangswerten vor dem Herzkreislaufstillstand, gemessen werden. In der Gruppe mit CPB (n = 5) konnte mit stabilerem Blutdruck nach 10 min Reperfusion eine 127%ige Steigerung gezeigt werden. Von der ersten bis zur vierten Stunde waren die Werte ähnlich denen in der OCCPR-Gruppe (45%ige Erniedrigung gegenüber dem Ausgangswert). In beiden Gruppen, mit Messungen frühestens nach 10 min Reperfusion konnte das „no-reflow-Phenomen“ nicht nachgewiesen werden. Vor dem Insult waren praktisch keine Foci mit „no-flow“ (0—5 ml/100 g/min) oder „trickle-flow“ (5—10 ml/100 g/min) zu sehen. In der Phase der globalen Hypoperfusion nach dem Insult fanden sich $5 \pm 2\%$ der Foci als „no-flow“ und $10 \pm 4\%$ als „low-flow“ (Neocortex und Hippocampus inkludiert) (Abb. 3). Die initiale Reperfusionshyperämie

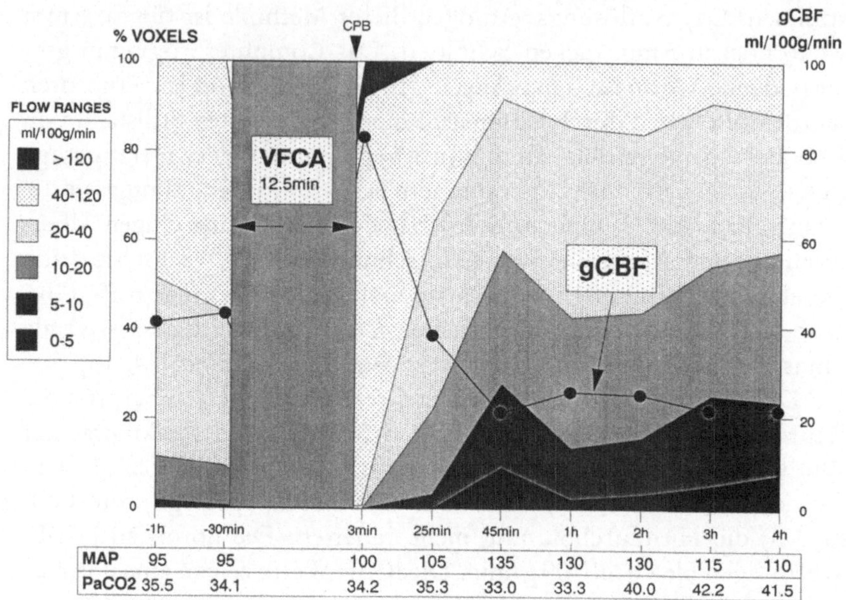

Abb. 3. lCBF Ranges — DOG CT 16; Normotension

fand sich vorwiegend in den Basalganglien und im Diencephalon, sowie im Hippocamus. In zwei Experimenten wurden CBF-Messungen auch nach 24 Stunden durchgeführt, welche sich den Ausgangswerten annäherten. Auch die regionalen CBFs und das Verteilungsmuster normalisierten sich.

Die cerebrale Stoffwechselsituation zeigte im Vergleich zu den systemischen Werten eine wesentlich stärkere Verminderung des Verhältnisses zwischen Angebot und Nachfrage. Der cerebrale Stoffwechselverbrauch für Sauerstoff ($CMRO_2$) war nach 10 min Reperfusion $0{,}4 \pm 0{,}2$ ml/100 g/min im Vergleich zu einem Ausgangswert von $3{,}3 \pm 0{,}8$ ml/100 g/min und im Vergleich zu Werten nach 4 Stunden Reperfusion von $2{,}5 \pm 0{,}3$ ml/100 g/min [15].

Schon 1975 konnte in Experimenten gezeigt werden, daß mit einer hypertensiven, hämodilutierten und heparinisierten Reperfusionstechnik eine Normalisierung möglich war [16]. Auch in diesen lCBF Experimenten wurde diese Hypothese bestätigt [13, 14]. So zeigte diese Blutfluß fördernde Therapie (n = 5) eine Normalisierung des cerebralen Blutfluß nach einem Herzkreislaufstillstand (Abb. 3) [13]. Nach der

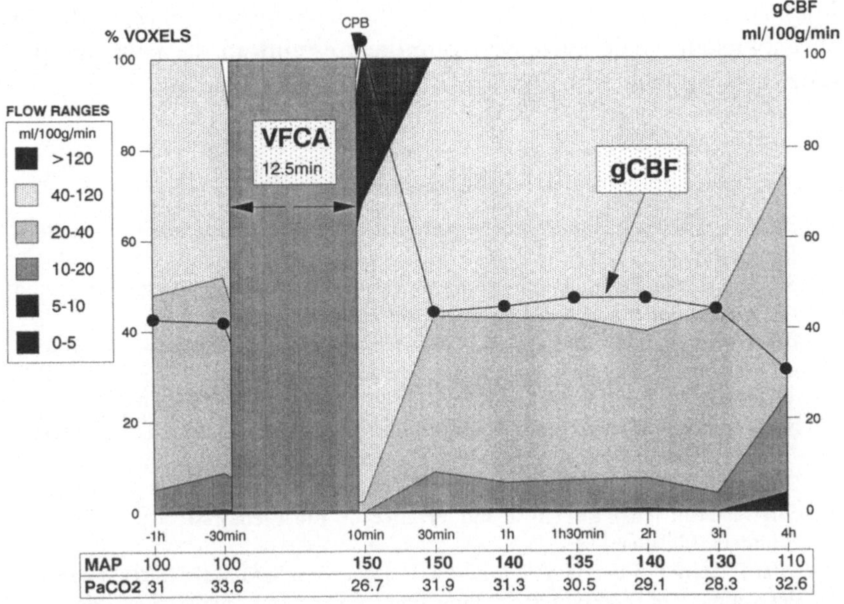

Abb. 4. lCPF Ranges — DOG CT 29; Hypertension and Hemodilution

initialen Hyperämie konnten bis zu 4 Stunden nach einer Reanimation normale globale, lokale (no „no-flow" und no „trickle-flow") und fokale (normale regionale Verteilung) cerebrale Blutflußwerte, die der Ausgangssituation entsprachen, erzielt werden. Diese Experimente wurden in einer weiteren Studie auf ihre Endresultate (OPC, ND und HD) nach 96 Stunden hin überprüft [17]. Die Tiere mit einem OPC 2 (n = 6) hatten einen höheren mittleren arteriellen Blutdruck (über 200 mmHg) während der ersten 5 min der Reperfusion, verglichen mit den Tieren mit einem OPC 3 (n = 11). Dies bestätigte unsere früheren Daten [16] und die Daten von Hossmann und anderen Labors, welche an der Hypothese arbeiten, daß eine Normalisierung nach einem Herzkreislaufstillstand nur durch eine initiale hypertensive Reperfusion möglich sei.

Derzeit vielversprechende Therapieformen im Rahmen der Behandlung des Herzkreislaufstillstandes und dessen Wiederbelebung dürften der Emergency Cardiopulmonary Bypass, Hypertensive und Hämodilutierte Reperfersion, sowie Hypothermie sein. IRRC-Gruppen arbeiten daran diese Therapien und zusätzliche pharmakologische

Maßnahmen zu einem effektiven Kombinationsprotokoll [2, 6, 10, 16] zu entwickeln. Jede einzelne Komponente muß an die jeweilige pathopyhsiologische Situation spezifisch angepaßt werden.

Literatur

1. Safar P, Bircher N (1988) Cardiopulmonary Cerebral Resuscitation. Saunders, Philadelphia
2. Safar P (1988) Resuscitation from clinical death: pathophysiologic limits and therapeutic potentials. Crit Care Med 16: 923—941
3. Brain Resuscitation Clinical Trial I Study Group (1986) Randomized clinical study of thiopental loading in comatose survivors of cardiac arrest. N Engl J Med 314: 397—403
4. Negovsky VA, Gurvitch AM, Zolotokrylina ES (1983) Prostresuscitation Disease. Elsevier, Amsterdam
5. Safar P (1986) The pathophysiology of dying and reanimation. In: Schwartz G, Safar P et al. (eds) Principals and Practice of Emergency Medicine (2nd ed). Saunders, Philadelphia
6. Safar P, Sterz F, Leonov Y, Radovsky A, Tisherman S, Oku K (1989) Systematic development of cerebral resuscitation after cardiac arrest. Three promising treatments: cardiopulmonary bypass, hypertensive hemodilution, and mild hypothermia. In: Baethmann A (ed) Causes and Mechanisms of Secondary Brain Damage. Springer, Berlin Heidelberg New York Tokyo (in press)
7. Vaagenes P, Safar P, Diven W, Moosy J, Rao G, Cantadore R, Kelsey S (1988) Brain enzyme levels in CSF after cardiac arrest and resuscitation in dogs. Markers of damage and predictors of outcome. J Cereb Blood Flow Metab 8: 262
8. Leonov Y, Sterz F, Safar P, Radovsky A, Oku K, Tisherman S, Stezoski SW (1989) Mild hypothermia during and after cardiac arrest improves neurologic outcome in dogs. J Cereb Blood Flow Metab (in press)
9. Safar P, Abramson NA, Angelos M, Cantadore R, Leonov Y, Levine R, Pretto E, Reich H, Sterz F, Stezoski SW, Tisherman S (1989) Emergency cardiopulmonary bypass for resuscitation after from prolonged cardiac arrest. Am J Emerg Med (in press)
10. Gisvold SE, Safar P, Rao G, Moosy J, Kelsey S, Alexander H (1984) Multifaceted therapy after global brain ischemia in monkeys. Stroke 15 (5): 803—812
11. Leonov Y, Sterz F, Safar P, Reich H, Stezoski W, Alexander H (1988) Effect on neurologic outcome after prolonged cardiac arrest in dogs, of post-insult hypothermia by cardiopulmonary bypass. Preliminary results. Anesthesiology 69 (3 A): A 845 (Abstract)
12. Wolfson SK, Safar P, Reich H, Clark J, Gur D (1980) Multifocal, dynamic cerebral hypoperfusion after prolonged cardiac arrest in dogs, measured by the stable Xenon-CT technique. Crit Care Med 16: 390 (Abstract)
13. Sterz F, Safar P, Leonov Y, Johnson D, Latchaw R, Hecht St, Oku K (1989) Cerebral multifocal hypoperfusion after cardiac arrest in dogs, mitigated by hypertension and hemodilution. Ann Emerg Med 18: 468 (Abstract)

14. Oku K, Safar P, Leonov Y, Sterz F, Tisherman S, Latchaw R, Johnson D, Stezoski W, Alexander H (1989) Multifocal cerebral perfusion failure after cardiac arrest in dogs, monitored by stabel-Xe enhanced CT method. Stroke (Abstract) (in press)
15. Oku K, Safar P, Leonov Y, Sterz F, Tishermann S, Obrist W, Stezoski W, Alexander H (1989) Changes of cerebral vs systemic metabolism after cardiac arrest in dogs. Stroke (Abstract), (in press)
16. Safar P, Stezoski SW, Nemoto E (1976) Amelioration of brain damage after 12 minutes' cardiac arrest in dogs. Arch Neurol 33: 91—95
17. Leonov Y, Sterz F, Safar P, Oku K, Tishermann S, Johnson D, Latchaw R (1989) Hypertension (HT) and hemodilution (HD) after ventricular fibrillation (VF) cardiac arrest (CA) mitigate cerebral multifocal hypoperfusion and brain damage. 6th World Congress on Emergency and Disaster Medicine, September 10—15 (Abstract)
18. Tisherman SA, Safar P, Peitzman AB, Sterz F, Oku K (1989) Deep hypothermic circulatory arrest during resuscitation from exanguination hemorrhage. J Trauma (Abstract), (in press)

Korrespondenz: Dr. F. Sterz, International Resuscitation Research Center (IRRC), University of Pittsburg, Pittsburg, PA 15260, U.S.A.

Energiestoffwechsel bei neurologischen Intensivpatienten

B. Schneeweiß

I. Medizinische Universitätsklinik, Wien, Österreich

Neurologische Intensivpatienten müssen häufig über längere Zeit künstlich ernährt werden, sodaß der Ernährungstherapie eine besondere Bedeutung zukommt. Eine zu geringe und eine zu hohe Energiezufuhr können den Krankheitsverlauf ungünstig beeinflussen. Führt eine zu geringe Energiezufuhr zu den Zeichen der Malnutrition mit ihren Folgen wie ungünstige Beeinflussung der Immunsystems und damit gestörter Infektabwehr, kann eine zu hohe Energiezufuhr neben metabolischen Entgleisungen zu einer Belastung des respiratorischen Systems führen. Für die Konzeption der Ernährungstherapie ist somit die Kenntnis des Energieumsatzes dieser Patienten von besonderer Bedeutung.

Schädel-Hirn-Trauma

In der überwiegenden Mehrzahl der Studien, die sich mit dem Energieumsatz bei Patienten mit Schädel-Hirn-Trauma beschäftigt haben, konnte ein hypermetabolisches Zustandsbild gefunden werden [1—4]. Die Erhöhung des Energieumsatzes betrug in den einzelnen Studien im Mittel 34%. Andere Arbeitsgruppen fanden keine Erhöhung [5] oder aber sogar eine Verminderung [3, 6] des Energieumsatzes. Diese differenten Angaben können durch verschiedene den Energieumsatz beeinflussende Faktoren, wie muskuläre Aktivität und Tonus, Komagrad, Körpertemperatur, Medikation, Ernährungstherapie und sympatho-adrenale Hyperreaktivität [1] eine Erklärung finden. Durch verstärkte Muskelaktivität und Muskeltonus kann eine Erhöhung des Energieumsatzes von 50—150% beobachtet werden. Während Streckkrämpfen fanden Chiolero et al. [1] eine Erhöhung des Energieumsatzes von 30% mit Spitzen von 200% über den Ruheenergieumsatz. Der Anteil der sympatho-adrenalen Hyperreaktivität am Hypermetabolismus bei Schädel-Hirn-Verletzten wird mit 25% angegeben [1]. Durch β-Blockermedikation kann somit eine Reduktion des erhöhten Energieumsatzes in der gleichen Größenordnung erwartet werden. Überraschender Weise konnte allerdings eine signifikante Beziehung zwischen der Höhe der Katecholaminausscheidung im Harn und dem Energieumsatz nicht gefunden werden [1]. Eine Verminderung des Energieumsatzes kann auch durch Barbiturate erzielt werden. So konnte in einer Studie von Dempsey et al. [6] unter Barbiturattherapie eine Reduktion eines im Mittel um 26% erhöhten Energieumsatz auf 14% unter den errechneten basalen Energieumsatz werden.

Um eine Abschätzung des Energieumsatzes bei Patienten mit Schädel-Hirn-Verletzung zu ermöglichen, wurde der Einfluß einzelner Parameter auf den Energieumsatz untersucht. Herzfrequenz [1, 3], Glasgow Coma Score [3] und die Harnstoffstickstoffausscheidung [1] und deren Kombination scheinen am besten mit dem Energieumsatz zu korrelieren. Folgende Formeln wurden zur Erfassung des Energiebedarfes von Clifton et al. [3] angegeben:

komatöse Patienten:

$$\text{REE}(\%) = 152 - 14.\,\text{GCS} + 0{,}4.\,\text{HR} + 7.\,\text{DSI} \quad (n = 111, r = 0{,}7, p < 0{,}001)$$

nicht komatöse Patienten:

$$\text{REE}(\%) = 90 - 3.\,\text{GCS} + 0{,}9.\,\text{HR} \quad (n = 135, r = 0{,}47, p < 0{,}001)$$

REE (%) Ruheenergieumsatz in % des errechneten basalen (Harris-Benedict) Energieumsatzes
GCS Glasgow Coma Score
HR Herzfrequenz
DSI Verletzungsdauer in Tagen

Chiolero et al. [1] fanden eine bessere Korrelation zwischen Herzfrequenz und Ruheenergieumsatz:

$$\text{REE}(\%) = 79 + 0{,}55.\,\text{HR} \quad (n = 12, r = 0{,}72, p < 0{,}001)$$

Paraplegie und Quadroplegie

Bei Patienten mit Querschnittsläsionen scheint es bedingt durch die muskuläre Inaktivität zu einer Reduktion des Energieumsatzes zu kommen. Diese Verminderung des Energieumsatzes nimmt mit dem Ausmaß der denervierten Muskelmasse zu. Dementsprechend fanden Mollinger et al. [7] bei Patienten mit Querschnittsläsion einen gegenüber dem nach Harris-Benedict berechneten basalen Energieumsatz verminderten Energiebedarf. Bei Patienten mit hohem Querschnitt war die stärkste Reduktion des Umsatzes zu bemerken. Cox et al. [8] fanden ebenfalls eine Verminderung des Energiebedarfs beginnend vom Zeitpunkt der Verletzung über die Rehabilitationsphase zur frühen Plateauphase. Die gemessenen Ruheenergieumsätze betrugen nur 45—90% der nach Harris-Benedict berechneten Werte:

Läsion	Energieumsatz (kcal/kg Körpergewicht/Tag)
Quadroplegie	22,7
Paraplegie	27,9

Initial nach dem Trauma konnte allerdings bei allen Patienten ein Gewichtsverlust gefunden werden, welcher zum Teil auf eine Inaktivitätsatrophie zurückgeführt werden muß. Dieser Gewichtsverlust war bei Patienten mit hohem Querschnitt stärker ausgeprägt. Unter unkontrollierter Substratzufuhr konnte, wiederum stärker ausgeprägt bei Quadroplegiker, in der Folge eine Tendenz zur Übergewichtigkeit festgestellt werden. Die beschriebene Reduktion des Energieumsatzes fand sich bei ansonst gesunden Patienten mit Querschnittsläsion. Es muß betont werden, daß alle interkurrenten Erkrankungen zu einem Streßstoffwechsel und damit verbundenen Erhöhung des Energiebedarfes führen werden.

Nichttraumatische neurologische Zustandsbilder

Bislang liegen nur sehr wenig Untersuchungen des Energiestoffwechsels bei nichttraumatischen neurologischen Zustandsbildern vor.

Eine Erhöhung des Energieumsatzes fand sich bei Patienten in der Akutphase des cerebralen Insultes [9], bei Hirnblutungen [10] und Patienten mit hypoxischem Hirnschaden. Wie bei Patienten mit Schädel-Hirn-Trauma scheinen motorische Unruhe, Agitation und eine erhöhte sympatho-adrenale Aktivität dafür verantwortlich zu sein. Bei Patienten mit akutem cerebralen Insult konnte auch eine positive Korrelation zwischen Katecholaminausscheidung im Harn und prozentueller Erhöhung des Energieumsatzes über den nach Harris-Benedict errechneten Wert gefunden werden [9]. Im Mittel war der Energieumsatz um 15% erhöht, wobei allerdings auch Maximalwerte von 87% gefunden wurden.

Bei neurologischen Erkrankungen die mit einer muskulären Inaktivität einhergehen (Guillain-Barré-Syndrome, Myasthenie, Muskeldystrophie usw.) liegen nur vereinzelte Meßergebnisse vor. Bei Patienten mit Guillain-Barré-Syndrom konnten wir eine Reduktion des Energieumsatzes im Ausmaß von 6—25% finden. Die Denervation und reduzierte muskuläre Aktivität (insbesondere bei verminderter Atemarbeit im Rahmen einer maschinellen Beatmung) scheinen ähnlich wie bei Patienten mit Querschnittläsionen dafür verantwortlich zu sein. Wiederum ist zu erwähnen, daß interkurrente Erkrankungen wie Infektionen zu einer Erhöhung des Energiebedarfes führen werden. Eine deutliche Erhöhung des Energieumsatzes (15—30%) konnten wir bei Patienten mit viraler und bakterieller Encephalitis und Meningoencephalitis finden. Zusätzlich bestand eine gesteigerte Fettoxidationsrate. Dieses metabolische Muster entspricht den Veränderungen des Energiestoffwechsel wie sie bei schweren Infektionen anderer Ursache auftreten.

In Anbetracht der unterschiedlichen Beeinflussung des Energiestoffwechsels (hyper- und hypometabole Stoffwechsellage) durch die verschieden neurologischen Zustandsbilder, wird die Bedeutung einer differenzierten Energiezufuhr, um die nachteiligen Folgen eines zu geringen aber auch zu hohen Nährstoffangebotes zu vermeiden, offensichtlich.

Literatur

1. Chiolero RL, Breitenstein E, Thorin D, Christin L, Tribolet N, Freeman J, Jequier E (1989) Effects of propranolol on resting metabolic rate after sever head injury. Crit Care Med 17: 328—334
2. Haider W, Lackner F, Schlick W et al. (1975) Metabolic changes in course of severa acute brain damage. Europ J Intensive Care Medicine 1: 19—26
3. Clifton GL, Robertson CS, Sung C Choi (1986) Assessment of nutritional requirements of head-injured patients. J Neurosurg 64: 895—901
4. Robertson CS, Clifton GL, Goodman JC (1985) Steroid administration and nitrogen excretion in the head-injured patient. J Neurosurg 63: 714—718
5. Fruin AH, Taylon C, Pettis MS (1986) Caloric requirements on patients with severe head injuries. Surg Neurol 25: 25—28
6. Dempsey DT, Guenter P, Mullen JL et al. (1985) Energy expenditure in acute trauma to the head with and without barbiturate therapy. Surg Gynecol Obstet 160: 128—134

7. Mollinger LA, Spurr GB, Ghatit AZ, Barboriak JJ, Rooney CB, Davidoff DD, Bongard RD (1985) Daily energy expenditure and basal metabolic rates of patients with spinal cord injury. Arch Phys Med Rehabil 66: 420—426
8. Cox SA, Weiss SM, Posuniak EA, Worthingron P, Prioleau M, Heffley G (1985) Energy expenditure after spinal cord injury: an evaluation of stable rehabilitating patients. J Trauma 25: 419—423
9. Touho H, Sawada T, Karasawa J, Kikuchi H, Ohgitani S (1986) Metabolic response in the acute stage of cerebral infarction with special reference to oxygen consumption and resting metabolic expenditure. No To Shinkei 38: 481—486
10. Piek J, Brachwitz K, Bock WJ (1988) Energieverbrauch von Patienten mit Schädel-Hirn-Trauma und spontaner intracranieller Blutung in der frühen postoperativen/posttraumatischen Phase. Anasth Intensivther Notfallmed 23: 325—329

Korrespondenz: Dr. B. Schneeweiß, I. Medizinische Universitätsklinik, Lazarettgasse 14, A-1090 Wien, Österreich.

Sondenernährung — Applikationstechniken und Geräte

L. Peschl

Interne Abteilung, Krankenhaus der Stadt Wien-Floridsdorf,
Wien, Österreich

Patienten mit zerebralen Funktionsstörungen, die durch lange Zeit nicht in der Lage sind peroral Nahrung zu sich zu nehmen, können durch eine Sonde enteral ernährt werden. Gegenüber einer parenteralen Ernährung bestehen wesentliche Vorteile: Die enterale Ernährung entspricht den ernährungsphysiologischen Vorstellungen, sie ist komplikationsärmer und letztlich auch um mehr als 50% billiger. Die Sonde kann dabei entweder im Magen oder im Dünndarm liegen.

I. Sondenernährung über den Magen

1. Naso-gastrale Sondenlage

Die Ernährung über eine nasogastrale Sonde ist technisch am einfachsten. Dank des weichen Materials sind auch nach monatelanger Sondenlage keine Drucknekrosen zu befürchten. Allerdings können großlumige transnasale Sonden zu lokalen Reaktionen, wie Rhinitis, Husten oder erhöhte Sekretion führen. Die Nahrungszufuhr soll während des Tages über 16 Stunden mit einer 8stündigen Nachtpause erfolgen. Die Nährlösung kann als Bolusgabe von 200 bis 300 ml in zweistündigen Abständen oder kontinuierlich über eine kleine Infusionspumpe verabreicht werden. Wenn es dem Patienten nicht möglich ist während der Ernährungsphase außerhalb des Bettes in einem Lehnstuhl zu sitzen, sollte zumindest auf eine aufrechte Position des Oberkörpers geachtet werden.

Patienten mit zerebralen Funktionsstörungen tolerieren aber eine transnasale Sondenlage schlecht, wodurch die Möglichkeit einer durch den Patienten verursachten aktiven Sondendislokation in den Oesophagus mit nachfolgender Aspiration sehr gefördert wird. Schließlich bedeutet eine transnasale Sondenlage für viele Patienten, die nur an einer Schlucklähmung leiden, eine unerträgliche psychische Belastung.

2. *Perkutane Gastrostomie*

a) Nicht-endoskopisch kontrollierte perkutane Gastrostomien

Das von Preshaw angegebene Verfahren wird unter Röntgenkontrolle durchgeführt [8]. Durch einen transnasal eingeführten doppellumigen Ballonkatheter kann zunächst die Kardia abgeblockt und dann Sauerstoff in den Magen insuffliert werden. An der für alle perkutanen Gastrotomien typischen Einstichstelle, die am lateralen Rand des Musculus rectus, 3—5 cm unter dem linken Rippenbogen gelegen ist, wird ein Stamey-perkutaner-Cystostomie-Katheter in den aufgeblähten Magen eingeführt. Sacks benützte als Nährsonde einen Ballonkatheter, den er mittels Seldingertechnik in den Magen einführte [10].

b) Perkutane endoskopisch kontrollierte Gastrostomie (PEG)

Die von Ponsky und Gauderer angegebene Durchziehmethode der PEG stellt heute die Methode der ersten Wahl für das nichtoperative Anlegen eines Ernährungsstomas dar [6]. Der Eingriff wird unter sterilen Bedingungen, bei gefährdeten Patienten auch unter intensivmedizinischer Überwachung durchgeführt. Eine laufende parenterale H_2-Blocker-Therapie wird zwei Tage vorher abgesetzt. Nach Rachendekontamination erfolgt zum Ausschluß von Obstruktionen, Ulzera oder Neoplasmen eine genaue endoskopische Untersuchung von Oesophagus, Magen und Duodenum. Anschließend wird durch ausreichende Luftinsufflation die vordere Magenwand an die Bauchdecke gepreßt, wodurch durch Transilluminatio die optimale Punktionsstelle fixiert werden kann. Nach Lokalanaesthesie und einer kleinen Stichinzision punktiert der Assistent unter endoskopischer Kontrolle den aufgeblähten Magen. Nach Entfernung des Trokars wird durch die Kanüle ein Faden eingebracht, der mit der Biopsiezange gefaßt und samt dem Endoskop durch den Mund des Patienten geführt wird. Nach Verknotung mit der Nährsonde wird diese vom Assistenten durch vorsichtiges Ziehen des Fadens über Oesophagus, Magen und schließlich durch die Bauchdecke geführt. Eine fest an der PEG-Sonde fixierte Silikonscheibe dichtet die Mageninnenwand gegen den Bauchraum ab. Das Endoskop muß nun neuerlich eingeführt werden um die exakte Position der Silikonscheibe und die Durchgängigkeit der Sonde überprüfen zu können. Nach Fixierung der äußeren Halteplatte erfolgt die Anbringung des Infusionsansatzes, wobei durch einen ausreichenden Zug am Katheter eine gute Verklebung der Magenvorderwand mit der Bauchwand unterstützt werden soll. Wir versorgen die Insertionsstelle während der ersten Zeit täglich mit Betaisodona. Später wird sie nur noch trocken gehalten.

Die Industrie bietet für die PEG bereits entsprechende Sets an. Wir verwenden das von Keymling [3] angegebene System der Firma Freka. Auch für die Versorgung der Gastrotomiewunde werden bereits Verbandsets angeboten.

Sacks und Vine haben diese Technik modifiziert. Anstelle einer Kanüle mit Trokar führen sie eine Seldingernadel in den aufgeblähten Magen ein, durch die sie dann einen langen flexibeln Führungsdraht schieben, der ebenfalls mit dem Endoskop aus dem Mund geführt wird. Der Ernährungskatheter wird dann über den Führungsdraht gezogen und beide durch die Bauchwand geführt.

Bei der von Russel angegebenen Durchziehmethode, die im wesentlichen der von Sacks [7] enstpricht, aber unter endoskopischer Kontrolle erfolgt, wird anstelle eines Katheters mit fixer innerer Abdeckplatte eine 14-French-Foley-Ballonkatheter verwendet [9]. Der aufgeblähte Magen wird mit einer dünnen Nadel punktiert, durch welche ein Führungsdraht geschoben wird. Über diesen Führungsdraht wird nun ein 16-French-Trokar mit Hülse und durch die Hülse der Ballonkatheter in den Magen eingebracht. Ein leichter Zug am Katheter sichert die exakte Auflage des Ballons an der Mageninnenwand. 24 Stunden später kann der Katheter als Nährsonde verwendet werden.

Vestweber und Troidl führen den Ballonkatheter direkt über eine Splittkanüle ohne Verwendung eines Führungsdrahtes in den Magen ein [13].

Während die Katheterdurchziehmethode in nahezu 100% erfolgreich ist, liegt die Erfolgsrate bei Verwendung von Ballonkathetern deutlich tiefer. Auch die Komplikationsrate ist höher. So wird über Perforationen und Fehlpunktionen berichtet. Darüberhinaus besteht die Gefahr der irrtümlichen Entblockung des Ballons mit Einfließen der Nährlösung in den Peritonealraum [12]. Auch kann diese Form der Gastrostomie im Bedarfsfall nicht in eine Ernährungsjejunostomie umgewandelt werden, wie dies mit der Ziehtechnik durch entsprechende Kathetermodifikation möglich ist.

Narben nach früher durchgemachten Operationen stellen keine Kontraindikation für eine PEG dar, soweit anamnestisch eine durchgemachte Peritonitis ausgeschlossen werden kann, da in diesen Fällen mit Verwachsungen zwischen Darm und Magenwand gerechnet werden muß. Auch nach einer B II-Magenresektion kann eine PEG versucht werden, wenn es gelingt die Wand des Restmagens an die Bauchwand heranzubringen und eine einwandfreie Transillumination mit exakter Erkennung des eindrückenden Fingers zu erzielen.

Während der ersten 24 Stunden nach Anlegen einer PEG wird der Patient weiter kalorisch und flüssigkeitsmäßig parenteral versorgt. Anschließend werden erstmals 500 ml Tee über die Sonde zugeführt, gefolgt von 500 ml einer Sondennahrung. In den folgenden Tagen wird die Kalorienzufuhr langsam je nach Bedarf erhöht. Nährlösung und erforderliche Zusatzflüssigkeit werden pumpengesteuert zugeführt. Nach Applikation der ersten Nährlösung wird röntgenologisch neben der Sondenlage die Entleerungsfunktion des Magens geprüft und in Horizontallage nach eventuellen Reflux- und Aspirationszeichen gesucht. Während der ersten 10 Tage kontrollieren wir täglich Flüssigkeitsbilanz, Osmolalität, Kreatinin, Elektrolyte und Blutzucker. Während der initialen Ernährungsphase werden in wöchentlichen Abständen Gesamteiweiß, Albumin, Cholinesterase Elektrolyte, Serumkreatinin und Blutbild, sowie Sondenlage, Magenentleerungsfunktion und das Thoraxröntgen geprüft.

II. Sondenernährung über das Jejunum

1. Nasojejunale Sondenlage

Liegen funktionelle oder anatomische Abflußbehinderungen aus dem Magen, Oesophagotrachealfisteln, Duodenalfisteln bzw. ein massiver gastrooesophagealer Reflux mit röntgenologisch nachgewiesener Aspiration vor, dann ist eine enterale Ernährung dieser Patienten nur möglich, wenn die Sonde im Dünndarm liegt. Trotz dieser Sondenlage muß bei zerebral geschädigten Patienten mit den gleichen, durch eine aktive Sondendislokation ausgelösten Komplikationen und Schwierigkeiten gerechnet werden, wie dies bei der nasogastralen Sonde angeführt wurde [1].

Die für eine jejunale Sondenernährung verwendete Nährlösung sollte eine möglichst niedrige Osmolarität haben, um Unverträglichkeitserscheinungen wie Übelkeit, Durchfälle, Schwächezustände und

Krämpfe zu verhindern. Zu Beginn der Ernährungsphase werden von einer verdünnten Nährlösung 50 ml pro Stunde zugeführt und das Volumen im Abstand von 24 Stunden langsam bis zur Erreichung der erforderlichen Kalorien- und Gesamtflüssigkeitsmenge erhöht. Aufgrund der Sondenlage im Dünndarm kann die Sondenernährung kontinuierlich über 24 Stunden oder wenn vom Patienten toleriert auch intermittierend verabreicht werden.

2. Perkutane endoskopisch kontrollierte Gastrojejunostomie (PEJ)

Um bei den oben angeführten Indikationen eine nasojejunale Sondenlage zu umgehen kann durch eine Kathetermodifikation eine PEG in eine Ernährungsjejunostomie umgewandelt werden. Ponsky und Aszodi führten durch das pilzähnlich aufgetriebene Ende eines Cystostomiekatheters eine dünne Ernährungssonde und brachten diese dann weiter distal in den Cystotomiekatheter ein. Dieses nun doppellumige Kathetersystem wurde nach der PEG-Durchziehmethode durch die Bauchwand geführt. Das aufgetriebene Ende des Cystostomiekatheters diente als Halteplatte an der Mageninnenwand, die dünne Ernährungssonde wurde endoskopisch in den Dünndarm plaziert [7].

Die Industrie bietet nun doppellumige Kathetersysteme an, wobei ein Führungskatheter ChH 15, der mit einer fixen Halteplatte für die Mageninnenwand versehen ist, wie eine PEG plaziert wird. Durch diesen Katheter kann die Ernährungssonde ChH 8 zunächst in den Magen und anschließend mit Hilfe einer Schlinge oder Biopsiezange unter endoskopischer Kontrolle in das Duodenum oder Jejunum geführt werden. Trotz exakter Positionierung erweist sich die Sondenlage im Dünndarm als instabil und muß oft endoskopisch korrigiert werden. Wenn eine exakte und stabile Lage der Sonde nicht erreicht werden kann, muß sie entfernt und der Patient durch den im Magen liegenden Führungskatheter nach dem System eine PEG ernährt werden.

Im Bedarfsfall kann der kurze großlumige Führungskatheter bei liegender und gut funktionierender Dünndarmsonde gleichzeitig als gastraler Entlastungsmechanismus dienen.

In letzter Zeit hat man versucht einen Katheter direkt perkutan in die oberste Jejunumschlinge einzuführen, wobei zunächst mit einem entsprechend langem Endoskop die Flexura duodeno-jejunalis passiert werden muß, um mittels Transillumination im obersten Jejunumabschnitt für die Insertion eines PEG-ähnlichen Systems eine optimale

Punktionsstelle eruieren zu können. Die Methode ist aber mit einem hohen Komplikationsrisiko, wie Fehlpunktionen und Verletzungen von Netzgefäßen verbunden [11].

Die über eine PEG eingeführten Nährsonden können ohne Komplikationen viele Monate belassen werden. In der Literatur werden Liegezeiten von mehr als zwei Jahren berichtet. Ein entscheidender Vorteil der Ernährung über eine PEG oder eine PEJ liegt darin, daß sie ohne Schwierigkeiten ambulant von einer Krankenschwester oder Angehörigen durchgeführt werden kann. Wenn ein Patient wieder schlucken und essen lernt, kann die Sonde nach 24 Stunden Nahrungskarenz problemlos entfernt werden. Die Ernährung wird 24 Stunden gestoppt, der Katheter durchtrennt, magenwärts vorgeschoben und unter endoskopischer Sicht mit der Biopsiezange gefaßt und entfernt. Nach einer weiteren 24stündigen Nahrungskarenz kann der Patient wieder essen. Die PEG sollte nicht früher als zwei Wochen nach Anlegen wieder entfernt werden. Zu diesem Zeitpunkt kann bereits eine Verklebung beider Peritonealblätter angenommen werden.

Absolute Kontraindikationen für eine Gastrostomie sind: komplette pharyngeale oder oesophageale Obstruktion, unkorrigierbare Koagulopathien, Unmöglichkeit der Endoskopie, Ileus und keine optimale Transillumination. Hingegen sind Aszites, Magenkarzinom, Magenulkus und gastroenterale Fisteln nur als relative Kontraindikationen anzuführen.

Komplikationen

Bei einer Literaturzusammenstellung über 1338 PEG-Patienten aus dem Jahr 1983 bis 1987 fand Mamel eine Gesamtkomplikationsrate von 13,6% [5]. Die häufigsten Komplikationen waren Wundinfektion, Aspiration, Undichtheit des Stomas, Pneumoperitoneum und Katheterdislokationen. Die Häufigkeit von Wundinfektionen liegen zwischen 4 und 30%. Aufgrund dieser großen Streuung ergibt sich die Frage nach einer Antibiotikaprophylaxe. Auch hier sind die Meinungen sehr kontroversiell. Während Jonas [2] keinen Einfluß fand, berichtet Larson über eine Abnahme der Wundinfektion um 23% nach einer prophylaktischen Antibiotikagabe [4]. Wenn es zu einer schweren Wundinfektion gekommen ist, sollte der Katheter entfernt und einige Tage später an einer anderen Stelle neu gelegt werden.

Das Auftreten eines Pneumoperitoneums stellt keine ernste Komplikation dar. Eine operative Intervention sollte nach Möglichkeit vermieden werden, da es in der Regel spontan zur Resorption der Luft kommt. Die Aspiration zählt zu den ernstesten Spätkomplikationen. Mit ihr muß vorallem dann gerechnet werden, wenn es zu einer plötzlichen und entscheidenden Verschlechterung des Zustandes z. B. durch Reinsult, Sepsis etc. gekommen ist [5 a]. Die in der Literatur angegebene Letalitätsrate liegt bei 1%.

Literatur

1. Brewer C (1987) Jejunostomy: highlights of care. J Enterostom Ther 14: 163
2. Jonas SK, Neumark S, Panwalker AP (1985) Effect of antibiotic prophylaxis in percutaneous endoscopic gastrotomy. Am J Gastroenterol 80: 438—440
3. Keymling M, Schroeder M, Wörner W (1985) Erfahrungen mit der perkutanen endoskopisch kontrollierten Gastrostomie (PEG). Die Med Welt 36: 1297
4. Larson DE, Fleming CR, Ott BJ et al. (1983) Percutaneous endoscopic gastrostomy: simplified access for enteral nutrition. Mayo Clin Proc 58: 103—197
5. Mamel JJ (1989) Percutaneous endoscopic gastrostomy. Am J Gastroent 84: 703

5 a. Peschl L, Zeilinger M, Munda W, Prem H, Schragel D (1988) Perkutane endoskopische Gastrostomie — Eine Möglichkeit der enteralen Ernährung von Patienten mit schweren zerebralen Funktionsstörungen. Wr Klin Wschr 10: 314—318

6. Ponsky JL, Gauderer MW (1981) Percutaneous endoscopic gastrostomy: a nonoperative technique for feeding gastrostomy. Gastrointestinal Endosk 27: 9
7. Ponsky JL, Aszodi A (1984) Percutaneous endoscopic jejunostomy. Am J Gastroenterol 79: 113
8. Preshaw RM (1981) A percutaneous method for inserting a feeding gastrostomy tube. J Surg Gyn Obstet 152: 656
9. Russel TR, Brotmann M, Norris F (1984) Percutaneous gastrostomy: a new simplified and cost-effective technique. Am J Surg 184: 132
10. Sacks BA, Glotzer DJ (1979) Percutaneous Re-establishment of feeding gastrostomies. Surgery 85: 576
11. Salm R, Rückenauer K (1988) Endoskopische Enterostomie: Jejuno- und Colostomie. Endoskopie heute 1: 32
12. Troidl H, Vestweber KH, Viell B, Krause B (1985) Neue Techniken zur Durchführung der enteralen Ernährung Eine Prospektive Studie zur klinischen Brauchbarkeit der perkutanen endoskopischen Gastrostomie und der Feinnadel-Katheterjejunostonie. Z Gastroenterologie [Suppl] 23: 29
13. Vestweber KH, Troidl H, Sommer H, Viell B et al. (1985) Die endoskopischperkutane Gastrostomie — eine einfache Technik zur Langzeiternährung. Zentralbl f Chir 110: 913

Korrespondenz: Prim. Doz. Dr. L. Peschl, Interne Abteilung, Krankenhaus der Stadt Wien-Floridsdorf, Hinaysgasse 1, A-1210 Wien, Österreich.

Epidurale Hirndruckmessung bei Kindern nach Herz-Kreislaufstillstand

M. Trop[1], **G. Zobel**[1], **H. M. Grubbauer**[1] und **M. Mokry**[2]

[1] Universitätskinderklinik Graz und [2] Universitätsklinik für Neurochirurgie, Graz, Österreich

Einleitung

Die kontinuierliche Registrierung des intrakraniellen Druckes (ICP) wird in der Neurointensivtherapie allgemein empfohlen [1]. Zusammen mit arteriellem Mitteldruck (AMP) kann die Information noch erweitert werden, denn aus der Wechselwirkung zwischem AMP und ICP resultiert der zerebrale Perfusionsdruck (CPP), welcher die neurologische Schädigung determiniert. Es wird angenommen, daß bei Kindern ein CPP von 40 mmHg einen kritischen Schwellenwert darstellt: bei Werten darunter ist ein schlechtes neurologisches Ergebnis zu erwarten. Es konnte auch gezeigt werden, daß minimaler CPP ein besseres prognostisches Kriterium darstellt als die Spitzenwerte des maximalen ICP.

Wechselwirkung zwischen ICP, AMP und CPP:

$$\mathrm{CPP} = \mathrm{AMP} - \mathrm{ICP}\ (\mathrm{mmHg})$$

$$\mathrm{AMP} = \Delta \frac{\text{systol.} - \text{diastol.}}{2} + \text{diastol. RR}$$

AMP arterieller Mitteldruck (mmHg)
ICP intrakranieller Druck (mmHg)
CPP zerebraler Perfusionsdruck (mmHg)

Patientenkollektiv und Methodik

In einer retrospektiven Studie wurden 8 Patienten analysiert. Allen gemeinsam war ein Atem-Herzstillstand, dessen Ursachen waren:

Tabelle 1. Daten unserer 8 Patienten

	Überlebende Gruppe I	Verstorbene	
		Gruppe II „spät“	Gruppe III „früh“
Anzahl d. Patienten	3	2	3
Durchschnittliches Alter (in Jahren: min.—max.)	1,6 (1,5—1,8)	7.1 (2,5 u. 14)	5 (1,6—12)
Glasgow Coma-Scale (bei der Aufnahme)	5,6	3,5	4,6
Weite, reaktionslose Pupillen bei d. Aufnahme	0	1	1
Zeit bis zur Sensorimplantation (Stunden)	17 (3,5—30)	27.5 (7 u. 48)	14 (7—12)
Zeit d. ICP-Registrierung (Tage: min.—max.)	8 (5—12)	11,5 (11 u. 12)	4,6 (2—6)

— Ertrinkungsanfall (n 3);
— Erstickungsanfall (n 2);
— Narkosezwischenfall (n 1);
— Stromunfall (n 1);
— Verkehrsunfall (n 1).

Die Patienten wurden in drei Gruppen unterteilt:

— Gruppe I: überlebende Patienten (n 3);
— Gruppe II: „spät“ verstorbene Patienten (n 2), d. h. sie starben mehrere Wochen nach dem Unfall und
— Gruppe III: „früh“ verstorbene Patienten (n 3), d. h. sie starben innerhalb der ersten Woche.

Mittels LADD-epiduralen Druckaufnehmers erhielten alle Patienten eine kontinuierliche ICP-Registrierung als Teil ihrer Neurointensivtherapie. Der Druckaufnehmer wurde spätestens 48 Stunden nach dem Unfall vom Neurochirurgen implantiert. Die Meßdauer betrug bis zu 12 Tagen. Von seiten des Sensors wurden keine Komplikationen beobachtet. Zur Behandlung des Hirnödems wurden weiters bei allen Patienten eingesetzt:

— Oberkörperrelevation;
— Kontrolle des arteriellen Mitteldruckes;
— Hypokapnie ($paCO_2$ 25—35 mmHg);
— Normoxie (paO_2 100—120 mmHg);
— Normothermie;
— Osmodiuretika und
— Hypnotika (Pentobarbital).

Tabelle 1 zeigt weitere Daten unseres Patientenkollektives.

Ergebnisse

Die Tabelle 2 zeigt CPP-Werte unserer überlebenden Patienten:

Phillip G., 19 Monate, Status post Stromunfall — bei der Entlassung minimale Zerebralparese re.

Alexander F., 13 Monate, Status post Verkehrsunfall — bei der Entlassung ebenfalls leichte Zerebralparese re.

Marion F., 2 Jahre, Status post Ertrinkungsunfall — unauffällig bei der Entlassung.

Alle Patienten hatten immer ausreichende CPP-Werte. Das stufenweise Absetzen einzelner Therapiemaßnahmen wurde durchwegs gut toleriert. Nach Beendigung der Hirnödemtherapie konstant bleibende, normale ICP-Werte.

Die Tabelle 3 zeigt CPP-Werte „spät" verstorbener Patienten:

Norbert B., 14 Jahre, Status post Erstickungsunfall — starb 4 Wochen nach dem Zwischenfall.

Roland W., $3^1/_2$ Jahre, Status post Ertrinkungsunfall — starb 2 Monate nach dem Unfall.

Beide Patienten hatten ausreichend CPP-Werte, das Absetzen aller Therapiemaßnahmen führte zu keiner Änderung der ICP-Werte, sie blieben mit oder ohne Hirnödemtherapie ident.

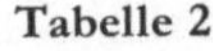

Tabelle 2

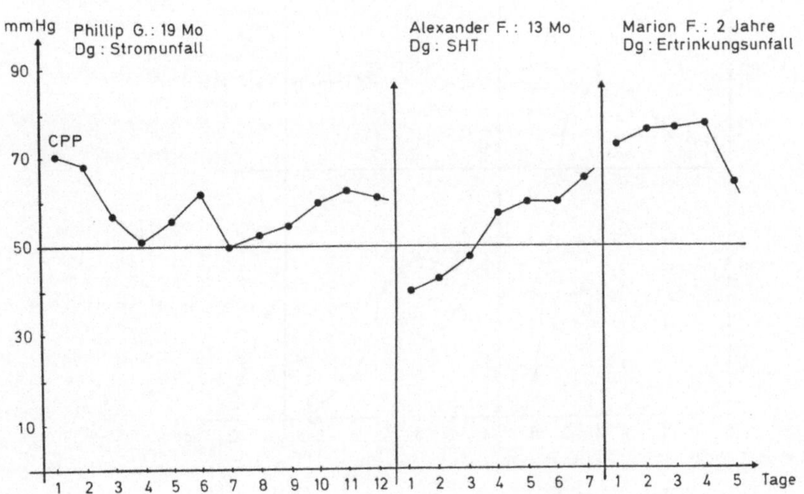

Tabelle 3

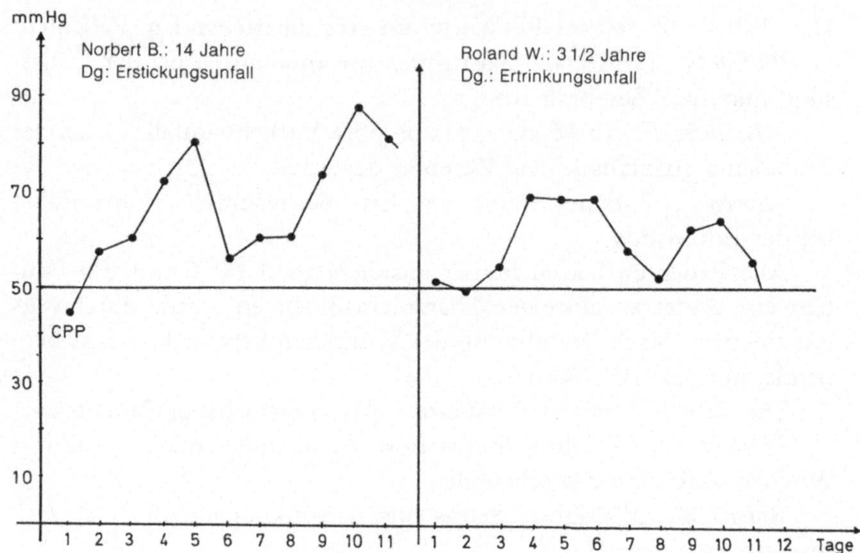

Tabelle 4

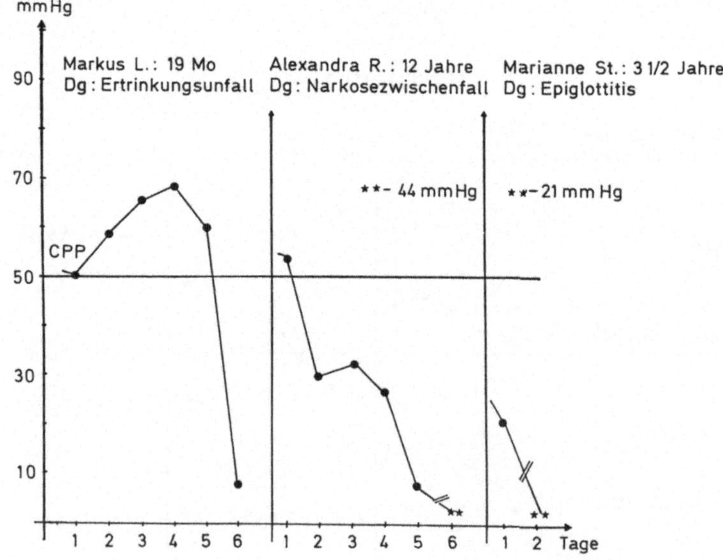

Die Tabelle 4 zeigt CPP-Werte „früh" verstorbener Patienten:

Markus L., 19 Monate, Status post Ertrinkungsunfall — starb 6 Tage später

Alexandra R., 12 Jahre, Status post Narkosezwischenfall — starb 6 Tage später

Marianne St., $3^1/_2$ Jahre, Status post Epiglottitis und Erstickungsunfall — starb $2^1/_2$ Tage später.

Bei Markus anfangs noch ausreichende CPP-Werte, dann aber trotz maximaler Hirnödemtherapie keine Stabilisierung mehr möglich. Idente Befunde bei Alexandra und Marianne; hier überstiegen präfinal die ICP-Werte um 44 mmHg bzw. 21 mmHg die AMP-Meßwerte.

Diskussion

Bei einem Atem-Herzstillstand kommt es zur kompletten zerebralen Ischämie und Unterbrechung der Versorgung mit Substrat: Sauerstoffvorräte sind innerhalb von Sekunden, Glukose und Glykogen innerhalb von 4 und energiereiche Phosphate in 8 Minuten verbraucht. Diese Situation limitiert die Wiederbelebungszeit auf 4—5 Minuten. Ist die Zeit der Ischämie und des Substratentzuges zu lang, kommt es durch komplizierte biochemische Vorgänge wie Freisetzung von Mediatoren, gesteigerter Synthese von Prostaglandinen und Leukotriene, Anhäufung von Lactat zur Entwicklung des zytotoxischen Ödems.

Da das intrakranielle Volumen konstant ist und nach Kelli-Monroe'scher Regel bei Kindern $V_{Blut} + V_{Liquor} + V_{Gehirn} = 10\% + 10\% + 80\%$ beträgt, wird es nach Aufbrauchen des Reserveraums zur Steigerung des ICP kommen [2]. Dieses allgemein beschriebene Verhalten — Hirnödembildung und Hirndruckelevation — findet man in der Literatur gut dokumentiert [1, 2, 4]. Da wir aber bei 2 Patienten (Gruppe II) durchaus normale ICP- bzw. CPP-Werte über Tage registrierten, stellte sich die Frage, ob eine Ischämie ohne Hirnödem bzw. Hirndruckerhöhung einhergehen und letztendlich zum zerebralen Tod führen kann. Nach Durchsicht der Literatur konnte eine Mitteilung von Myers et al. [3] gefunden werden, wo er allerdings im Tierexperiment zeigt, daß ein „anergic state" (inklusive totaler Kreislaufstillstand oder totale Asphyxie) Schädigung des unteren Stammhirnbereichs verursacht. Bei sogenannten „hypoergic state" (inklusive verminderte Zirkulation, partielle Hypoxämie) tritt in erster Linie eine

Schädigung der Hemisphären auf, inkl. Hirnschwellung, corticale Nekrose und Läsion der basalen Ganglien.

Zusammenfassend können wir sagen, daß die Registrierung des CPP viele Vorteile hat:

- stellt eine risikoarme Überwachungsmethode dar;
- die Therapie des Hirnödems kann exakter gesteuert und deren Erfolg kontrolliert werden;
- Komplikationen können frühzeitig erfaßt werden;
- der Zeitpunkt der Therapiebeendigung kann leichter ermittelt werden;
- um aber ein „anergic state“ bei Patienten abgrenzen zu können bedarf mehr klinischer Daten bzw. einer größeren Studie.

Literatur

1. Gaab M, Sörensen N (1982) Kontinuierliche Überwachung des intrakraniellen Druckes mit gering invasiven Methoden in der pädiatrischen Intensivtherapie. In: Von Loewenich (Hrsg) Pädiatrische Intensivmedizin. Symposium in Frankfurt am Main. Thieme, Stuttgart New York, S 68—76
2. Jacobi G, Klinter D, Weierman G (1988) Zur Klinik und Pathophysiologie der intrakraniellen Drucksteigerung. Klin Pädiatr 200: 359—374
3. Myers RE (1973) Two classes of dysergic brain abnormality and their conditions of occurrence. Arch Neurol 29: 394—399
4. Tasker RC, Matthew DJ, Helms P, Dinwiddie R, Boyd S (1988) Monitoring in non-traumatic coma. Part I. Invasive intracranial measurements. Arch Dis Child 63: 888—894
5. Wiedemann K (1984) Zerebrale Reanimation — gibt es neue Gesichtspunkte? Notfallmedizin 9: 3—15

Korrespondenz: Dr. Marijy Trop, Universitätskinderklinik Graz, Auenbruggerplatz, A-8036 Graz, Österreich.

Neuro — AIDS im Kindesalter

A. Zoubek[1], **E. Puchhammer-Stöckl**[2] und **A. Zaunschirm**[1]

[1] St. Anna Kinderspital, und [2] Institut für Virologie, Universität Wien, Wien, Österreich

Einleitung

Infektionen durch HIV führen häufig zum Befall des Zentralnervensystems, wobei man zwischen den primären, direkt durch HIV hervorgerufenen und den sekundären, durch die Immunschwäche hergeleiteten Beteiligungen, unterscheidet. Auch bei Kindern hat die weltweite Zunahme von AIDS zur Definition einer neuen neurologischen Erkrankung geführt. Neben den akuten HIV-Komplikationen gibt es die gesamte Palette von neurologischen Syndromen. Am häufigsten findet man die AIDS-Encephalopathie (AIDS-Demenz-Komplex, HIV-Encephalitis). Neben der Encephalopathie werden auch noch die AIDS-Myelopathie, die chronische HIV-Meningitis und die HIV-Beteiligung des peripheren Nervensystems beobachtet. Zu den sekundären HIV-Manifestationen des ZNS gehören opportunistische Infektionen, Tumoren, vaskuläre und metabolische Komplikationen.

AIDS-Encephalopathie

Die genaue Inzidenz der AIDS-Encephalopathie ist noch nicht genau bekannt. Die Angaben in der Literatur schwanken zwischen 27 und 91% [5], doch dürften fast alle Patienten, wenn sie es erleben, an neurologischen Erkrankungen leiden. Belman [2] konnte bei 61 von 68 untersuchten Kindern im Alter von 6 Wochen bis 13 Jahren mit symptomatischen HIV-Infektionen eine Beteiligung des Zentralnervensystems beobachten. Bei Kindern kommt es abhängig vom Infektionsmodus wesentlich früher als bei Erwachsenen zu dieser gefürchteten Komplikation. Kinder, die durch infektiöse Blutprodukte infiziert wurden, erkranken viel rascher, als Kinder, die während der Schwangerschaft mit dem Virus angesteckt wurden [6].

In jüngster Zeit häufen sich auch die Berichte über Erstmanifestation der HIV-Infektion als Encephalopathie [6].

Die Erkrankung präsentiert sich durch Entwicklungsverzögerung, teilweise durch den Verlust bereits erreichter Entwicklungsstadien, wobei klinisch noch kein Hinweis auf die erworbene Immunschwäche vorliegen muß. Im Extremfall sieht man Kinder mit beidseitigen Pyramidenzeichen mit Para- und Tetraspastik, seltener mit extrapyramidalen und cerebellären Symptomen. Zudem kann es auch zu Sprachstörungen kommen.

Dabei gibt es unterschiedliche Verläufe, von rasch progredienten bis subakuten Verläufen; es sind auch vorübergehende Stillstände und deutliche Besserung der Beschwerden, auch ohne Behandlung beobachtet worden. Bei jüngeren Kindern kommt es häufig zum Auftreten eines Mikrocephalus durch vermindertes Gehirnwachstum, Krampfanfälle werden als nicht typisch beschrieben, können jedoch im Endstadium der Erkrankung vorkommen. Die AIDS-Encephalopathie sollte nur bei eindeutig bestehender klinischer Symptomatik diagnostiziert werden, die freilich bei diskreter Ausprägung sehr schwer faßbar sein kann. Darüber hinaus ist wenigstens eine weitere objektive technische Untersuchungsmethode zu fordern, deren Ergebnis die klinische Verdachtsdiagnose erhärtet (Virusnachweis im Liquor, EEG, CT oder MRI). Zusätzlich sollte eine andere akute oder chronische Infektion des Zentralnervensystems ausgeschlossen werden.

AIDS-Myelopathie

HIV-Befall des Rückenmarks führt zu aufsteigenden querschnittsartig angeordneten Sensibilitätsstörungen, zu spastischer Paraparese der Beine, sowie Beeinträchtigung der Blasen- und Mastdarmfunktion.

Chronische HIV-Meningitis

Sie scheint bei der HIV-Infektion häufiger vorzukommen als sie zu klinischen Symptomen führt. Bei der Obduktion von AIDS-Patienten wird häufig eine chronische aseptische Meningitis gefunden. Das Hauptsymptom sind chronisch rezidivierende hartnäckige Kopfschmerzen.

HIV-Beteiligung des peripheren Nervensystems

Bei 15—20% aller HIV-Patienten findet sich auch eine Beteiligung des peripheren Nervensystems. Diese Symptome werden oft durch die gleichzeitig vorkommende Encephalopathie übersehen. Oft ist klinisch nicht zu unterscheiden, ob es sich bei der peripheren Affektion um ein Polyradikulitis, eine Polyneuritis oder eine Polyneuropathie handelt.

Sekundäre HIV-Manifestation

Bei 12% der Kinder [2] kommt es zum Auftreten einer eitrigen Meningitis (Pneumokokken, E. coli. H. influenza, Candida albicans). Zusätzlich kann es häufig zu generalisierten CMV-Infektionen mit Meningoencephalitis kommen, eine seltene Komplikation sind B-Non Hodgkin Lymphome des Gehirns, intrakranielle Blutungen können bei einer durch HIV ausgelösten Immunthrombozytopenie auftreten.

Pathogenese der AIDS-Encephalopathie

Die exakte Pathogenese der AIDS-Encephalopathie ist bis heute noch nicht genau geklärt. Da Virusprotein in relativ geringen Mengen im Gehirn gefunden wird, vermutet man als Ursache eine Kombination aus mehreren Faktoren:

1. Von Virus befallene CD 4 exprimierende Monozyten und Makrophagen des Gehirn schädigen mittels Toxinen, Zytokinen und chemotaktischen Faktoren die Neurone und Gliazellen.
2. Befall der Gefäßendothelien führt zur Schädigung der Blut-Hirn-Schranke.
3. Direkte HIV-Infektion von Neuronen und Gliazellen, was zu Demyelinisierung und Schädigung der Neuronen führt.
4. Der neurotrope Faktor Neuroleukin wird möglicherweise kompetitiv durch das HIV-Hüllprotein in seiner Wirkung gehemmt, da beide Proteine eine partielle Übereinstimmung ihrer Aminosäurensequenzen aufweisen.
5. Direkte Schädigung des Nervengewebes durch das HIV-Hüllprotein.

Untersuchungsergebnisse

EEG: Kann in der Grundaktivität normal oder etwas verlangsamt sein.

Liquor: Kann normal sein oder eine gering ausgeprägte Pleocytose oder Proteinerhöhung aufweisen.

CT bzw. *MRI:* Bei subakutem progressivem Verlauf kann man Zeichen von Hirnatrophie, sowie Markveränderungen und Verkalkungen finden, bei stationärem Zustandsbild kann eine geringe Hirnatropie, aber auch ein Normalbefund erhoben werden, das Hirnwachstum bleibt jedoch zurück und führt fast immer zur Ausbildung eines Mikrocephalus.

Immunologie: Die meisten kindlichen AIDS-Patienten weisen zu dem Zeitpunkt, wo es zu neurologischen Symptomen kommt, bereits schwere Veränderungen der zellulären und humoralen Immunität auf. Viele Kinder haben bereits weniger als $0{,}2 \times 10^9$/l CD-4 Zellen, weisen eine inverse CD 4/CD 8-Ratio auf. Es gibt jedoch auch Kinder, die immunologisch noch kompetent sind und dennoch schon ausgeprägte neurologische Symptome aufweisen.

Nachweismethoden der HIV-Infektion

Antikörper im Serum und Liquor sollten mittels ELISA (Abbott) und Western Blot (Du Pont) nachgewiesen werden. Virusisolierung aus peripheren Blut-Lymphozyten durch Vermehrung des Virus in der Zellkultur durch Nachweis der HIV-spezifischen reversen Transkriptase und durch Antigennachweis (Abbott).

Mittels Polymerase chain reaction (PCR) Nachweis HIV-spezifischer Nukleinsäuren wie von Stöckl et al. [9] beschrieben wurde.

Bei Kindern unter 15 Monaten sind alle aufgeführten Untersuchungen für die Diagnose einer HIV-Infektion notwendig.

Therapie

Das derzeit einzig antiretrovirale Medikament, das uns für die Behandlung von AIDS-Patienten zur Verfügung steht, ist das Zidovudine (AZT: 3′-azido-2,3′dideoxythymidine) (Retrovir®-Wellcome). Es steht als i. v.-Präparat, als Kapseln und neuerdings auch als Saft zur Verfügung. Es ist ein Nukleosidanalog, das zu aktivem AZT-triphosphat phosphoryliert wird und nach Einbau in die Virus-DNA die reverse Transkriptase zu hemmen scheint. Es gibt bis heute mehrere abgeschlossene Phase-I-Studien zur Behandlung von AIDS mit Retrovir®, unter anderem auch bei Kindern [8].

Mehrere Phase-II-Studien sind begonnen, der optimale antivirale Effekt scheint bei einem Plasmaspiegel über 1 micromol/l erreicht zu werden. Dies konnte am besten durch eine kontinuierliche i.v.-Infusion über 24 Stunden erzielt werden. Am NIH [8] konnte dies in eindrucksvoller Weise bei 21 AIDS-Kindern bewiesen werden. Die optimale AZT-Dosis dürfte zwischen 0,9 und 1,4 mg/kg/h liegen. Als Bolusgaben alle 4—6 Stunden müßten mehr als 10fache Dosen aus pharmakodynamischen Gründen appliziert werden, um den Spiegel über 1 micromol/l zu halten [1].

Die dabei erzielten Plasmaspitzenspiegel haben jedoch eine starke knochenmarksstammzellschädigende Wirkung. Dadurch können auch die relativ rasch auftretenden toxischen Blutbildveränderungen nach Bolusgaben von AZT erklärt werden [1].

Die AIDS-Encephalopathie läßt sich durch AZT gut behandeln. 24% der im Plasma nachzuweisenden Konzentration von AZT läßt sich auch im Liquor cerebrospinalis nachweisen. Bei fast allen Kindern kommt es bei Therapie mit AZT neben einer Besserung des Allgemeinzustandes und der immunologischen Situation zu einer deutlichen Besserung der neurologischen Beschwerden [8].

Zukunft

— Die wirklich optimale Kombination aus intravenöser und oraler des lebenslang einzunehmenden AZT ist noch nicht bekannt.

— Neue Aspekte ergeben sich aus der möglichen Kombination aus AZT und GM-CSF, wobei man die limitierende Knochenmarksdepression vermeiden könnte.

— Frühzeitige prophylaktische Therapie mit AZT, noch vor dem Auftreten der Immunsuppression (derzeit bei frühem ARC diskutiert).

— Resistenzüberwindung durch die Kombination von AZT und Acyclovir möglicherweise vorhanden.

Literatur

1. Balis FM, Pizzo PA, Murphy RF, Eddy I, Jarosinski PF, Falloon I, Broder S, Poplack DG (1989) The pharmacokinetics of zidovudine administered by continuous infusion. Ann Intern Med 110: 279—285
2. Belman AL, Diamond G, Dickson D, Horoupian D, Llena J, Lantos G, Rubinstein A (1988) Pediatric acquired imunodeficiency syndrome. Neurologic syndromes. AJDC 142: 29—35
3. Brückmann C, Rosendahl C, Neumann J, Wintergerst U, Gandenberger S, Auberger K, Belohradsky BH (1988) HIV-Infektionen in der Pädiatrie: Eine Übersicht. AIFO 12: 651—670
4. Enzenberger W (1989) Neuromanifestationen bei AIDS. Schwer, Stuttgart

5. Epstein LG, Sharer LR, Oleske JM, Connor EM, Goudsmit J, Bagdon L, Robert-Guroff M, Koenigsberger MR (1986) Neurologic manifestation of human immundeficiency virus infection in children. Pediatrics 78: 678—686
6. Falloun J, Eddy J, Wiener L, Pizzo PA (1989) Human immundefiency virus infection in children. J Pediatr 114 (1): 1—30
7. Janssen R, Stehr-Green J, Starcher T (1989) Epidemiology of HIV encephalopathy in the United States. 5th Int Conf on AIDS, Montreal 1989
8. Pizzo PA, Eddy J, Falloon J, Balis FM, Murphy RF, Moss H, Wolters P, Brouwers P, Jarosinski P, Rubin M, Broder S, Yarchoan R, Brunetti A, Maha M, Nusinoff-Lehrmann S, Poplack DG (1988) Effect of continuous intravenous infusion of zidovudine (AZT) in children with symptomatic HIV infection. N Engl J Med 319: 889—896
9. Stöckl E, Barrett N, Heinz FX, Banekovich M, Stingl G, Guggenberger K, Dorner F, Kunz C (1989) Efficiency of the Polymerase chain reaction for the detection of HIV 1 DNA in the lymphocytes of infected persons: comparison to Ag-ELISA and virus isolation. J Med Virol (in press)

Korrespondenz: Dr. A. Zoubek, St. Anna Kinderspital, Kinderspitalgasse, A-1090 Wien, Österreich.

A/1
Hyperammonaemisches Koma des Neugeborenen (Symptomatik — Diagnostik — Therapie — Prognose mit besonderer Berücksichtigung der Störungen im Harnstoffzyklus)

A. Weissofner, J. Micallef und **K. Baerlocher**

Ostschweizerisches Kinderspital, St. Gallen, Schweiz

Die Hyperammonämie als Ursache eines Komas im Neugeborenenalter ist selten. Man muß sie aber nach Ausschluß einer Hirnblutung, Sepsis, Meningitis, Intoxikation in Betracht ziehen.

Wichtig ist die rasche Diagnose und Therapie, da ein Blutammoniak von über 250 µmol/l über einige Tage zu schweren irreversiblen ZNS Schäden führt und die Prognose der mentalen Entwicklung mit dem bleibenden Abfall des Ammoniakspiegels korreliert.

Der Beginn der Symptomatik zwischen 2. und 4. Lebenstag (hoher Proteinumsatz) mit Trinkschwäche, Erbrechen, Temperaturlabilität, allgemeiner Hypotonie, Krämpfen und Koma sollte uns an eine metabolische Genese denken lassen.

An die Diagnosestellung ist eine unspezifische Akuttherapie gebunden: Eiweißrestriktion auf max. 0,5 g/kg bis Eiweißstop; ausreichende Kalorienzufuhr in Form von KH um einem Katabolismus vorzubeugen; Na-benzoat zur Aktivierung eines „alternative pathway"; Peritonealdialyse (einer Austauschtransfusion vorzuziehen); Carnitin; ev. Arginin; allgemeine intensivpflegerische Maßnahmen.

Die Therapie nach der Akutphase erfolgt dann in erster Linie spezifisch diätätisch je nach Ursache. Differentialdiagnostische Erwägungen sind: I: Transitorische Hyperammonämie. II: Gesteigerte Bildung (IRDS, Muskelarbeit). III: Entgiftungsstörungen (Leberinsuffizienz, Argininmangel, Organazidämien, Enzymdefekte und Transportstörungen des Harnstoffzyklus).

Die gezielte Diagnostik erfolgt dann anhand von Aminosäuremustern im Plasma und Harn, sowie am eventuellen Vorliegen einer metabolischen Azidose und dem Nachweis von Orotsäure und organischen Säuren im Harn. Die endgültige Abklärung obliegt dann der Bestimmung der jeweiligen Enzymaktivität in dem entsprechenden Biopsat bzw. Fibroblastenkultur.

In unserem Krankengut sind die Störungen im Harnstoffzyklus die überwiegende Ursache des hyperammonämischen Komas. Daher möchte ich die Problematik der gezielten Diagnostik und Therapie anhand von Fallbeispielen aus diesem Problemkreis aufzeigen.

Neben der akuten Phase im Neugeborenenalter ist dann auch auf die Zeit der Ernährungsumstellung auf Kuhmilch (mehr Proteinbelastung) und auf katabolische Phasen im weiteren Verlauf (Infekte, Trauma) Bedacht zu nehmen.

Zusammenfassend ist zu sagen, daß die rasche Diagnose und die sofortige und dauerhafte Senkung des Ammoniaks unter Vermeidung von exzessiven Anstiegen im weiten Lebensverlauf von größter Bedeutung für die intellektuelle Entwicklung des Kindes sind.

A/2 Probleme um die periventrikuläre Leukomalazie

H. Karl

Kinderinterne Abteilung, Landeskrankenhaus Klagenfurt, Österreich

Perinatal ablaufende Störungen des Stoffwechsels der Zellen des ZNS durch Hypoxie, Hypoglycämie, Azidose, Blutdruckabfall, unphysiologischen Blutdruckanstieg, Hyperkapnie sowie starken Schwankungen der Blutosmolarität haben eine Reihe von schweren Schäden zur Folge. Das Schädigungsmuster ist abhängig vom Zeitpunkt des Einwirkens sowie der Kombination oben angeführter Faktoren. Diskutiert wird eine Zuordnung eines solchen Musters zur periventriuklären Leukomalazie, wobei diesem spezifischen pathologisch-anatomischen Bild auch eine entsprechende schwere Störung der statomotorischen und mentalen Entwicklung zugeordnet werden kann.

A/3 Der prognostische Wert des Elektroencephalogramms bei neonataler Asphyxie

B. Haffner, R. Trawöger, H. Maurer, B. Ausserer, S. Krassnitzer und **Ch. Könner**

Universitätsklinik für Kinderheilkunde, Innsbruck, Österreich

Um den Wert des EEG für die Prognose eines Neugeborenen (NG) beurteilen zu können, wurden 100 NG: 51 Frühgeborene (FG) und 49 reife Neugeborene (TG), deren Hauptproblem eine peripherale Asphyxie war, untersucht. Mit Ausnahme von 5 NG wurden die ersten EEG-Ableitungen alle innerhalb der ersten 72 Lebensstunden durchgeführt. 30 Kinder sind verstorben, das Alter der 70 überlebenden Kinder liegt zwischen 6 und 14 Jahren.

— NG mit schwer abnormen EEG-Veränderungen haben eine hohe Mortalität, Frühgeborene (FG) sind deutlich gefährdeter. Alle Überlebenden sind mental und motorisch schwer bis schwerst behindert.

— Bei NG mit mittelschwer abnormen EEG-Veränderungen ist der Verlauf überwiegend günstig. Ungünstig ist der Verlauf, wenn das EEG über 2—3 Wochen oder länger mittelschwer abnorm bleibt und/oder zusätzliche CT-Veränderungen nachweisbar sind. Dies trifft besonders für EEG-Befunde mit halbseitiger Depression oder konstanter herdförmiger Verlangsamung zu.

— NG mit mäßig abnormen oder normalen EEG haben gewöhnlich eine normale mentale und motorische Entwicklung.

— Für eine prognostische Aussage ist wichtig, die ersten EEG-Abteilungen innerhalb der ersten 72 Lebensstunden durchzuführen, am besten in intermittierenden Dauerableitungen oder in Form der Dauerüberwachung, wie dies in einigen neonatologischen Intensivzentren bereits geschieht. Weitere engmaschige EEG-Kontrollen innerhalb der ersten 3—6 Lebensmonate sind zu empfehlen.

A/4 Monitoring und Management beim posthämorrhagischen Hydrocephalus des Neugeborenen

P. Covi und **J. Rücker**

Kinderspital der Landeskrankenanstalten, Salzburg, Österreich

Nach verschiedenen Literaturangaben erleiden 38—43% aller Frühgeborenen mit einem Gestationsgewicht unter 1500 g, beziehungsweise vor der 35. Schwangerschaftswoche, in der Neonatalperiode eine Hirnblutung. 50% dieser Neugeborenen entwickeln eine zunehmende Ventrikeldilatation.

Zur Einschätzung der intracraniellen Veränderungen verwenden wir:

1. Die Schädelsonographie,
2. die gepulste Dopplersonographie des ACA und
3. die Fontanellometrie.

In erster Linie eignet sich die Sonographie durch die offene Fontanelle für die Beurteilung der Entwicklung eines Hydrocephalus. In Coronaren und parasagittalen Serienschnitten kann die Dynamik der Veränderungen des Ventrikelsystems sehr gut beurteilt werden. Anhand der gepulsten Dopplersonographie wird die Hirndurchblutung beurteilt. Je nach intracraniellem Druck, finden sich typische Flußmuster und Pulsatility-Index. Bei hohem intracraniellem Druck fanden wir immer einen nahezu fehlenden diastolischen Vorwärtsfluß als Zeichen einer verminderten Hirnperfusion; der Pulsatility-Index war erhöht. Die Hirndruckmessung führen wir über die vordere Fontanelle nach dem Aplantionsprinzip durch. Kinder mit erhöhtem intracraniellem Druck haben Drucke von 15 mmHg und darüber.

Mögliche therapeutische Maßnahmen beim posthämorrhagischen Hydrocephalus sind:

1. Die medikamentöse Liquorproduktionshemmung (Diamox, Lasix),
2. Serienlumbalpunktionen,
3. externe Liquordrainage und
4. ventriculoperitonealer Shunt.

A/5 Gehäuftes Auftreten von unerwünschten Arzneimittelreaktionen bei neurointensivmedizinisch behandelten Kindern

W. Schneider[1], S. Harder[2], S. Zielen[1], B. Zin-U[2] und U. Bock[2]

[1] Abt. Allg. Päd. II, [2] Abt. Klin. Pharm., Klinikum der Johann-Wolfgang-Goethe-Universität, Frankfurt/Main, Bundesrepublik Deutschland

Von 49 neurointensivmedizinisch behandelten Kindern (43 Schädel-Hirn-Traumen, 5 nach neurochirurgischen Eingriffen mit offener Liquordrainage, 1 Meningitis) traten bei 24 unerwünschte Arzneimittelreaktionen (UAR) auf (22 Hautreaktionen mit einem dermatologisch nachgewiesenen Steven-Johnson-Syndrom, 8 Blutbildveränderungen mit einer letal verlaufenden Knochenmarksdepression, 5 drugfever, 3 Anstiege der Leberenzyme, Mehrfachnennungen möglich). Die medikamentöse Therapie wurde mit bei obengenannten Krankheiten häufig eingesetzten Arzneimitteln (Phenobarbital, Antibiotika, Glucocorticoide, Opiate, wasserlösliche Vitamine) durchgeführt, ohne daß bisher von einer solchen Häufung von UAR berichtet wurde. Lediglich die Phenorbarbitaldosierung war mit 40 mg/kg KG/Tag bei einer großen Anzahl von Kindern unüblich hoch, wobei auch unter niedriger dosiertem Phenobarbital UAR auftraten. Als Auslöser verdächtig sind vor allem Phenobarbital und Antibiotika, da von diesen erstens die prinzipielle Möglichkeit bekannt ist, solche UAR verursachen zu können und zweitens war der Rückgang der Nebenwirkungssymptome stets eng mit dem Absetzen der verdächtigten Medikation verknüpft, während die übrige Medikation fast immer folgenlos weitergeführt werden konnte. Eine weitere Differenzierung bezüglich der beiden verdächtigen Medikamente ergab, daß bis auf einen Fall alle UAR bei Patienten auftraten, die i.v. mit einer Kombination beider Medikamente behandelt wurden, wobei von den Antibiotika besonders Cefotaxim als Partner auftrat. Nach diesen Beobachtungen meinen wir, daß eine gleichzeitige i.v.-Therapie neurointensivmedizinisch behandelter Kinder mit Phenobarbital und Antibiotika streng auf UAR überwacht und beim geringsten Verdacht für ein Auftreten abgesetzt werden sollte.

A/6 Akustisch evozierte Hirnstammpotentiale in der Pädiatrischen Intensivmedizin: Wertigkeit für Prognose und Verlaufsbeobachtung

H. Lauffer, M. Rey, J. Scharf, D. Wenzel und **D. Wölfel**

Universitäts-Kinderklinik, Erlangen, Bundesrepublik Deutschland

In den Jahren 1987 bis 1989 wurden auf unserer pädiatrischen Intensivstation von 48 Kindern akustisch evozierte Hirnstammpotentiale abgeleitet. In der vorliegenden Arbeit soll die Wertigkeit dieser Untersuchung in bezug auf Prognose und Verlaufsbeobachtung von Comata unterschiedlicher Ätiologie untersucht werden.

Während alle Kinder mit SHT und nurmehr nachweisbaren Wellen I bis II bzw. fehlenden AEHP verstarben, entwickelte sich bei Patienten mit erhaltener Welle III ein apallisches Syndrom. Trotz initial völlig normaler Hirnstammpotentiale und zunächst guter Klinik verstarben 3 Kinder infolge maligner Hirnödeme. Drei Kinder mit direkter Schädigungen des Hirnstammes zeigten eine hochgradige Deformierung und Verzögerung der Welle V, welche sich als teilweise reversible erwies und gut mit dem klinischen Verlauf korrelierte.

Kinder mit hypoxischen Insulten oder perinataler Asphyxie und verlängerten Interpeaklatenzen im AEHP zeigten im folgenden alle neurologische Auffälligkeiten. Bis auf 1 Kind mit initialer Null-Linie nach weiser Asphyxie verstarben auch hier alle Kinder mit fehlendem AEHP oder nur erhaltener Welle I bis II. bei einem Kind nach Strangulationsunfall wurde aufgrund des AEHP-Verlaufs bei gleichbleibender Klinik eine CT-Untersuchung veranlaßt und ein Verschlußhydrocephalus diagnostiziert. Alle Patienten mit hypoxischen Traumen und normalen initialen AEHPs zeigten einen günstigen Verlauf.

Akustisch evozierte Hirnstammpotentiale stellen nach unserer Meinung eine effektive Ergänzung der neurologischen Diagnostik comatöser Kinder unter Intensivtherapie dar. Sie geben bereits initial Hinweise bezüglich der prognostischen Einschätzung und sind als nichtinvasive Methode auch gut zur Verlaufbeobachtung und Therapieüberwachung geeignet.

A/7 Reye-Syndrom

J. Wagner[1], H. Exner[2] und G. Hagmüller[1]

[1] Mautner Markhofsches Kinderspital Wien, Chirurgische Abteilung, Intensivstation und
[2] Wilhelminenspital Wien, Abteilung für Kinderinfektionskrankheiten und interne Kinderkrankheiten, Wien, Österreich

Das Reye-Syndrom ist eine akute, nicht entzündliche Encephalopathie, die nach einer viralen Prodromalerkrankung auftritt und mit einer Leberfunktionsstörung bzw. einem Leberversagen einhergeht. Die Erkrankung kommt fast ausschließlich im Kindesalter vor und ist klinisch durch profuses Erbrechen und eine neurologische Dysfunktion gekennzeichnet, die zu Koma und Tod führen kann.

Die Ätiologie ist auch 25 Jahre nach der Erstbeschreibung noch unklar. Im Zentrum der Pathogenese scheint eine rückbildungsfähige Störung der Mitochondrienstruktur und -funktion der Leberzelle zu stehen. Man nimmt an, daß die Mitochondrienläsion von einer Interaktion zwischen Virus und Wirt herrührt und durch exogene Faktoren modifiziert wird, wobei den Salizylaten die größte Bedeutung zukommt. Der Zusammenhang zwischen Reye-Syndrom und Salizylateinnahme während einer vorangegangenen Virusinfektion ist gesichert. In den USA hatte die Einschränkung des Aspiringebrauches bei der Behandlung von Kindern mit Varizellen und influenzaartigen Erkrankungen ein dramatisches Absinken der Inzidenz und eine geänderte Altersverteilung zur Folge. Angesichts dessen muß vor allem bei Säuglingen und Kleinkindern die Möglichkeit einer metabolischen oder anderen Reye-ähnlichen Erkrankung in Betracht gezogen werden.

Anamnese, Klinik (häufiges Erstymptom Erbrechen) und Laborbefunde (zumindest dreifacher Anstieg der Transaminasen oder des Ammoniaks im Serum) genügen meist, um die vorläufige Diagnose zu stellen. Das neurologische Bild ist für die Prognose entscheidend; es bildet die Grundlage für die Stadieneinteilung.

Die Behandlung ist nicht spezifisch, muß aber rasch erfolgen. In leichten Fällen kann die Infusion hypertoner Glucoselösungen ausreichend sein, bei schwerer Verlaufsform bedarf es intensiver lebenserhaltender Maßnahmen, die auf Senkung des erhöhten intrakraniellen Druckes und ausreichende Gewebsoxygenation gerichtet sind.

Das Reye-Syndrom ist die häufigste metabolische Encephalopathie des Kindesalters. Der Zeitpunkt der Diagnosestellung und der Zuweisung an eine Intensivstation hat großen Einfluß auf die Prognose. Für die Frühdiagnose und damit für die Verbesserung der Prognose ist ein „high level of suspicion" (Glasgow) erforderlich. Die Behandlung muß eingeleitet werden bevor irreversible Hirnschäden auftreten. Früh erkannte Fälle, die an Abteilungen mit allen Möglichkeiten der Intensivtherapie einschließlich Hirndrucküberwachung behandelt werden, haben die besten Aussichten.

A/8 Experimentelle und klinische simultane Druckmessungen mit epiduralen und subduralen ICP-Sonden

C. Weinstabl[1], B. Richling[2], B. Plainer[1], A. Aloy[1], T. Czech[2] und C. K. Spiss[1]

[1] Klinik für Anaesthesie und Allgemeine Intensivmedizin und
[2] Neurochirurgische Universitätsklinik der Universität Wien, Wien, Österreich

Seit 1987 steht ein neues fiberoptisches System des ICP monitorings zur Verfügung (CAMINO Laboratories). Ziel dieser Untersuchung war ein Vergleich dieses neuen Systems mit dem herkömmlich verwendeten epiduralen GAELTEC-System, sowohl im Experiment als auch klinisch.

In-vitro: Beide Sonden wurden in einer mit Flüssigkeit gefüllten, verschlossenen Meßkammer fixiert. Über ein Hochfrequenzbeatmungsgerät konnten rhythmische Luftstöße mit variabler Frequenz und Druck eingeleitet werden. Die dadurch verursachten Druckschwankungen wurden von den beiden Sonden registriert und aufgezeichnet.

In-vivo: Die klinische Untersuchung umfaßte 10 Patienten die zur posttraumatischen oder postoperativen Hirndrucküberwachung beide Sonden implantiert bekamen.

Am Modell zeigten beide Sonden sowohl in niedrigen als auch in hohen Druck- und Frequenzbereichen ein völllig identes Meßverhalten und idente Kurvenverläufe. Am Patienten wurden in physiologischen ICP-Bereichen epidural vielfach höhere Druckwerte angezeigt als subdural. In pathologisch hohen ICP-Bereichen konnten praktisch idente Drucke und Kurvenverläufe beobachtet werden. Fehlfunktionen der subduralen fiberoptischen Sonde waren entweder klar zu erkennen oder traten in Form von pseudopathologischen Kurven auf. Bei Betrachtung der atemabhängigen ICP-Schwankungen zeigte sich eine größere Sensibilität der subdural gelegenen CAMINO-Sonde.

Da die Untersuchungen im Experiment keine wie auch immer gearteten Unterschiede ergaben, durfte davon ausgegangen werden, daß die unterschiedlichen Meßdaten speziell im niedrigen Druckbereich auf die verschiedenen Implantationsorte zurückzuführen sind. Während nach Implantation einer GAELTEC-Sonde eine Latenzzeit bis zur Anzeige relevanter Meßergebnisse verging, zeigte die CAMINO-Sonde sofort den bestehenden Compartementdruck an. Grund hierfür war das sich Wiederanlegen der Dura an die Meßfläche der epiduralen Sonde. Im klinischen Einsatz konnten jedoch mit beiden Systemen relevante ICP-Werte registriert werden. Die epidurale GAELTEC-Sonde wies eine bessere Haltbarkeit auf. Die subdurale CAMINO-Sonde zeigte eine hohe Meßgenauigkeit und Kurvenauflösung, war jedoch in bezug auf Pflegemaßnahmen artefaktanfälliger.

A/9 Erfassung zentral-nervöser Funktionsstörungen im Rahmen der Intensivtherapie Schwerbrandverletzter mittels akustisch evozierter Hirnstammpotentiale

M. Tegenthoff[1], M. Mast[1] und G. Erbs[2]

[1] Neurologische Universitätsklinik und Poliklinik und [2] Abteilung für Verbrennungskrankheiten und Plastische Chirurgie der Chirurgischen Universitätsklinik, Berufsgenossenschaftliche Krankenanstalten „Bergmannsheil", Bochum, Bundesrepublik Deutschland

Bei Schwerbrandverletzten kann es im Sinne einer sekundären Organkomplikation zur Entwicklung zentral-nervöser Funktionsstörungen im Sinne einer sogenannten Verbrennungsencephalopathie kommen. Aufgrund der z. T. ausgedehnten Begleitmedikation im Rahmen der notwendigen intensiv-medizinischen Therapie ist eine rein klinische Differenzierung komatöser Zustandsbilder im Hinblick auf eine primär cerebrale bzw. medikamentöse Verursachung nur eingeschränkt möglich. Der Informationsgewinn durch frühe akustisch-evozierte Hirnstammpotentiale (FAEP) im Hinblick auf diese Problematik soll in der vorliegenden Arbeit beurteilt werden.

Wir untersuchten 18 Patienten, die sich höhergradige Verbrennungen zwischen 22 und 61% der Körperoberfläche zugezogen hatten im Verlauf klinisch neurologisch sowie mittels FAEP. Begleitende Schädel-Hirn-Verletzungen sowie periphere Hörstörungen wurden ausgeschlossen.

Bei 10 der untersuchten 18 Patienten fanden sich im Rahmen der Verlaufsbeobachtung pathologische FAEP-Befunde. In 7 Fällen kam es nach unterschiedlichen Zeiträumen zu einer vollständigen Normalisierung der im Verlauf pathologischen FAEP. Dabei war eine individuell sehr unterschiedliche Verlaufsdynamik der pathologischen neurophysiologischen Parameter zu beobachten. Veränderungen der FAEP gingen stets mit unterschiedlich ausgeprägten, qualitativen bzw.

quantitativen Bewußtseinsstörungen der Patienten einher. Drei Patienten verstarben bei durchgehend pathologischem FAEP-Befund.

Bei unterschiedlichen Angaben in der Literatur bzgl. der Häufigkeit einer Verbrennungsencephalopathie fanden wir bei gut der Hälfte der von uns untersuchten Patienten in der Mehrzahl reversible FAEP-Veränderungen als Hinweis auf zentral-nervöse Funktionsstörungen, was in dieser Häufigkeit von klinischer Seite nicht vermutet wurde. Für eine Verbrennungsencephalopathie spezifische Befunde bzw. prognostisch aussagekräftige Veränderungen waren nicht abgrenzbar. Verlaufsuntersuchungen mittels FAEP stellen bei Schwerbrandverletzten eine von Bewußtseinslage und Begleitmedikation unabhängige Methode zur Beurteilung der Hirnstammfunktion und somit zur Erfassung begleitender zentral-nervöser Funktionsstörungen im Rahmen der Verbrennungskrankheit dar.

A/10 Kontrastechokardiographie bei paradoxen Embolien

C. Stöllberger[1], J. Ch. Bachl[2], M. Brainin[3], L. Peschl[2] und J. Slany[1]

[1] II. Medizinische Abteilung der Krankenanstalt Rudolfstiftung,
[2] Medizinische Abteilung, Krankenhaus Floridsdorf, Wien und
[3] Neurologisches Krankenhaus, Klosterneuburg, Österreich

Die Diagnose einer gekreuzten Embolie ist heute immer noch eine Seltenheit. Wir konnten in einer Gruppe von 120 Patienten mit arteriellen embolischen Gefäßverschlüssen bei 15 Patienten die Diagnose einer gekreuzten Embolie stellen. Es handelte sich um 8 männliche und 7 weibliche Patienten im Alter von 28 bis 76 Jahren. Bei 12 Patienten ließ sich aufgrund der zerebralen Computertomographie (Territorialinfarkt) und unauffälligem Carotisdoppler eine zerebrale Embolie diagnostizieren, bei 3 Patienten waren angiographisch Gefäßverschlüsse im Bereich der oberen Extremitäten nachweisbar. Bei allen Patienten wurde in der Suche nach einer kardialen Embolienquelle sowohl eine transthorakale Echokardiographie als auch eine transösophageale und Kontrastuntersuchung mit und ohne Valssalva-Manöver durchgeführt. Ein Rechts-Linksübertritt von Kontrastmittel veranlaßte eine phlebographische Untersuchung der unteren Extremitäten, unabhängig davon ob klinisch ein Hinweis auf eine Beinvenenthrombose bestand.

Nur bei einem der 15 Patienten war bereits ein Shuntvitium (ASD) bekannt. Bei allen anderen Patienten wurde mittels Kontrast-TEE ein offenes Foramen ovale nachgewiesen. Eine Beinvenenthrombose fand sich phlebographisch bei 13 von 15 Patienten, wobei nur in 7 Fällen klinisch Hinweise darauf bestanden. Klinische Zeichen einer Lungenembolie wiesen nur 3 Patienten auf.

1. Auf der Suche nach einer Emboliequelle sollte bei unauffälligem

Befund des linken Herzens unbedingt eine Kontrastechokardiographie zum Ausschluß bzw. Nachweis eines Rechts-Links-Shunts gemacht werden. Dies ist angesichts des Vorhandenseins eines ventiloffenen Foramen ovales bei 25—30% der Gesamtpopulation gerechtfertigt. 2. Auch ohne Vorliegen einer massiven Lungenembolie kann unter physiologischen Bedingungen ein Rechts-Links-Shunt gegeben sein bei offenem Foramen ovale. 3. Beim Nachweis eines Rechts-Links-Shunts ist eine eingehende phlebologische Untersuchung nötig — auch bei klinisch unauffälligen unteren Extremitäten.

A/11 Akute und chronische Infarkteinblutung

M. Brainin

Neurologische Abteilung, NÖ Landeskrankenhaus, Klosterneuburg, Österreich

Es wurde die Frage untersucht, ob die in der Akutphase eines ischämischen zerebralen Insults durchgeführte kraniale CT einen Hinweis auf eine Einblutung in das Infarktareal gibt; ferner, ob ein sekundär hämorrhagischer Infarkt mit einer Verschlechterung des klinischen Zustands verbunden ist und ob dies durch eine low-dose Heparintherapie provoziert sein kann.

Aus einer konsekutiven Serie von 187 Patienten aus der Klosterneuburger Schlaganfall-Datenbank wurden jene Fälle herausgesucht, welche einen ischämischen Territorialinfarkt erlitten hatten, eine sichtbare CT-Läsion aufwiesen und innerhalb der ersten Tage nach dem Insultereignis eine kraniale CT mit Applikation von intravenösem Kontrastmittel (1 ml/kg KG) erhalten hatten. Prospektiv beurteilt wurden folgende Parameter: Infarktgröße, hämorrhagische Komponente, Enhancement, Ausprägung des Hirnödems, Alter, Ätiologie des Insults, Frühmortalität, ADL-Unabhängigkeit nach sechs Wochen und low-dose Heparintherapie.

Es wurden die Daten von 33 Patienten und deren Akut CT's ausgewertet. Eine hämorrhagische Zeichnung des Infarkts war am häufigsten bei Patienten mit Enhancement zu sehen (25%), bei jenen ohne Enhancement hingegen nur in 10% der Fälle. In einem Fall bestand die akute Einblutung mit massiver klinischer Verschlechterung und nachfolgendem Exitus. Insgesamt zeigte die hämorrhagische Zeichnung des Infarktareals einen positiven Zusammenhang mit der Infarktgröße, dem Enhancementverhalten, dem Ausprägungsgrad des begleitenden Hirnödems und der Frühmortalität, einen negativen hingegen mit der nach sechs Wochen erreichten ADL-Unabhängigkeit. Keinen sicheren Einfluß zeigten hohes Alter, Insultätiologie und eine low-dose Heparintherapie. Es wird geschlossen, daß sekundäre Infarkteinblutungen am häufigsten langsam erfolgen, diapedesebedingt sind und keine therapeutische Relevanz haben. Erfolgt die Einblutung allerdings akut, so ist diese entweder über ein rekanalisiertes, ursprünglich thromboembolisch verlegtes Gefäß oder über piale Kollateralen, welche durch die Abnahme des Hirndrucks an der Hirnoberfläche zur Einblutung führen, anzunehmen. Low-dose Heparintherapie scheint solche Einblutungen nicht zu fördern.

A/12 Antiarrhythmischer Effekt von Nimodipin bei iatrogener Hirndruckerhöhung im Tierversuch

Th. Schwohl[1], M. Heß[2] und G. Nowak[3]

[1] Klinik für Kardiologie, [2] Institut für Anaesthesiologie und [3] Klinik für Neurochirurgie der Medizinischen Universität, Lübeck, Bundesrepublik Deutschland

Primär zerebrale Erkrankungen können eine kardiozirkulatorische Beteiligung (EKG-Bewegungen, histologische Myokardveränderungen, neurogene Lungenödeme) zur Folge haben. Als Ursache wird mehrheitlich eine Dysregulation des vegetablen Nervensystems angesehen. Pathophysiologische Grundlage ist offensichtlich eine beeinträchtigte hypothalamische Makro- und/oder Mikrozirkulation, die wiederum durch zerebrale Gefäßspasmen bewirkt oder zumindest begünstigt wird. Vom Calciumantagonisten Nimodipin kann eine zerebroprotektive Wirkung angenommen werden, die auf einer Vermeidung oder Verringerung von Gefäßspasmen der intrakraniellen Arterien beruht. Ziel der Versuchsreihe war es, den Effekt von Nimodipin auf höhergradige Herzrhythmusstörungen bei einer definierten und reproduzierbaren zerebralen Beeinträchtigung (Hirndruckerhöhung) zu untersuchen.

Die Versuche wurden an 5 weiblichen Schweinen (KG 15—25 kg) in Intubationsnarkose (Halothan) durchgeführt. Nach Bohrlochtrepanation wurde der Hirndruck im Seitenventrikel kontinuierlich gemessen, über eine 2. Sonde konnte Ringerlösung mittels einer Rollenpumpe zur Hirndruckerhöhung injiziert werden. Gleichzeitig wurden der arterielle Blutdruck nach Punktion der Art. femoralis sowie das extrathorakale EKG nach Anlage von Oberflächenelektroden kontinuierlich registriert. Zunächst erfolgte in 3 Versuchsreihen (Gruppe A) eine Hirndruckerhöhung auf 241 ($\pm$17,9) mmHg über 6 Minuten bei unbehandelten Tieren. In 4 weiteren Versuchsreihen (Gruppe B) wurde Nimodipin intravenös verabreicht (1 µg/kg KG als Bolus, dann

1 µg/kg KG/min), dabei Hirndruckerhöhung auf 229 (± 13,6) mmHg über 6 Minuten.

In beiden Gruppen fand sich ein Herzfrequenzanstieg von 162 (± 69,2)/min auf 199 (± 21,3)/min (Gruppe A) bzw. von 176 (+ 28,3)/min auf 198 (± 12,2)/min (Gruppe B). Der Blutdruck stieg in Gruppe A von 127 (± 14,7) mmHg auf 192 (± 38,9) mmHg (systolisch) bzw. von 86 (± 5,5) mmHg auf 132 (± 26,7) mmHg (diastolisch). In Gruppe B stiegen die Blutdruckwerte von 118 (± 18,5) mmHg auf 147 (± 15,6) mmHg (systolisch) bzw. von 53 (± 9,6) mmHg auf 75 (± 15,2) mmHg (diastolisch). Während in der unbehandelten Gruppe in allen Versuchsreihen zahlreiche ventrikuläre Herzrhythmusstörungen mit ventrikulären Tachykardien bis zu einer Länge von 28 Herzaktionen auftraten, kam es in der Nimodipingruppe zu keinerlei Rhythmusstörungen bzw. lediglich ganz vereinzelt zu VES.

In dem vorgestellten Tierversuchsmodell verringert Nimodipin die Häufigkeit und Schwere ventrikulärer Herzrhythmusstörungen bei starker Hirndruckerhöhung erheblich.

A/13 Kardiale Komplikationen im Rahmen primärer zerebraler Erkrankungen

Th. Schwohl, K.-W. Diederich und **A. Sheikhzadeh**

Klinik für Kardiologie der Medizinischen Universität, Lübeck, Bundesrepublik Deutschland

Primär zerebrale Erkrankungen (Blutung, Trauma, Tumor, Ischämie) können bekanntermaßen kardiale Veränderungen zur Folge haben. Die klinische Bedeutung ist meist gering und kann in der Regel vernachlässigt werden, vereinzelt muß jedoch mit bedrohlichen Komplikationen gerechnet werden.

Die bekanntesten Auffälligkeiten betreffen EKG-Veränderungen, wobei wiederum die ST-Strecke besonders häufig betroffen ist. Differentialdiagnostische Probleme entstehen hauptsächlich bei T-Negativierungen, die dem elektrokardiographischen Bild eines nichttransmuralen Myokardinfarktes ähneln. Vereinzelt wurden auch monophasische ST-Hebungen oder pathologische Q-Zacken beschrieben, die an einen transmuralen Herzinfarkt erinnern.

Aus rhythmologischer Sicht sind höhergradige ventrikuläre Extrasystolien sowie QT-Zeitverlängerungen von besonderem Interesse, da beide Phänomene zu lebensbedrohenden Kammertachykardien führen können. Neben den tachykarden sind auch bradykarde Rhythmusstörungen wie AV- oder SA-Blockierungen möglich.

Zahlreiche Untersucher fanden bei Patienten mit primär zerebralen Erkrankungen CK-MB-Erhöhungen, regionale linksventrikuläre Wandbewegungsstörungen sowie histologisch nachweisbare myokardiale Läsionen wie subendokardiale Hämorrhagien, entzündliche Zellinfiltrate oder lokale Muskelzell-Lysen.

Die EKG-Veränderungen sind also sowohl funktioneller Natur als auch Ausdruck struktureller Myokardschäden.

Als Ursache für die angesprochenen Auffälligkeiten wird mehrheitlich eine hypothalamisch induzierte Dysregulation des vegetativen Nervensystems mit Erhöhung der Katecholamine Adrenalin und Noradrenalin angesehen. Dabei bewirkt die zerebrale Erkrankung ganz offensichtlich eine hypothalamische Irritation, die neurogen auf das Herz übertragen wird, dort erfolgt die Katecholaminfreisetzung aus dem lokalen sympathischen Nervenplexus, wodurch wiederum die angesprochenen Veränderungen verursacht werden.

Stellt sich die Frage, ob primär ein zerebrales oder primär ein kardiales Krankheitsgeschehen vorliegt, stehen nur begrenzte differentialdiagnostische Möglichkeiten zur Verfügung, die oftmals nur eine retrospektive Beurteilung erlauben. In der Akutphase können die Primärerkrankung — und damit die Kausalzusammenhänge — daher oft nicht erkannt werden. Überwachung und Therapie des Patienten müssen daher zunächst polypragmatisch ausgerichtet sein, über die Reihenfolge und die Art der weiteren diagnostischen und therapeutischen Schritte muß im interdisziplinären Gespräch entschieden werden.

A/14 Polyradikulitis — psychische Belastungen der Patienten und des Pflegepersonals

E. Seit, M. Loeb und **F. X. Eich**

Neurologische Intensivstation, Klinikum Großhadern,
Ludwig-Maximilian-Universität, München, Bundesrepublik Deutschland

Im Zeitraum von 1979 bis 1986 wurden auf der Intensivstation der Neurologischen Klinik 30 an Polyradikulitis erkrankte Patienten behandelt, davon waren 16 Patienten beatmungspflichtig und hatten lange Verläufe. Die durchschnittliche Liegezeit dieser Patientengruppe betrug 58 Tage, die Intubations- und Beatmungszeit 38 Tage. Da die Patienten alle Phasen der Behandlungszeit bei klarem Bewußtsein erleben, ergeben sich starke psychische Belastungen für den Patienten aber auch für das Pflegepersonal. Um die Problematik zu erfassen wurden halbstrukturierte Interviews mit den Patienten sowie mit dem Pflegepersonal geführt. Dabei wurden Fragen zu folgenden Problemkreisen gestellt:

Hilflosigkeit, Abhängigkeit
Angst
Depression
Aggression
Regression
Egozentrisches Verhalten
Rollenkonflikte

Die erhobenen Daten werden vorgestellt und die von uns gezogenen Konsequenzen diskutiert.

A/15 Reproduzierbare Fontanometrie mit ICP-Episensor

J. U. Leititis[1], **H. Kronenberg**[2] und **M. Ulrich**[1]

[1] Universitäts-Kinderklinik, und [2] Hellige GmbH, Freiburg, Bundesrepublik Deutschland

Zur nichtinvasiven kontinuierlichen Hirndruckerfassung durch die Fontanelle werden an ein Überwachungssystem besonders hohe meßtechnische Anforderungen gestellt, wenn es zuverlässig kritische Therapie-Entscheidungen stützen soll. Aufwendige und mangelhaft reproduzierbare Applikationen des Drucksensors auf der oft nicht enthaarten Fontanelle lieferten bislang zu ungenaue, instabile und nicht reproduzierbare Meßwerte, so daß sich kein Meßverfahren in der klinischen Routine durchsetzen konnte. Ziel dieser Untersuchung ist es, zur Fontanometrie eine einfache und reproduzierbare Applikation des ICP-Episensors (Hersteller: Hellige GmbH) zu entwickeln, nachdem sich dieser für die epidurale Hirndruckmessung bereits klinisch bewährt hat.

Der Episensor kann in einem auf die enthaarte und entfettete Fontanelle parasagittal geklebten Adapter senkrecht zur Fontanelle stufenlos tiefenjustiert werden. Der Sensor ist mit einem zusätzlichen Koplanarring ausgerüstet, um Meßartefakte durch Inhomogenitäten und die endliche Fontanellendicke zu eliminieren.

Repräsentativ für die bisher vorliegenden klinischen Tests zeigt das Diagramm für einen Patienten mit durch externe Liquordrainage auf 4,5 mmHg begrenztem Hirndruck, daß mit zunehmender Einstelltiefe bei etwa 1 mm ein dem ICP entsprechenden Meßwertniveau erreicht wird. Der Meßfehler liegt hier bei +/− 0,75 mmHg S.D.

Weitere Ergebnisse werden vorgestellt für einen daraus abgeleiteten Fontanellenadapter mit fest vorgegebener Einstelltiefe von 1,0 mm, der mittels Elektrodenklebering auf der enthaarten Haut fixiert

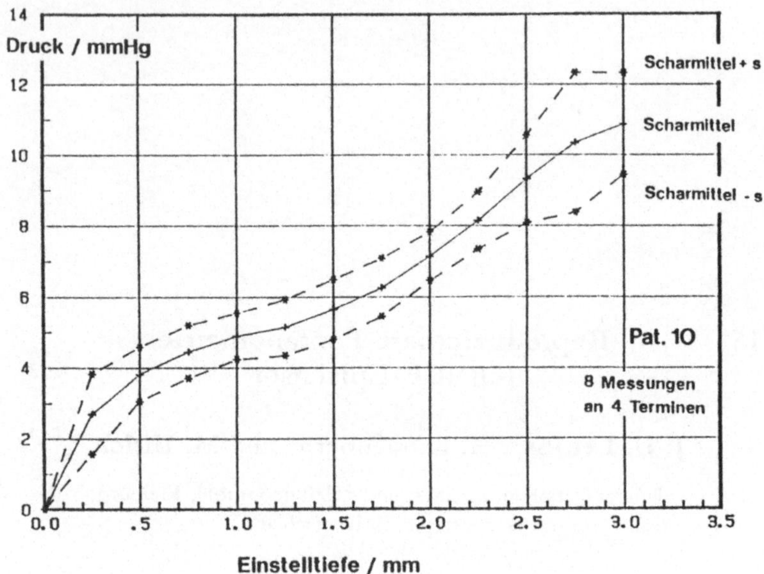

Abb. 1. Fontanellendruck bei begrenztem Hirndruck (IVP ⩽ 4,5 mmHg)

wird. Hiermit wurde bislang ein Gesamtmeßfehler von +/− 1,5 mmHg beobachtet. Diese vorgeschlagene Fixierung mit standardisierter Einstelltiefe erwies sich auch als stabil bei mehrstündigen Langzeitmessungen.

A/16 Der Stellenwert des Atropintests zur Hirntod-Diagnostik

R. Rohling, J. Link, A. Kraft und **M. Lang**

Klinik für Anaesthesiologie und operative Intensivmedizin, Universitätsklinikum Steglitz, Freie Universität Berlin, Berlin

Im Rahmen der klinischen Hirntod-Diagnostik wird der Atropintest aufgrund der einfachen Anwendbarkeit zur ergänzenden Überprüfung des Hirnstammes herangezogen. Da uns nur eine Veröffentlichung bekannt ist, die zur Wertigkeit des Atropintests bei der Hirntod-Diagnostik Stellung nimmt, möchten wir Untersuchungsergebnisse bei Patienten mit Verdacht auf Hirntod vorstellen.

Bei vier komatösen Patienten mit Schädel-Hirn-Trauma und Verdacht auf Hirntod wurde regelmäßig neben der klinisch-neurologischen Untersuchung und der Ableitung der frühen akustisch evozierten Hirnstammpotentiale (FAEP) in regelmäßigen Abständen ein Atropintest (2 mg i.v.) durchgeführt.

1. Bei einem 25jährigen Patienten wurde beobachtet, daß der Atropintest über einen Zeitraum von 8 Tagen ausfiel und danach wieder positiv wurde. Während des gesamten Zeitraumes waren die frühen akustisch evozierten Potentiale reproduzierbar ableitbar.

2. Die Beobachtung des Verlaufes bei 3 letztlich im Hirntod verstorbenen Patienten ergab, daß der Atropintest bereits 74, 22 und 7,5 Stunden vor Erlöschen der frühen akustisch evozierten Potentiale negativ wurde.

Weil der Atropintest 1. reversibel ausfallen kann und 2. bei Eintritt des Hirntodes schon Stunden bis Tage vor Erlöschen der FAEP negativ sein kann, ist der Atropintest eher geeignet bei komatösen Patienten den Hirntod auszuschließen. Im Rahmen der Hirntod-Diagnostik muß ein negativer Ausfall des Atropintests sehr kritisch gewertet werden. Der Aussage von Quaknine und Mercier, daß der

Atropintest ausreicht, den Hirntod zu bestätigen, wenn dieser aufgrund der Klinik offensichtlich zu sein scheint, muß widersprochen werden.

Literatur

1. Quaknine GE, Mercier C (1985) L'Union Médicale du Canada 114: 76—80

A/17 Fulminater Anstieg des Hirndrucks nach Flumazenil bei Patienten mit SHT

A. Kraft, R. Rohling, J. Link und **F. J. Kretz**

Klinik für Anaesthesiologie und operative Intensivmedizin, Universitätsklinikum Steglitz, Freie Universität Berlin, Berlin

Neurochirurgische Patienten müssen, auch wenn sie bewußtlos sind, vegetativ gedämpft werden damit sie nicht mit Streßreaktionen auf die zur Diagnostik und Therapie notwendigen Maßnahmen reagieren und Streßläsionen, wie z. B. Ulceration der Magenschleimhaut entwickeln. In der Phase des Wiedererwachens aus einerseits krankheitsbedingtem, anderseits unter Umständen durch Sedativa bedingtem Koma ist eine differentialdiagnostische Abklärung der Genese des Komas oft nur schwer möglich. Hier könnte sich der Benzodiazepin-Antagonist Flumazenil als nützlich erweisen. Mit ihm kann der medikamentös bedingte Anteil an der Genese des Komas antagonisiert werden. So schlägt Geller die Anwendung von Flumazenil im Sinne der Eröffnung eines diagnostischen Fensters vor.

Vorweg muß jedoch gesichert sein, daß der Patient durch die Antagonisierung nicht gefährdet wird. Erste Hinweise begründen den Verdacht, daß bei Patienten mit verminderter intracranieller Compliance eines Erhöhung des intracraniellen Druckes (ICP) provoziert wird.

Ein 24jähriger Patient mit Schädel-Hirn-Trauma wurde 14 Tage mit Opioiden und Benzodiazepinen sediert. Zur Abklärung, ob das andauernde Koma des Patienten unter Umständen durch die sedative Medikation bedingt war, wurden fraktioniert insgesamt 0,6 mg Flumazenil injiziert. 2 Minuten nach Gabe von Flumazenil wurden Lidreflex und Cornealreflex positiv, der Patient öffnete die Augen und hob spontan den Kopf an.

Gleichzeitig stieg der epidural gemessene Hirndruck bereits nach

2 Minuten von 25 Torr auf 48 Torr an, nach weiteren 60 s auf über 70 Torr. Dieser Druckanstieg hielt 3,5 Minuten an, so daß dem Patienten erst Thiopental in einer Dosis von 500 mg und dann Flunitrazepam in einer Dosis von 2 mg i.v. verabreicht werden mußten. Daraufhin sank der Hirndruck langsam über einen Zeitraum von 12 Minuten auf den Ausgangswert. Pflegerische Maßnahmen, die zu einer Beeinflussung des Hirndrucks hätten führen können, wurden während des Beobachtungszeitraumes nicht durchgeführt.

30 Minuten vor und 2 Minuten nach Gabe von Flumazenil abgeleitete frühe akustisch evozierte Potentiale zeigten keine Veränderungen.

Obwohl wir die geschilderte bedrohliche Situation nur bei einem Patienten mit Schädel-Hirn-Trauma beobachtet haben, schlußfolgern wir, daß der Vorschlag, Flumazenil bei Patienten mit Schädel-Hirn-Trauma zur Eröffnung eines diagnostischen Fensters anzuwenden, problematisch ist. Wenn überhaupt, darf Flumazenil bei Patienten mit SHT nur unter größter Vorsicht bei gleichzeitiger Messung des Hirndruckes angewandt werden.

A/18 Clonidin in der Therapie des Alkoholentzugssyndroms

D. Siebenlist und **W. Gattenlöhner**

Medizinische Klinik I, Leopoldina-Krankenhaus, Schweinfurt, Bundesrepublik Deutschland

Die Standardtherapie des Alkoholentzugssyndroms (Delirium tremens) im europäischen Raum besteht in der intravenösen Gabe von Clomethiazol unter intensivmedizinischer Überwachung. Clomethiazol hat jedoch erhebliche Nebenwirkungen (Atemdepression, gesteigerte Bronchialsekretion, hohes Suchtpotential), sodaß alternative Behandlungsmethoden des Deliriums tremens gerechtfertigt erscheinen. In einer offenen klinischen Studie therapierten wir 8 männliche Patienten (mittleres Alter 48,2 Jahre) mit Alkoholentzugsdelir mit einer hochdosierten Clonidin-Dauerinfusion, die Sedierung wurde ergänzt durch zusätzliche Benzodiazepin-Gaben nach Bedarf. Alle Patienten hatten typische alkoholbedingte Begleiterscheinungen (chronischer Leberparenchymschaden, Pankreatitis), in keinem Fall lag eine akute gastrointestinale Blutung oder ein Anfallsleiden vor.

Die Behandlungsdauer der hochdosierten Clonidin-Therapie betrug im Mittel 5,2 Tage, die mittlere Clonidin-Dosis lag bei 51 µg/h (minimale Dosis 38 µg/h, maximale Dosis 75 µg/h). Eine initiale Bolusinjektion von Clonidin wurde in keinem Fall durchgeführt. Mit der bedarfsadaptierten Gabe von Benzodiazepinen (durchschnittlich 40—50 mg Diazepam/die) zeigten alle Patienten ein gutes Ansprechen auf dieses Therapieschema. In keinem Fall kam es zu einer Atemdepression, Blutdruckabfall oder Pneumonie. An Nebenwirkungen wurde einmal eine Sinusbradykardie sowie zweimal eine Obstipation festgestellt — durch Dosisreduktion konnten diese Nebenwirkungen therapiert werden.

Zusammenfassend kann festgestellt werden, daß die hochdosierte intravenöse Clonidin-Therapie eine echte therapeutische Alternative zu der üblichen Clomethiazol-Therapie darstellt. Die Vorteile dieser Delirium tremens-Therapie liegen in erster Linie im Fehlen von Atemdepression, bronchialer Hypersekretion und Suchtpotential.

A/19 Der rasche und schmerzfreie Umstieg von Methadon zu Naltrexon-Substitution bei der Behandlung von Opiatabhängigen

N. Loimer[1], **K. Lenz**[2], **O. Presslich**[1] und **R. Schmid**[1]

[1] Psychiatrische Universitätsklinik, Intensivstation und
[2] I. Medizinische Universitätsklinik, Wien, Österreich

Das Ziel dieser Untersuchung war es, die herkömmlichen Opiatentzüge unter der Verwendung von Naloxon zu verbessern, um ein sicheres, schnelles, schmerzfreies, erfolgreiches und ökonomisches Behandlungsmodell zu kreieren. Dieses Behandlungsangebot gilt vor allem Opiatabhängigen, die große Angst vor dem Entzugssyndrom haben, und soll außerdem einfach zu handhaben sein, ohne speziell ausgebildetes Personal und enstprechende klinische Einrichtungen zu benötigen. 7 Patienten erhielten 12 Stunden nach ihrer letzten Methadondosis einen Bolus von 30 mg Midazolam, und dann wurde ihnen innerhalb von 10 Minuten 4 mg Naloxon intravenös appliziert. Bei Auftreten von psychovegetativen Zeichen wurde die Sedierung durch weitere intravenöse Gaben von Midazolam vertieft. Kurz nach dem Anfluten mit Naloxon wurden die Patienten mit Flumazenil so lange behandelt, bis sie voll erwacht waren, und die opiatantagonistische Behandlung wurde mit dem oralen Opiatantagonisten Naltrexon fortgesetzt. Diese Behandlung wurde 24stündlich (50 mg) wiederholt, zumindest solange die Patienten opiatpositive Harntests zeigen. Auf Wunsch setzten 2 Patienten die Naltrexosubstitutionsbehandlung über einen längern Zeitraum fort. Dies unter der Annahme, daß exogen zugeführte Opiate keine pharmakologische Wirkung entfalten können, wenn die Opiatrezeptoren besetzt sind. In diesem erfolgreichen klinischen Versuch konnte das Auftreten von Naloxon induzierten Entzugssymptomen bei Opiatabhängigen durch Midazolam vollkommen unterdrückt werden. Auch nach der Aufhebung der Midazolamwirkung, traten keine Entzugssymptome auf. Die fortgesetzte opiatantagonistische Therapie verhinderte die neuerliche Bindung von Opiaten an den Rezeptor. Dies vor allem aufgrund der höheren Affinität der Antagonisten. Pulsrate, Blutdruck, Temperatur, Körpergewicht und Atemfrequenz blieben während der Behandlung stabil. Genausowenig konnten Veränderungen bei Routinetests beobachtet werden. Alle Patienten beendeten die Behandlung erfolgreich, was durch die opiatnegativen Harntests dokumentiert werden konnte. Die Patienten waren nach 5 bis 8 Tagen im Harntest opiatfrei und nach spätestens 48 Stunden konnte kein Benzodiazepin mehr nachgewiesen werden. Der Vorteil der Benzodiazepinsedierung liegt in der günstigen Steuerbarkeit der Sedierungstiefe und der möglichen Antagonisierbarkeit.

Zukünftig ist das Ziel unserer Forschung, den Opiatrezeptor durch einen ultralangwirksamen Antagonisten z. B. eine Depotpreparation zu blockieren.

A/20 Der sichere zentralvenöse Zugang — Voraussetzung für Monitoring und Therapie des Intensivpatienten

P. Lechner und **F. Anderhuber**

II. Chirurgische Abteilung, Landeskrankenhaus und Anatomisches Institut der Universität Graz, Österreich

Die Anlage eines infraclaviculären Zentralvenenkatheters führte bisher in 5—7% der Fällle zu teils schwerwiegenden Komplikationen wie Pneumo- oder Hämatothorax, Plexuslaesionen u. a. m.

Die Autoren berichten über eigene Erfahrungen mit einer unter anatomischen Gesichtspunkten entwickelten neuen Punktionstechnik:

Dabei erfolgt die Punktion 2 cm caudal des gut tastbaren Vorderrandes der Clavicula, am Übergang vom medialen ins mittlere Drittel der Verbindungslinie zwischen Acromion und Sternoclavicular-Gelenk. Die Kanülenspitze weist auf die Grube zwischen den Dornfortsätzen des 6. und 7. Halswirbels. Die Stichrichtung verläuft somit, bezogen auf die Frontalebene, in einem Winkel von 60—70° und unter ca. 45° nach cranial. Sämtliche angegebenen Orientierungspunkte sind am Patienten gut tastbar, die Topographie der Vena subclavia in ihrem medialen Anteil ist constant. Verletzungen der Pleurakuppel sind bei der beschriebenen Technik nicht zu erwarten.

Das Verfahren, das anhand von zahlreichen Abbildungen instruktiv dargestellt wird, wurde an bisher über 600 Patienten angewendet, ohne daß eine der gefürchteten Komplikationen aufgetreten ist.

A/21 Gastrale duale Kurzzeit-PH-Metrie mit Antimon- und Silberglaselektrode. Sind beide Elektrodentypen brauchbar?

P. Thies, H. D. Janisch, D. H. v. Kleist, S. Hoeft,
und **K. E. Hampel**

Abteilung für Innere Medizin/Gastroenterologie,
Universitätsklinikum Rudolf Virchow, Standort Charlottenburg, Berlin

Die Langzeit- und auch postprandiale Kurzzeit-pH-Werte gelten als etablierte, aussagefähige Methoden zur Erfassung der intragastralen Aziditätsverhältnisse. Die Messung der H+-Ionenaktivität ist neben der klinischen Anwendung im Rahmen der Ulkuskrankheit sowie zur Überprüfung therapeutischer Regime als Pharmako-pH-Metrie zur Routineuntersuchungsmethode bei Intensivmedizinischen Patienten geworden. Neben zahlreichen Arbeiten über die Reproduzierbarkeit (inter/intra-individuell) sind zur Methode Untersuchungen vorgenommen worden. In weitverbreiteter Anwendung befinden sich kombinierte Glaselektroden, während Antimonelektroden überwiegend zur Erfassung intraösophagealer Azidität eingesetzt werden. Untersucht wird das Säureprofil mittels beider Sondentypen im Magen.

Meßelektroden: 1. Ingold-Glas-Elektrode, Durchmesser: 4 mm. 2. Bipolar: Monocrystalliner Antimon-Katheter, 2,1 mm Durchmesser; Ag/AgCl-Referenz-Elektrode (Haut); Festspeicher: Digitrapper MK II, Software: Synectics, EsopHogram, Gastrogram; IBM, Apple Computer. Duale Messung über 2 h mit Sonde 1 + 2. S-Lage: Präpylorisch nach Kalibrierung (extracorporal: Puffer pH 7/1,1 bei Raumtemperatur).

Sowohl die pH-Messung mit Glaselektrode als auch die bipolare mit Antimonelektrode sind zur ausreichend genauen pH-Erfassung im Magen geeignet. Das Paradigma, nur Glaselektroden seien zur gastralen pH-Metrie mit hinreichender Genauigkeit geeignet, muß neu überdacht werden. Unter intensiv-medizinischen Bedingungen ist neben der ösophagealen die gastrale Langzeit pH-Metrie als Alternative zur Samplingtechnik anzusehen und bietet bei Verwendung von sehr dünnen AM-Elektroden (Durchmesser: 2,1 mm) den Vorteil der geringeren Patientenbelastung.

A/22 Bakterielle Meningitis auf einer internistischen Intensivstation

A. Donner und **D. Seidler**

I. Medizinische Universitätsklinik, Wien, Österreich

Im Zeitraum vom 1. 1. 1980 bis 30. 8. 1989 wurden auf der Intensivstation der I. Medizinische Universitätsklinik in Wien 33 Patienten mit einer akuten bakteriellen Meningitis behandelt. Das Alter betrug bei den männlichen Patienten (n = 20) im Mittel bei 35,7 Jahren (15—64 a) und bei den weiblichen Patienten (n = 13) im Mittel bei 37,3 Jahren (16—65 a).

Von diesen Patienten wurden 13 Patienten respiratorisch insuffizient und mußten maschinell beatmet werden. Eine Verbrauchskoagulopathie wurde bei 11 Patienten beobachtet. Bei diesen Fällen wurden als Erreger der Meningitis Meningococcen (2), Pneumococcen (3), Acinetobacter (1) und Staph. aureus (1) nachgewiesen. Bei 4 Patienten konnten keine Keime nachgewiesen werden. Die Verweildauer auf der Station lag im Mittel bei 8 Tagen (1—28 d). Insgesamt umfaßte das Erregerspektrum Pneumococcen (8), Meningococcen (5), Streptococcen (3), Staphylococcen (2) bzw. diverse Mikroorganismen (3). Bei 12 Patienten konnte kein bakteriologischer Befund erhoben werden. Die antibiotische Therapie erfolgte mit Penicillin als Monotherapie (4 Pat.) und in Kombination (22 Pat.), Cephalosporinen in Kombination (6 Pat.), mit tuberkulostatischer Therapie (1 Pat.). 11 Patienten (33%) verstarben an der Intensivstation, bei 6 Patienten (18%) waren bei Transfer noch Sequelae feststellbar, und 16 Patienten (48%) konnten mit Restitutio ad Integrum transferiert werden.

Zusammenfassend war die Intensivtherapie bei akuter bakterieller Meningitis bei 2/3 der Patienten erfolgreich. Antibiotisch wurde vorwiegend mit Penicillin in Kombination mit Aminoglykosiden behandelt. Probleme der Grunderkrankung wie respiratorische Insuffizienz und Verbrauchskoagulopathie waren beherrschbar.

A/23 Der Tumor-Nekrose-Faktor in der perioperativen Phase

R. Fitzgerald[1], F. Lackner[1], W. Graninger[2], S. Schwarz[1] und Ch. Hlozanek[1]

[1] Universitätsklinik für Anästhesie und Allgemeine Intensivmedizin und [2] Universitätsklinik für Chemotherapie, Wien, Österreich

Bei der Suche nach einem Sepsismarker konzentriert sich das Interesse zunehmend auf den Tumor-Nekrose-Faktor (TNF), der eine zentrale Stellung bei der Entstehung der Immunantwort einzunehmen scheint. Bei den Akut-Phasen-Proteinen (APP) ist eine Beeinflussung in der perioperativen Phase nicht nur durch Infektionen sondern auch durch das Operationstrauma selbst bekannt. Ziel dieser Studie ist zu klären, ob bei Patienten mit chirurgischen Massiveingriffen eine Veränderung des TNF-Plasmaspiegels durch das Operationstrauma selbst hervorgerufen wird. Wir untersuchten 26 Patienten (22 m, 6 w, medianes Alter 65 a), die sich chirurgischen Massiveingriffen unterzogen (Ösophagusersatz, Leberteilresektion, Duodenopankreatektomie, Bifurkationsprothesen). 15 Patienten hatten ein malignes Grundleiden, keiner wies Zeichen einer Infektion oder einer Immunschwäche auf. Wir bestimmten prä- und postoperativ, sowie am 1. und 6. postoperativen Tag den TNF-Plasmaspiegel, sowie die APP 1-Antitrypsin (AAT), C-reaktives-Protein (CRP) und Haptoglobin (HPT), und das Opsonin Fibronectin (FN), ebenso jeweils Hk und KOD um dilutionsbedingte Effekte auszuschließen. Die Bestimmung des TNF erfolgte mittels IRMA. Zur statischen Auswertung wurden der gepaarte t-Test nach Student sowie die Varianzanalyse herangezogen.

Der TNF-Plasmaspiegel war bei den meisten Patienten negativ, lediglich bei einem Patienten, der im Rahmen einer Ösophagusoperation ein Coloninterponat erhielt, kam es zu einem Anstieg über den Normwert (15 pg/dl) auf 46,2 postoperativ. Kein Patient starb oder entwickelte Komplikationen im Beobachtungszeitraum. KOD, AAT, HPT und FN zeigten signifikante Verminderungen postoperativ mit einem subsequenten Anstieg zu normalen und leicht erhöhten Werten. CRP stieg signifikant am 1. postoperativen Tag an, mit noch immer erhöhten Werten am 6. Tag postoperativ.

Diese Daten zeigen, daß chirurgisches Trauma alleine zu keiner Erhöhung des Plasma-TNF-Spiegels führt. Ein für eine Sepsis signifikanter Wert wurde in keinem Fall gemessen. Der Abfall der APP post-operativ könnte durchaus dilutionsbedingt sein, wie am Abfall des KOD zu sehen ist.

Wir schließen daraus, daß massivchirurgische Eingriffe selbst den TNF Plasmaspiegel nicht verändern, während APP und OPS durch das Trauma beeinflußt werden.

A/24 Transkranielle Magnetstimulation im Hirnnervenbereich bei traumatischen Hirnschäden

A. Jaspert, S. Kotterba, M. Tegenthoff und **J.-P. Malin**

Berufsgenossenschaftliche Krankenanstalten „Bergmannsheil", Universitätsklinik — Neurologische Klinik und Poliklinik, Bochum, Bundesrepublik Deutschland

Da Extremitätenableitungen der motorisch-evozierten Potentiale (MEP) bei Schädel-Hirn-Verletzten oft durch begleitende Extremitätenverletzungen oder Schädigungen peripherer Nerven erschwert sind, soll in der vorliegenden Arbeit die Aussagekraft der transkraniellen Magnetstimulation im Hirnnervenbereich bei der Beurteilung des Ausmaßes und der Lokalisation funktioneller Defizite bei Schädel-Hirn-Nerven untersucht werden.

Bei 12 Patienten mit zweit- oder drittgradigem Schädel-Hirn-Trauma wurde die transkranielle Magnetstimulation durchgeführt. Die Ableitung der MEP erfolgte bei allen Patienten mittels konzentrischer Nadelelektronen unter Vorinnervation aus dem M. mentalis. Die Ergebnisse der Magnetstimulation wurden mit dem klinischen Untersuchungsbefund, der kraniellen Computertomographie und Ergebnissen anderer neurophysiologischer Untersuchungsmethoden (EEG, AEP, Blinkreflex) verglichen.

Bei 9 der 12 Patienten waren die MEP langer Latenz ein- oder beidseitig pathologisch, vorwiegend in Form einer Latenzverlängerung. Klinisch zeigten diese Patienten spastische Hemiparesen oder einseitig betonte Tetraparesen. Der pathologische MEP-Befund stimmte bei allen 9 Patienten mit der Lokalisation der klinisch ausgeprägteren Parese überein. Die strukturellen, im CCT nachweisbaren Hirnläsionen stimmten mit der Seite des pathologischen MEP-Befundes nur in drei Fällen vollständig, in weiteren 3 Fällen teilweise überein. Im EEG nachweisbare Herdbefunde entsprachen den Ergebnissen der klinischen Untersuchung seltener als der MEP-Befund. Bei der Ableitung des Blinkreflexes ergab sich nur 5mal, bei den akustisch-evozierten Potentialen nur 3mal ein pathologisches Ergebnis.

Trotz fehlender klinisch faßbarer Paresen im Hirnnervenbereich fand sich bei den meisten Patienten ein pathologisches MEP langer Latenz. Die MEP-Ergebnisse im Hirnnervenbereich zeigten eine gute Übereinstimmung mit der Lokalisation und Ausprägung der Paresen im Extremitätenbereich.

Zusammenfassend erweist sich die transkranielle Magnetstimulation der Hirnnerven als sensitive Methode zur Beurteilung des Ausmaßes motorischer Defizite und ist hier den anderen erwähnten Untersuchungsmethoden in funktioneller Hinsicht überlegen.

A/25 Verlauf des intrakraniellen Druckes nach kardiopulmonaler Reanimation (CPR)

A. Schmidt, L. Binner und **V. Hombach**

Innere Medizin IV, Universität Ulm, Ulm, Bundesrepublik Deutschland

Die hypoxische Hirnschädigung nach CPR hat neben weiteren begleitenden Komplikationen eine entscheidende prognostische Bedeutung .

Wir beobachteten daher bei 26 reanimierten Patienten (21 Männer, 5 Frauen im Alter von 19—73 Jahren, Mittel 58 J.) den Verlauf des intrakranielles Druckes (ICP), der kontinuierlich über eine epidurale Gaeltec-Sonde gemessen wurde. Ursache für den Herzstillstand waren überwiegend kardiale oder pulmonale Grunderkrankungen bei Kammerflimmern (21 Pat.) oder Asystolie (5 Pat.). Eingeschlossen wurden Pat. bei einer Punktzahl im Glasgow-Coma Scale (GCS) von $\leqslant 7$ bei stabilen Organfunktionen.

Die Sonde wurde innerhalb der ersten 12 Stunden nach CPR implantiert, um auch den Akutverlauf beurteilten zu können.

Bei keinem Pat. traten erhöhte ICP-Werte innerhalb der ersten 24 Stunden auf. Im weiteren Verlauf zeigte sich bei 17/24 Pat. (65%) kein ICP-Anstieg über 25 mmHg im Mittel. Klinisch neurologisch lag bei 14 Patienten eine schwere Hirnstammschädigung vor. Bei den 4 Pat., die überlebten, fand sich ein persistierendes Koma.

Bei den anderen 9 Pat. zeigte sich im Verlauf ein unterschiedliches Verhalten des ICP: Bei 3 jungen kardial gesunden Pat. (17 J. Status asthamticus, 19 J., Stromschlag und 56 J., Lungenembolie) waren exzessive Drucksteigerungen bis 100 mmHg nach 48—72 Stunden zu beobachten. Bei 6 Patienten entwickelten sich langsam ansteigende Druckwerte oder einzelne protrahiert verlaufende ICP-Spitzen bis 50 mmHg. Therapeutische Eingriffe mit Barbituraten, Osmodiuretika und Tris-Puffer waren nur von begrenztem Effekt.

Die Ergebnisse zeigen, daß sich nach CPR ein Hirnödem mit ICP-Steigerung erst nach vielen Stunden entwickelt. Dies konnte bei 3 Patienten auch im kraniellen CT dokumentiert werden. Besonders gefährdet erscheinen die Patienten, die durch die längere zerebrale Ischämiezeit nach Wiederherstellung der Zirkulation vermutlich über Reperfusionsschäden ein schweres Hirnödem entwickeln. Hierzu gehören insbesondere kardial gesunde Patienten.

A/26 Stimulation katecholaminerger ZNS-Systeme im Coma

P. König und **A. Künz**

Landes-Nervenkrankenhaus Valduna, Rankweil, Österreich

Wir berichten über den Versuch der pharmakologischen Beeinflussung der Vigilanz an hirnverletzten, comatösen Patienten. Sie wurden mit 25 mg L-DOPA i.v. täglich durch 10 Tage stimuliert, die Beobachtungen entsprechend der Innsbrucker-Coma-Scale registriert. Zusätzlich wurden die Vitalparameter fortlaufend monitorisiert. Die Skalierungen erbrachten eine statistisch signifikante Besserung der Vigilanz. Durch Beobachtung der Veränderung des PRL- und HGH-Serumspiegels wurde die intracerebrale Wirksamkeit der Substanz und der Applikation nachgewiesen. Ausgenommen einer Steigerung vorher schon pathologischer Leberenzymwerte durch L-DOPA-Zufuhr, welche durch Absetzen sorfort reversibel war, wurden keine anderen Nebenwirkungen beobachtet. Die HGH-Reaktion nach L-DOPA-Stimulation scheint eher von der Lokalisation des Hirntraumas abzuhängen als die PRL-Antwort.

A/27 Intensivtherapie bei Delirium tremens (DT)

Ch. Harf, Th. van Vyve und **R. Welter**

Centre Hospitalier de Luxembourg, Luxembourg

Wir untersuchten 37 konsekutive Patienten, die wegen schweren DT auf die Intensivstation aufgenommen wurden, auf Zustand, Behandlung, Verlauf und Komplikationen.

Es waren 29 Männer und 8 Frauen, Durchschnittsalter 42. Dreizehn wurden gleich aufgenommen, die anderen wurden von anderen Abteilungen überwiesen, davon 10 für akute respiratorische und neurologische Komplikationen. Alle hatten bei Aufnahme schwerwiegenden DT, wo psychomotorische Unruhe sowie vegetative Symptome hervorragten, bei den meisten bestand eine Verlegung der Atemwege. Biologisch standen Hypokaliämie, erhöhte Leberenzymwerte, stark erhöhter Kreatinkinase sowie funktionelle Niereninsuffizienz im Vordergrund. Bei 6 bestand ein vorübergehender Thrombozytenmangel.

5 Patienten mußten gleich bei Einlieferung notintubiert werden, bedingt durch Inhalationspneumonie, Koma durch Übersedierung oder Epilepsie, einmal bei akuten Lungenödem.

Die Behandlung erfolgte bei 34 Patienten durch parenterale Dauerinfusion von 0,8%iger Clomethiazollösung, bei 32 durch Meprobamat intramuskulär oder oral. Beide Medikationen wurden meist gleichzeitig verabreicht, in 6 Fällen wurden andere Sedativa hinzugenommen. Bei schweren vegetativen Störungen mit Tachykardie und Hypertonie schien die Behandlung mit Betablockern angebracht.

Alle Patienten wurden geheilt entlassen. Komplikationen waren in 7 Fällen Bronchopneumonie, 1 akutes Lungenödem, 1 Sepsis auf Zentralkatheter, 1 Pneumothorax und ein subdurales Hämatom. Im ganzen wurden 9 Patienten intubiert und künstlich beatmet, bedingt durch Verschlechterung des respiratorischen und neurologischen Zustandes. 9 andere Patienten mußten für bronchiale Infektion oder Bronchopneumonie mit Antibiotika behandelt werden.

Bei Patienten mit schweren DT ist eine frühe Intensivüberwachung erforderlich. Die Gefahr von respiratorischen Komplikationen mit Verlegung und Infektion der Atemwege ist durch den Krankheitszustand und die Medikationen bedingt.

Eine frühe Intubation erscheint bei vielen indiziert, um die Atemwege freizuhalten und Infektionen vorzubeugen.

Die Verbindung von Clomethiazol mit Meprobamat hat sich in unserer Serie bewährt. Dazu ist ein bestes Nursing die Bedingung einer guten Prognose.

A/28 Einfluß der Hämodynamik auf Kopf- bzw. Gehirntemperatur Neugeborener

G. Simbruner, L. Kirchner, M. Glatzl-Hawlik, M. Weninger und N. Paltinger

Universitäts-Kinderklinik, Universität Wien, Österreich

Die Gehirntemperatur ist das Ergebnis von Wärmeproduktion, Wärmespeicherung und Wärmeabgabe via Kopfoberfläche und zerebraler Zirkulation. Ändert sich die zerebrale Zirkulation, so ändert sich die Gehirntemperatur. Das Ausmaß dieser Gehirntemperaturänderung in Abhängigkeit von der zerebralen Perfusion ist bisher bei Neugeborenen nicht untersucht worden.

Bei 7 gesunden Neugeborenen wurden 14 Messungen und bei 2 Neugeborenen mit Herzfehlern und mit niedrigen Herzminutenvolumen 3 Messungen durchgeführt. Die Gehirntemperatur wurde gemessen, indem der Kopf an einer Stelle gegen Wärmeverluste so isoliert wurde, daß dort die Hauttemperatur einer tiefen Kerntemperatur des Kopfes entsprach; die Körperkerntemperatur im Ösophagus. Die zerebrale Perfusion wurde durch die Blutflußgeschwindigkeit in der Arterie cerebri anterior (V cerebral) und den sysemischen Blutdruck charakterisiert (BP)

Die Kerntemperatur der Neugeborenen mit niedriger zerebraler Perfusion (Vcerebral < 11 cm/sec) und niedrigen Blutdruck (mittlerer BP < 30 mmHg) war bis zu 1,5 °C höher als jene bei Gesunden. Die Kerntemperatur zeigte eine signifikante Korrelation zur Ösophagustemperatur ($r = 0{,}8$, $N = 17$, $p < 0{,}001$).

Bei Neugeborenen führt eine Abnahme der cerebralen Perfusion zu einem starken Temperaturanstieg des Gehirnes, welche sowohl für die Temperatur- und Stoffwechselregelung des Gesamtorganismus und für die enzymatische, hormonelle und neurale Aktivität des Gehirnes als auch für wärmeerzeugende Untersuchungsmethoden wie kontinuierliches Ultraschall-Monitoring von Bedeutung sein könnte.

A/29 Bedeutung von Klinik, EEG und Angiographie bei der Diagnostik des dissoziierten Hirntodes

W. Wieland[1], **N. Mertes**[1], **J. Sciuk**[2] und **M. Wendt**[1]

[1] Klinik und Poliklinik für Anästhesiologie und operative Intensivmedizin und
[2] Institut für Klinische Radiologie-Röntgendiagnostik
der Westfälischen Wilhelms-Universität, Münster, Bundesrepublik Deutschland

Im Rahmen der Diagnose des dissoziierten Hirntodes sollte die Bedeutung der Parameter „klinischer Hirntod", EEG-Befund sowie der pancerebralen Angiographie im klinischen Alltag näher betrachtet werden.

Zwischen September 1984 und Januar 1988 wurde an 64 Patienten eine Hirntoddiagnostik durchgeführt. Bei 44 der 64 Patienten wurden neben den Befunden von EEG und Angiographie verschiedene klinische Parameter sowie die Zeitpunkte des Eintretens der hirntodtypischen Befunde bei den verschiedenen Untersuchungsverfahren ausgewertet.

Es zeigt sich, daß das Eintreten der hirntodtypischen Befunde in unterschiedlicher Reihenfolge eintreten kann. Bei 24 Patienten waren kurz nach dem Eintritt der klinisch neurologischen Hirntodzeichen auch die EEG-Aktivität erloschen und der angiographische Perfusionsstop nachzuweisen. Bei 13 Patienten konnten Stunden bis Tage nach Eintreten des klinischen Hirntodes noch EEG-Aktivitäten nachgewiesen werden, bei zweien davon zeigte sich nach Eintreten eines Nullinien-EEG noch eine angiographische Restperfusion. Bei 3 Patienten waren trotz Nullinien-EEG die klinischen Hirntodkriterien nicht erfüllt, bei je zwei Patienten ergaben sich wechselnde Befunde bzw. eine angiographische Restperfusion trotz klinischen Hirntod und stillem EEG. Alle vier Patienten verstarben innerhalb 48 Stunden. Bei 36 Patienten wurde sowohl eine Blattfilmangiographie als auch eine DSA der cerebralen Gefäße durchgeführt. Hier zeigte die DSA die

Hirngefäße sowohl deutlicher als auch weiter nach distal dargestellt. In zwei Fällen ergab dies eine entscheidende Befunderweiterung im Sinne einer rudimentären Darstellung von intracerebralen Gefäßen.

Die verschiedenen Methoden der Hirntoddiagnostik zeigen in einzelnen Fällen voneinander abweichende Ergebnisse. Die Kenntnis der Art der Hinrschädigung und dessen Prognose sowie die Erfahrung des Untersuchers behalten weiterhin hohen Stellenwert. Bei entsprechender Verlaufsbeobachtung ist eine sichere Diagnose des dissoziierten Hirntodes auch ohne angiographische Untersuchung möglich.

A/30 Cyanidintoxikation mit Grand mal-Anfall: Behandlung durch Natriumthiosulfat und Hyperoxygenation

T. A. Bock, B. Heintz und **H. G. Sieberth**

Medizinische Klinik II, Klinikum der RWTH Aachen, Aachen, Bundesrepublik Deutschland

Die orale Ingestion von Cyanid kann innerhalb weniger Stunden zum Tod führen; dabei wird die mittlere letale Dosis mit 200—300 mg angegeben. Wir berichten von einer massiven Cyanidintoxikation mit nachweislich 1500 mg Kaliumcyanid, die durch Natriumthiosulfat und Hyperoxygenation erfolgreich behandelt wurde.

Ein 23jähriger Chemiestudent hatte in suizidaler Absicht 1500 mg der Substanz eingenommen, was eine sofortige Übelkeit, Erbrechen und einen Kollaps auslöste. Aufgrund eines Grand mal-Anfalls wurde er in die neurologische Klinik gebracht. Der Patient war stupurös und tachypnoisch, die Haut war rosarot gefärbt. Bei der Aufnahme war er kreislaufstabil; blutgasanalytisch zeigten sich eine ausgeprägte Azidose bei einem pH von 6,82, einem Basenüberschuß von −30 mmol/l, einem Serumlaktatspiegel von 30 mmol/l sowie ein pO_2 von 120 mmHg und ein pCO_2 von 10 mmHg. Da anamnestisch eine hohe Wahrscheinlichkeit für das Vorliegen einer Cyanidintoxikation bestand, wurde der Patient mit 20 l Wasser magengespült mit anschließender Instillation von Kohle und Glaubersalz. Wegen einer auffälligen rotvioletten Verfärbung des Blutes bei fehlendem CO-Hb-Nachweis wurde bei ausreichender Spontanatmung mit einer 100% O_2-Beatmung mit einer Hyperventilation von 28 l/min begonnen. Zusätzlich erhielt der Patient intravenös 1 g/h Natriumthiosulfat, zum Ausgleich der Azidose weiterhin 250 ml 8,4% Natriumbikarbonat. Nach einer Beatmungsdauer von 32 h konnte der Patient extubiert und auf eine Allgemeinstation verlegt werden.

Die derzeitigen Konzepte der Antidottherapie einer Cyanidintoxikation beruhen fast ausschließlich auf tierexperimentellen Daten; klinische Berichte lassen in der Regel Angaben zur realen Belastung des Körpers mit der Substanz vermissen. Im Vordergrund der Behandlung steht daher der Einsatz wenig toxischer Antidots. Die vorgestellte Kombinationsbehandlung, die hier dem mehrfachen einer letalen Dosis effektiv entgegenwirkte, besitzt im Tierexperiment einen synergistischen Effekt [Ivanov et al. (1959) Pharmakol Toxikol 22: 476—479]. Es wird vermutet, daß eine hohe Sauerstoffkonzentration im Gewebe die Bindung von Cyanid an die Cytochromoxidase partiell verhindert. Dennoch wird die Hyperoxygenation in der Literatur nur selten angeführt.

Aufgrund des beschriebenen erfolgreichen Einsatzes empfehlen wir bei einer Cyanidvergiftung eine Hyperoxygenationsbehandlung von 48 h (auch bei Spontanatmung) zur anerkannten Gabe von Natriumthiosulfat (bis 24 g).

A/31 Aktivierung des Carotissinusreflexes durch Operationen im Halsbereich

P. Peters[1], **F. Saborowski**[1], **G.-R. Genuß**[1] und **T. Brusis**[2]

[1] Medizinische Klinik und [2] HNO-Klinik Holweide, Köln, Bundesrepublik Deutschland

Die mechanische Reizung des Carotissinus führt bei gesunden Probanden zu einem physiologischen Herzfrequenzabfall. Ziel unserer Untersuchung war es daher, festzustellen, ob im Rahmen von Operationen im Halsbereich, die mit einer Manipulation des Carotissinus und des N. vagus einhergehen, gehäuft bradykarde Herzrhythmusstörungen auftreten.

Je 15 Patienten ohne kardiale Vorerkrankungen (x = 43,8 J), von denen eine Gruppe (A) perkutan im Halsbereich operiert wurde (Tumorausräumungen, Halszystenentfernungen, Zungenbein- und Kiefergelenkrepositionen, Gefäßscheidenrevision) und die andere Gruppe (B) nicht perkutan operiert wurde (Tonsillektomie, Mikrolaryngoskopie, Kieferhöhlenfensterung, Septumoperation), erhielten perioperativ und als Kontroll-EKG 3 Tage postop. jeweils ein 24 h-Langzeit-EKG. Sämtliche Operationen wurden in Intubationsnarkose durchgeführt. Als Aufzeichnungs- und Auswertesystem diente das Oxford Medilog 4000-II-Holter-Systems. Sämtliche Arrhythmien wurden visuell kontrolliert. Die peri- und postoperativen Holter-EKG's wurden verglichen.

In Gruppen A wurden perioperativ 4 Sinusbradykardien (minimale Frequenz 30/min, durchschnittliche Dauer 1,3 min) gesehen, wobei 3 intraoperativ und 1 Sinusbradykardie 25 min nach Narkoseende auftraten. Im Kontroll-EKG kam es einmal zu einer Sinusbradykardie von 40/min über 1 min. In Gruppe B wurden perioperativ 3 Sinusbradykardien registriert, und zwar einmal praeoperativ und zweimal intraoperativ (minimale Frequenz 40/min, Dauer durchschnittlich

1,3 min). Im Kontroll-EKG wurde eine Sinusbradykardie (Frequenz 40/min, Dauer 1 min) beobachtet. Höhergradige Rhythmusstörungen, insbesondere AV-Blockierungen fanden sich nicht.

Eine Provokation bradykarder Rhythmusstörungen im Rahmen von Operationen, die mit Manipulationen im Bereich des Carotissinus und N. vagus einhergehen, trat somit bei kardial gesunden Patienten nicht auf.

A/32 Das Erregerspektrum einer neurochirurgischen Intensivstation — eine prospektive Studie bei 425 Intensivpatienten über einen Zeitraum von zwei Jahren

A. Feldges[1], **R. Kalff**[1], **E. Rosenthal**[2] und **W. Grote**[1]

[1] Neurochirurgische Klinik und [2] Institut für Mikrobiologie der Universität Essen, Essen, Bundesrepublik Deutschland

Im Rahmen einer prospektiven Studie wurden bei 425 Patienten unserer Intensivstation engmaschige, mikrobiologische Untersuchungen von Sputum, Urin, Blut, Magensaft und teilweise auch Liquor durchgeführt.

Sowohl die Altersstruktur, die Aufenthaltsdauer als auch die Einweisungsdiagnosen waren für eine neurochirurgische Intensivstation repräsentativ (Schädelhirntrauma 37%, Blutung 34% und Tumoren 19%).

Der Zeitpunkt des ersten Nachweises von Keimen sowie ein späterer Erregerwechsel wurde dokumentiert. Begünstigende Faktoren für eine auf der Intensivstation erworbene Infektion wie Langzeitbeatmung, hohe Kortisongaben, H_2-Blocker sowie zugrundeliegende Erkrankung fanden dabei Berücksichtigung.

Unter Langzeitbeatmung war ein gehäuftes Auftreten von grampositiven Erregern in der ersten Woche nachweisbar, wo hingegen in der Folgezeit die gramnegativen dominierten. So wurde zum Beispiel in der ersten Woche einer Langzeitbeatmung Staphylokokkus aureus in 11% aller Sputumproben nachgewiesen, Pseudomonas aeruginosa jedoch nur zu 5%. In der zweiten Woche stand Pseudomonas aeruginosa mit über 11% gegenüber Staphylokokkus aureus mit weniger als 5% im Vordergrund. Für die zehn wichtigsten Erreger wurde die Häufigkeit ihres Auftretens in Sputum, Urin, Blut, Magensaft und partiell Liquor zusammengestellt.

Durch die räumliche Umgestaltung einer halboffenen in eine geschlossene Intensivstation wurden veränderte hygienische Bedingungen geschaffen. Ob hierdurch ein Einfluß auf die Infektionsrate sowie das Keimspektrum erzielt wurde, ist ebenfalls Gegenstand der noch laufenden Untersuchung.

Autorenverzeichnis

Sachwortverzeichnis